Zu allen Inhalten, die mit diesem Icon ▶ gekennzeichnet sind, steht Ihnen das **GIDA-Medienpaket** mit Filmen und Animationen zur Verfügung. Unter dem folgenden Link bieten wir außerdem interaktive Aufgaben sowie die Lösungen zu den Aufgaben der Rubriken „Sind Sie fit für dieses Kapitel?“ und „Testen-Sie-sich“ an. Rufen Sie dazu **www.westermann.de/chemie-heute-152072** auf oder nutzen Sie den QR-Code. Geben Sie anschließend den Online-Schlüssel ein:

Online-Schlüssel
2RXC-TD42-ZGPK

westermann

Chemie heute SII

Nordrhein-Westfalen
Einführungsphase

Chemie heute S II – Nordrhein-Westfalen Einführungsphase

Herausgegeben von
Dr. Steffen Menze, Ralf van Nek, Dr. Rolf Schulte-Coerne, Dr. Bernhard F. Sieve

Herausgegeben und bearbeitet von
Dr. Steffen Menze

Dieses Werk ist in Teilen eine Bearbeitung von Chemie heute:
ISBN 978-3-14-150038-7, 978-3-14-191900-4, 978-3-507-11255-1, 978-3-507-11335-0, 978-3-507-88460-1

Autorinnen und Autoren der übernommenen Beiträge:
Wolfgang Asselborn, Robert M. Bittorf, Rosemarie Förster, Carsten Hennies, Dr. Steffen Menze, Sebastian Neeb, Ralf van Nek, Dr. Rolf Schulte-Coerne, Dr. Bernhard F. Sieve, Martina Tschiedel, Silke Weug, Dr. Thomas Witte

Zu diesem Schülerband erscheinen:
Lösungen 978-3-14-**152073**-6
Gefährdungsbeurteilungen WEB-14-152074

westermann GRUPPE

Druck A^1 / Jahr 2022
Alle Drucke der Serie A sind im Unterricht parallel verwendbar.

Redaktion: Dr. Mario Puchner
Bildredaktion: Gabriele Popko
Layout: tiff.any GmbH, Berlin
Umschlaggestaltung: GINGCO.net Werbeagentur GmbH, Braunschweig
Grafiken: Beltz Bad Langensalza GmbH, Birgitt Biermann-Schickling, Enrico Casper, CMS – Cross Media Solutions GmbH, Brigitte Karnath, Heike Keis, Karin Mall, Birgit und Olaf Schlierf, tiff.any GmbH, Dr. Winfried Zemann
Druck und Bindung: Westermann Druck GmbH, Georg-Westermann-Allee 66, 38104 Braunschweig

ISBN 978-3-14-**152072**-9

So arbeiten Sie mit Chemie heute SII

Ihr Schulbuch soll Ihnen helfen, die Chemie und ihre Gesetze leicht zu lernen und zu verstehen. Die folgenden Hinweise zeigen Ihnen, wie Sie mit Ihrem Chemiebuch effektiv arbeiten können.

Aktivieren Sie Ihr Wissen. Aus dem Alltag und aus dem bisherigen Chemieunterricht wissen Sie sicherlich schon einiges über Chemie. Dieses Wissen erleichtert Ihnen die Erarbeitung eines neuen Themas. Um Ihr Wissen zu aktivieren, finden Sie vor einem Kapitel die Checkliste – **Was Sie schon kennen** –, mit der Sie Ihre Vorkenntnisse abschätzen können. Notieren Sie dazu einfach, ob Sie den einzelnen Aussagen **„kann ich"**, **„kann ich, bin aber nicht ganz sicher"** oder **„kann ich noch nicht"** zuordnen können. Je häufiger Sie „kann ich" eintragen können, desto besser sind Sie für das folgende Kapitel vorbereitet. Um sicher zu gehen, können Sie Ihre Einschätzung durch den Kompetenzcheck – **Sind Sie fit für dieses Kapitel?** – prüfen.
Unter dem Link www.westermann.de/chemie-heute-152072 finden Sie Musterlösungen zu den Aufgaben, die Sie mit Ihren Angaben vergleichen können. So können Sie leichter einschätzen, wie gut Sie für das folgende Kapitel vorbereitet sind. Im Rückblick sind die wichtigsten Inhalte der Sekundarstufe I noch einmal übersichtlich zusammengefasst.

Wissen, was Sie erwartet. Damit Sie wissen, was Sie in dem jeweiligen Kapitel erwartet und was Sie neu dazulernen, sind unter der Überschrift **In diesem Kapitel lernen Sie** wesentliche Inhalte des Kapitels aufgezählt. Auch damit können Sie abschätzen, was Sie schon über das folgende Thema wissen.

Symbole zu den Aufgaben. Im Chemieunterricht lernen Sie neue Inhalte häufig über Aufgaben. Jeder von Ihnen lernt anders und häufig kann man zu zweit oder in einer Gruppe leichter lernen. Die Aufgaben in diesem Buch sind zudem unterschiedlich schwierig. Die folgenden Symbole helfen Ihnen dabei, die Aufgaben zuordnen zu können. Eine Liste mit Operatoren, den Schlüsselwörtern zur Bearbeitung einer Aufgabe, finden Sie auf Seite 6.

Partnerarbeit	Diese Aufgaben bearbeiten Sie in Zweiergruppen.
Gruppenarbeit	Diese Aufgaben bearbeiten Sie in einer Gruppe von mindestens drei Lernenden.
Hilfekarten	Zu diesen Aufgaben kann Ihre Lehrkraft Hilfekarten bereitstellen. Diese können Sie als Anregungen für Ihre Arbeit nutzen. Gehen dazu wie folgt vor: Wenn Sie bei der Lösung einer Aufgabe nicht weiterkommen sollten oder sicher gehen möchten, dass Sie auf der richtigen Spur sind, nutzen Sie die Hilfekarten. Zunächst nehmen Sie die Karte mit der geringsten Hilfestellung. Das ist die Karte **Hilfe 1.** Bringt diese Hilfe Sie nicht weiter, nehmen Sie die Karte **Hilfe 2.** Die Karte **Hilfe 3** enthält noch mehr Hinweise zur Lösung der Aufgabe. Und auf der **Check-Karte** finden Sie die Lösung. Versuchen Sie diese nachzuvollziehen und kontrollieren Sie damit Ihre eigene Lösung. *Hinweis für Lehrkräfte:* Die Hilfekarten finden Sie im Lösungsband zu diesem Buch.
Expertenaufgabe	Sie sind wirklich gut in Chemie? Dann versuchen Sie sich an diesen Aufgaben. Da können Sie zeigen, was für ein Experte oder Expertin Sie sind.

Inhaltsverzeichnis

Was bedeuten die Arbeitsanweisungen? – wichtige Operatoren

Im Unterricht, als Hausaufgaben oder in schriftlichen Leistungsüberprüfungen werden immer wieder Aufgaben gestellt, die es erfolgreich zu bearbeiten gilt. In diesen Aufgaben erscheinen immer dieselben Operatoren, also Arbeitsanweisungen. Damit Sie die Aufgaben richtig verstehen und erfolgreich lösen könne, muss Ihnen klar sein, welche Leistung von Ihnen bei den einzelnen Operatoren erwartet wird. Die in diesem Buch genutzten Arbeitsanweisungen mit den erwarteten Leistungen werden hier erklärt und mit einem Beispiel versehen.

Anweisung (Beispiel)	erwartete Leistung	Beispiel
Analysieren Sie die erhaltenen Messwerte.	Die einzelnen Bestandteile und ihre Beziehung zueinander systematisch erfassen und darstellen.	Bei einer Elektrolyse nimmt die abgeschiedene Masse Kupfer proportional mit der Zeit zu.
Begründen Sie die unterschiedlichen Säurestärken von Essigsäure und Trichloressigsäure.	Mithilfe von Theorien oder Gesetzmäßigkeiten die Ursache eines Sachverhalts nennen.	I-Effekte der Atomgruppen im Molekül beeinflussen die Polarisierung der O–H-Bindung und so die Stärke der Säure.
Berechnen Sie die Masse von 0,1 mol Eisen.	Aus Zahlenwerten und mathematischen Formeln den Wert einer neuen Größe ausrechnen.	$m = n \cdot M = 0{,}1\ \text{mol} \cdot 55{,}8\ \text{g mol}^{-1} = 5{,}58\ \text{g}$ 0,1 mol Eisen wiegen 5,58 g.
Beschreiben Sie die Beobachtung.	Einen Sachverhalt geordnet und unter Nutzung von Fachsprache wiedergeben.	Nach der Zugabe von Citronensäure verändert sich die Farbe von blau nach rot.
Bestätigen Sie die Aussage, dass Metalle den elektrischen Strom leiten.	Eine Aussage als richtig feststellen und argumentativ stützen.	Metalle werden experimentell auf ihre elektrische Leitfähigkeit überprüft. Das Ergebnis ist positiv, alle Metalle leiten den elektrischen Strom.
Bestimmen/Ermitteln Sie die Masse des Rückstands.	Eine Formel aufstellen, mit der man das Ergebnis berechnen kann. Eventuell müssen die benötigten Größen gemessen werden.	$m(\text{Rückstand}) = m(\text{alles}) - m(\text{Filter})$ $m(\text{Rückstand}) = 17\ \text{g} - 14\ \text{g} = 3\ \text{g}$
Beurteilen Sie die Umweltverträglichkeit von ... **Nehmen** Sie **Stellung** zu ...	Fachwissen und Fachmethoden nutzen, um ein selbständiges Urteil zu einem Sachverhalt abzugeben.	In der Liste der Inhaltsstoffe des Produkts sind umweltgefährdende Chemikalien genannt. Es sollte daher nicht in die Umwelt frei gesetzt werden.
Bewerten Sie folgende Aussage: Akkus sind besser als Batterien.	Allgemein gültige Werte oder Beurteilungskriterien nutzen, um einen Sachverhalt daran zu messen. Es müssen gegebenenfalls mehrere Perspektiven bedacht werden.	Akkus sind umweltfreundlicher, da sie häufiger wieder verwendet werden können als Batterien. Trotz des höheren Anschaffungspreises sind sie auf Dauer günstiger.
Diskutieren Sie den Sachverhalt.	Argumente einander gegenüberstellen und abwägen.	Die auxochromen Gruppen beeinflussen die Farbigkeit auf folgende Weise: ...
Erklären Sie die unterschiedlichen Säurestärken von Essigsäure und Trichloressigsäure.	Zur Begründung kommt hinzu, dass der Sachverhalt als Kette von Argumenten verständlich zum Ausdruck gebracht werden muss.	Die höhere positive Ladung am C-Atom der Carbonyl-Gruppe erhöht den Elektronenzug des O-Atoms der OH-Gruppe. Die O–H-Bindung ist stärker polarisiert, ein Proton wird leichter abgespalten.
Erläutern Sie die unterschiedlichen Säurestärken von Essigsäure und Trichloressigsäure..	Zur Begründung oder Erklärung kommen weitere Informationen hinzu, die den Sachverhalt veranschaulichen.	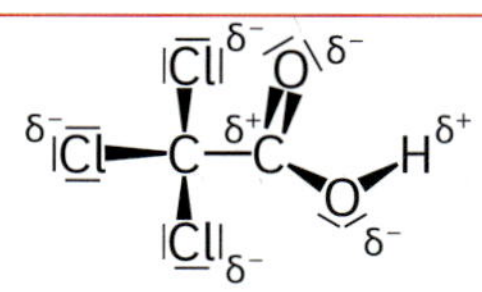
Interpretieren Sie den Zusammenhang. **Deuten** Sie ...	Mögliche Erklärungen für Sachverhalte oder Zusammenhänge herausarbeiten.	Eine Erklärung zur unterschiedlichen Lage von Äquivalenzpunkt und Neutralpunkt einer Titration wird vorgeschlagen.

Anweisung (Beispiel)	erwartete Leistung	Beispiel
Ordnen Sie die gegebenen Alkane nach steigender Siedetemperatur.	Einzelne Aspekte werden nach bestimmten Kriterien eingeteilt.	Eine Reihenfolge der Alkane nach steigender Siedetemperatur erstellen.
Nennen Sie alle Metalle, die Sie kennen.	Sachverhalte, Eigenschaften oder Begriffe aufzählen.	Blei, Kupfer, Gold, ...
Planen/Entwickeln Sie ein Experiment, mit Sie die Konzentration einer Essigsäure bestimmen können, und **führen** Sie das geplante Experiment durch.	Aus Geräten eine Apparatur entwickeln, eine Durchführung notieren und einen Beobachtungsauftrag stellen. Das aufgebaute Experiment starten und die Beobachtungsaufträge ausführen.	Essigsäure mit unbekannter Konzentration wird mit Natronlauge als Maßlösung und Phenolphthalein als Indikator titriert. Aus V(Natronlauge) wird c(Essigsäure) berechnet.
Protokollieren Sie den Versuch.	Materialien, Durchführung und Beobachtung unter Verwendung von Fachsprache notieren.	**Materialien:** Reagenzglas, Reagenzglasständer, Reagenzglashalter, Gasbrenner, Spatel, Wattebausch, Wasserbad, Thermometer; Iod (GHS 7, 9). **Durchführung:** Wir haben das Wasserbad auf etwa 50 °C erwärmt. Dann haben wir mit dem Spatel einige Iodkristalle in das Reagenzglas gegeben und es mit einem Wattebausch verschlossen. Das Reagenzglas wurde so lange vorsichtig im Wasserbad erwärmt, bis sich violette Dämpfe bildeten. Dann haben wir das Reagenzglas zum Abkühlen abgestellt. **Beobachtungen:** 1. Im Reagenzglas liegen blauschwarze Kristalle. 2. Beim Erwärmen bildet sich über den Kristallen ein violettes Gas, ohne dass das Iod schmilzt....
Schätzen Sie das Volumen des Gummibärchens ab.	Einen Näherungswert angeben und begründen	Aus der Messung der Seitenlängen lässt sich das Volumen eines Gummibärchens zu 0,5 cm^3 abschätzen.
Skizzieren Sie den Aufbau des Versuchs.	Das Wesentliche eines Sachverhalts in einer Zeichnung oder einem Text beschreiben	 Wasser wird stark erhitzt.
Stellen Sie eine **Hypothese auf**, mit welcher Stoffgruppe man Rotkohlsaft verfärben kann.	Eine Vermutung aufstellen, wie sich ein bekannter Sachverhalt klären lässt. Eine Begründung zur Vermutung angeben.	Rotkohlsaft sollte sich mit einer sauren Lösung umfärben lassen, da im Rotkohl Anthocyanfarbstoffe enthalten sind.
Stellen Sie die **Reaktionsgleichung auf. Formulieren** Sie ...	Edukte und Produkte mit einem Reaktionspfeil verbinden.	$2\,Ag^{+}(aq) + Cu(s) \rightarrow 2\,Ag(s) + Cu^{2+}(aq);$ $\Delta_r H_m^0 = -174\ kJ \cdot mol^{-1}$
Vergleichen Sie die Löslichkeit von Feststoffen und Gasen in Wasser.	Gemeinsamkeiten oder Unterschiede von Sachverhalten erkennen.	Die Löslichkeit vieler Feststoffe in Wasser nimmt mit steigender Temperatur zu, während sie bei Gasen sinkt.
Werten Sie die im Experiment erhaltenen Messwerte **aus.**	Daten oder einzelne Ergebnisse in einen Zusammenhang bringen. Daraus eine Aussage formulieren oder eine Schlussfolgerung ziehen.	Die Leitfähigkeit der sauren Lösung nimmt proportional zur zugegeben Stoffmenge Hydroxid ab. Die OH^--Ionen reagieren mit den H_3O^+-Ionen zu Wasser.
Zeichnen Sie den Aufbau einer galvanischen Zelle. Zeichnen Sie ein Fließdiagramm zur Chlor-Alkali-Elektrolyse. Zeichnen Sie die Messwerte in ein Diagramm.	Eine Skizze mit den wesentlichen Elementen anfertigen und beschriften. Den fachlichen Inhalt in eine andere Form der Darstellung bringen. Ein Diagramm anfertigen, die Achsen beschriften und die Messwerte eintragen.	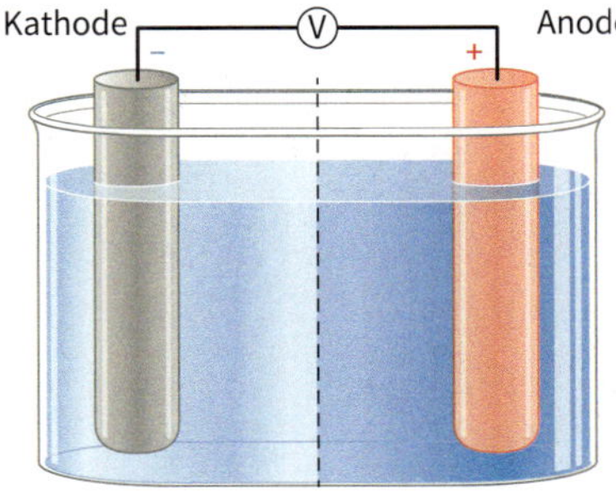

Übersicht — Blickwinkel der Chemie – Stoff- und Teilchenebene

In der Chemie geht es meist darum, Stoffe und ihre physikalischen und chemischen Eigenschaften zu beschreiben und zu erklären. Dabei wechselt man häufig zwischen zwei Betrachtungsebenen – der **Stoffebene** und der **Teilchenebene.**

Die *Stoffebene* beschreibt, was man mit den Sinnen wahrnehmen und in einfachen Experimenten untersuchen kann. So ist Wasser eine Nichtmetallverbindung, die unter Normaldruck bei 0 °C schmilzt und bei 100 °C siedet (Abb. 1).

Viele Beobachtungen auf der Stoffebene lassen sich auf der *Teilchenebene* erklären. Hierfür sind Kenntnisse über den Aufbau der Stoffe nötig. Dabei nutzt man verschiedene *Anschauungsmodelle*, um den Aufbau der Stoffe und das Reaktionsverhalten anschaulich zu erklären.

Modelle und ihre Grenzen. Modelle sind vereinfachte Abbildungen der Wirklichkeit, die nur bestimmte Aspekte erklären oder darstellen können. Ein Modell ist daher nicht richtig oder falsch, sondern nur geeignet oder ungeeignet, um eine bestimmte Fragestellung zu erklären. Jedes Modell hat seine Grenzen, in denen es seine Funktion gut erfüllt. Außerhalb dieser Grenzen versagt es. Man muss daher genau wissen, was ein Modell zeigen kann und was eben nicht. Es gibt in der Chemie daher kein Modell für all das, was es zu erklären gilt.

Chemische Formelsprache. Zur Teilchenebene gehört auch die chemische Formelsprache. Je nachdem, was man erklären will, nutzt man unterschiedliche Modelle und Formeldarstellungen zur Darstellung der Teilchenebene (Abb. 1).

In **Chemie heute SII** werden Stoff- und Teilchenebene klar abgegrenzt. Wenn die Stoffebene gemeint ist, ist der Name einer Substanz im Text ausgeschrieben. So steht die Bezeichnung Wasser für den Stoff Wasser. Formelsymbole im Text stellen die Teilchenebene dar. Die Molekülformel Cl_2 steht damit nicht für den Stoff Chlor, sondern für ein Cl_2-Molekül. Um die Teilchenebene noch deutlicher zu machen, ist zusätzlich hinter dem Formelsymbol noch die Art des Teilchens angegeben.

Diese Differenzierung stößt jedoch an Grenzen, wenn die Formelschreibweise nicht eindeutig ist. So kann die Formel $C_6H_{12}O_6$ für die Moleküle verschiedener Kohlenhydrate wie Glucose und Fructose stehen. In solchen Fällen wird der Name des Teilchens anstelle der chemischen Formel verwendet: Glucose-Molekül, Fructose-Molekül.

Stoffebene

Wasser ...
- ist eine Verbindung, die durch Reaktion von Wasserstoff mit Sauerstoff hergestellt werden kann,
- ist eine Nichtmetallverbindung,
- ist bei Raumtemperatur flüssig,
- siedet bei 100 °C,
- leitet den elektrischen Strom praktisch nicht,
- kann viele Salze lösen.

Teilchenebene I: Bausteine der Stoffe

Wasser-Moleküle ...
- haben die Molekülformel H_2O. Ein Molekül besteht aus zwei H-Atomen und einem O-Atom.
- haben einen gewinkelten Bau. Vom O-Atom geht jedes der zwei ungepaarten Elektronen eine Elektronenpaarbindung ein.
- sind Dipol-Moleküle. Die O – H-Bindung ist eine polare Elektronenpaarbindung.

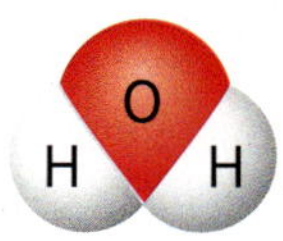

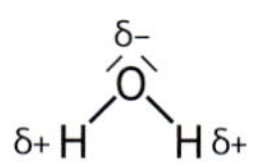

Teilchenebene II: Bausteine der Atome

Das Sauerstoff-Isotop $^{18}_{8}O$ ...
- hat acht Protonen und acht Neutronen im Atomkern und acht Elektronen in der Atomhülle. Davon sind zwei Elektronen in der ersten und sechs in der zweiten Energiestufe (Energiestufenmodell).

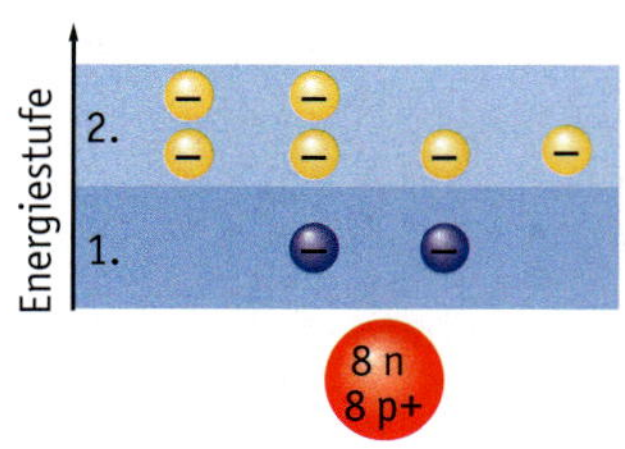

1 *Die chemischen Betrachtungsebenen am Beispiel von Wasser*

Methode Der naturwissenschaftliche Erkenntnisweg

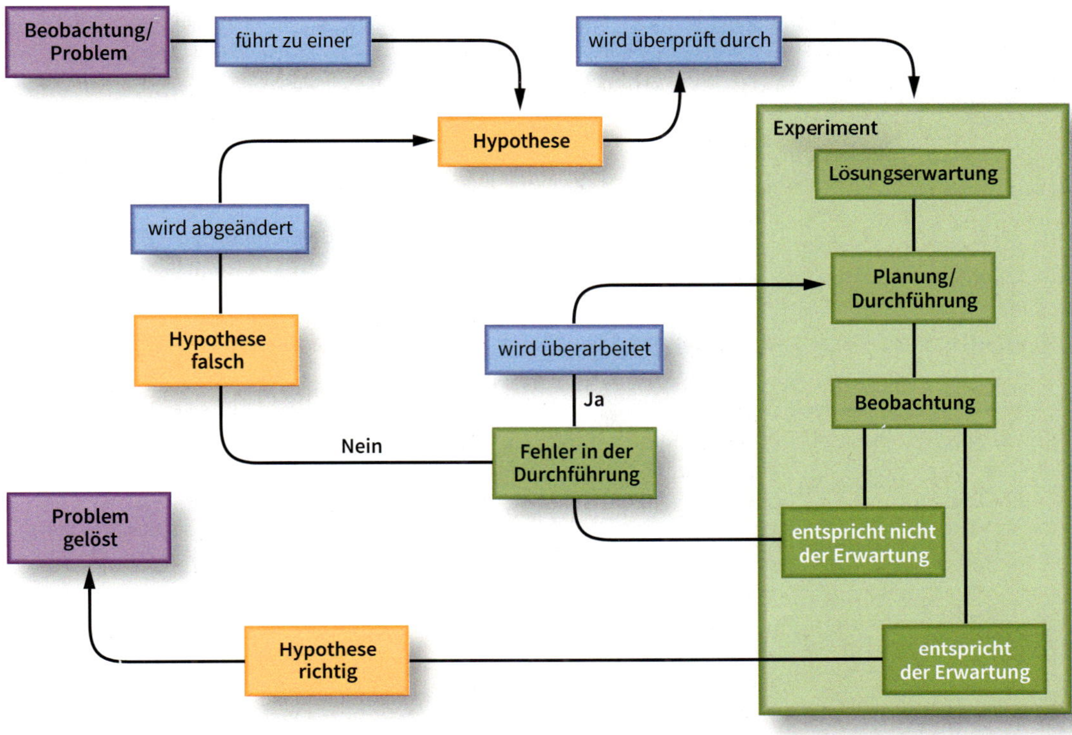

1 *Von der Beobachtung zur Erkenntnis*

Eine *Beobachtung* in der Umgebung oder während der Durchführung eines Experiments führt manchmal zu einer Frage, die nicht einfach beantwortet werden kann. Es gibt vielleicht eine Idee für die richtige Antwort, jedoch fehlt die Gewissheit. Zur Beantwortung solcher Fragen oder *Probleme* nutzen Forscher den **naturwissenschaftlichen Erkenntnisweg**. Mithilfe dieser bestimmten Schrittfolge (Abb. 1) werden in den Naturwissenschaften oftmals neue Erkenntnisse gewonnen.

Ist die Beobachtung reproduzierbar und lassen sich mit ähnlichen Stoffen ähnliche Beobachtungen machen, ergibt sich eine Regelmäßigkeit. Zur Erklärung der Regelmäßigkeit wird eine *Hypothese* aufgestellt. Das Aufstellen von Hypothesen ist ein kreativer Prozess, in dem neue Ideen mit bekannten Erfahrungen zusammengeführt werden. So werden Vermutungen über die Ursachen der Regelmäßigkeiten mit bereits vorhandenem Fachwissen begründet.

Die Hypothese wird in der Regel mit einem *Experiment überprüft*. Aus der Hypothese ergibt sich eine *Lösungserwartung*, was bei dem Experiment zu beobachten sein sollte. Das Experiment wird dann so *geplant*, dass die Lösungserwartung überprüft werden kann. Dabei ist zu beachten, dass immer nur eine Größe im Experiment verändert wird und ihr Einfluss auf das Versuchsergebnis bestimmt wird. Will man mehrere Größen untersuchen, müssen mehrere unabhängige Experimente geplant werden.

Entspricht die Versuchsbeobachtung der Erwartung, hat das Experiment die Hypothese *bestätigt*. Das *Problem* ist *gelöst* und wir sind auf dem Weg der Erkenntnis einen Schritt weitergekommen.

Ist das Ergebnis unerwartet, liegt vielleicht ein Fehler in der Durchführung vor. Dann muss die *Durchführung überprüft* werden. Das Experiment wird eventuell etwas abgeändert und erneut durchgeführt. Ist in der Durchführung jedoch alles richtig abgelaufen, stellt sich die Hypothese als falsch heraus. Die Hypothese und ihre Begründung müssen *abgeändert* werden. Mit der neuen Hypothese wird eine neue Lösungserwartung formuliert. Mit einem passend geplanten Experiment wird diese neue Hypothese überprüft. Diese Schrittfolge wird so oft durchlaufen, bis eine formulierte Hypothese als richtig bestätigt wird.

Überprüfen Sie Ihr Wissen unter www.westermann.de/chemie-heute-152072
Nutzen Sie zur Anmeldung den Online-Schlüssel auf der vorderen Umschlagsinnenseite.

1 Stoffe

1.1 Teilchenmodell

- Stoffe bestehen aus kleinen Teilchen. Der Raum zwischen den Teilchen ist absolut leer.
- Die Teilchen sind ständig in Bewegung. Mit steigender Temperatur bewegen sich die Teilchen heftiger.

1.2 Aggregatzustände im Teilchenmodell

fest
Anordnung: regelmäßig
Abstände: gering
Anziehung: stark
Bewegung: Schwingung um Gitterplätze

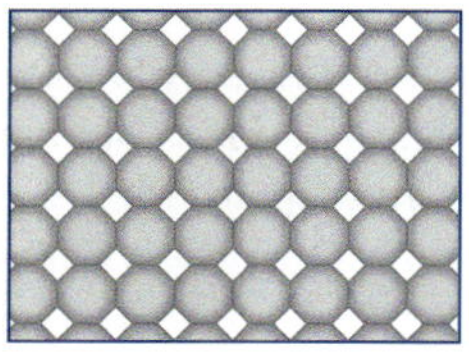

Übergang zu flüssig: **Schmelzen**
Übergang zu gasförmig: **Sublimieren**

flüssig
Anordnung: wenig geordnet
Abstände: klein
Anziehung: weniger stark
Bewegung: ungeordnet

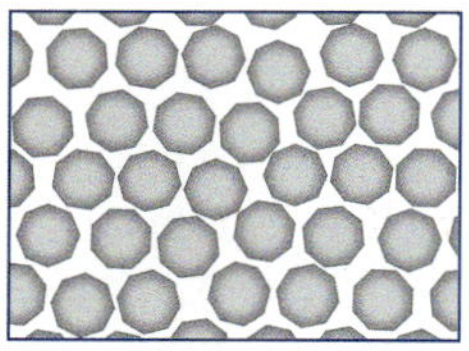

Übergang zu fest: **Erstarren**
Übergang zu gasförmig: **Sieden**

gasförmig
Anordnung: ungeordnet
Abstände: groß
Anziehung: keine
Bewegung: völlig ungeordnet

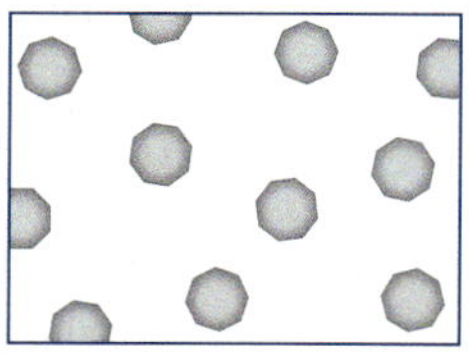

Übergang zu fest: **Resublimieren**
Übergang zu flüssig: **Kondensieren**

1.3 Einteilung von Stoffen

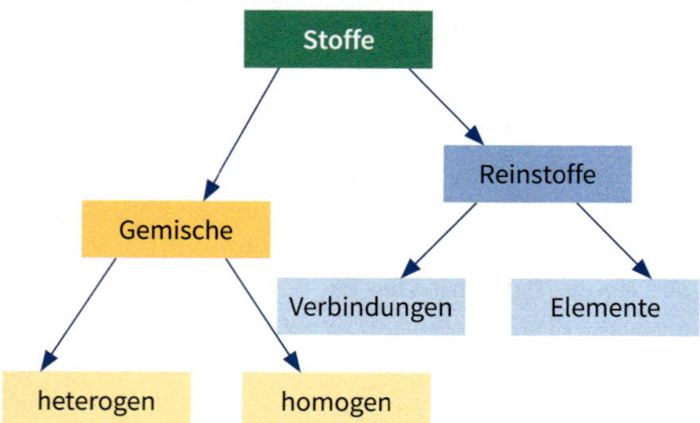

2 Chemische Reaktionen

2.1 Kennzeichen chemischer Reaktionen

- *Stoffumwandlung:* Bei chemischen Reaktionen entstehen neue Stoffe.
- *Energieumsatz:* Chemische Reaktionen verlaufen exotherm oder endotherm.
- *Massenerhaltung:* Die Masse der Produkte ist gleich der Masse der Edukte.
- *konstante Massenverhältnisse:* Edukte reagieren miteinander in einem bestimmten Massenverhältnis. Die Produkte enthalten die Elemente in einem konstanten Atomanzahlverhältnis.

2.2 Reaktionsgleichung

Elementsymbol — Verhältnisformel — Energieumsatz

$$4\,Al(s) \;+\; 3\,O_2(g) \;\rightarrow\; 2\,Al_2O_3(s);\quad \text{exotherm}$$

Faktor — Anzahl Atome im Molekül — Aggregatzustand

- Kurzbeschreibung einer chemischen Reaktion
- Aggregatzustände: **s** (engl. *solid*): fest; **l** (engl. *liquid*): flüssig; **g** (engl. *gaseous*): gasförmig; **aq** (engl. *aqueous*): in Wasser gelöst.
- Energieumsatz: exotherm oder endotherm.

2.3 Reaktionsbedingungen

- Der Verlauf chemischer Reaktionen wird von verschiedenen Faktoren beeinflusst.
- Eine *Temperaturerhöhung* macht viele Reaktionen erst möglich. Chemische Reaktionen verlaufen bei höherer Temperatur schneller.
- Eine Erhöhung der *Konzentration* der Reaktionspartner beschleunigt die Reaktion.
- Eine Reaktion läuft bei größerem *Zerteilungsgrad* der Reaktionspartner schneller ab.

2.4 Energieschema einer exothermen Reaktion

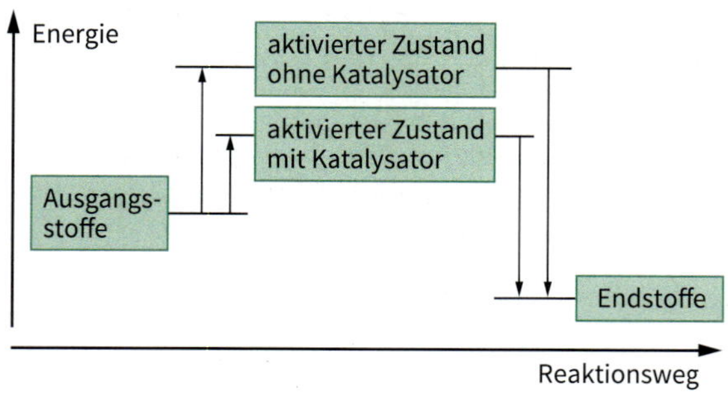

Für viele chemische Reaktionen benötigt man *Aktivierungsenergie*, um die Reaktion zu starten. *Katalysatoren* verringern die Aktivierungsenergie. Sie liegen nach der Reaktion wieder unverändert vor.

3 Stoffmengen und Teilchenzahlen

3.1 Stoffmenge und Mol

- Das Mol ist die Einheit der Stoffmenge *n*. Eine Stoffportion hat die Stoffmenge $n = 1$ mol, wenn sie $6 \cdot 10^{23}$ Teilchen (Atome oder Moleküle) enthält.
- Mit der Avogadro-Konstanten N_A lassen sich Stoffmenge *n* und Teilchenanzahl *N* ineinander umrechnen:

$$N_A = \frac{N}{n} = 6 \cdot 10^{23} \quad \text{Einheit: } \text{mol}^{-1} \text{ oder } \frac{1}{\text{mol}}$$

3.2 Molare Masse

- Die molare Masse *M* ist der Quotient aus der Masse *m* und der Stoffmenge *n* einer Stoffportion:

$$M = \frac{m}{n}; \quad \text{Einheit: } \text{g} \cdot \text{mol}^{-1} \text{ oder } \frac{\text{g}}{\text{mol}}$$

- Die molare Masse einer Verbindung erhält man durch Addition der molaren Massen der Elemente.

3.3 Volumenverhältnisse bei Gasreaktionen

- Gasförmige Stoffe enthalten bei gleichem Volumen, gleichem Druck und gleicher Temperatur gleich viele Teilchen.
- Gase reagieren stets in ganzzahligen Volumenverhältnissen miteinander.

Beispiel: Synthese von Wasserdampf

$$2\,H_2(g) + O_2(g) \rightarrow 2\,H_2O(g)$$

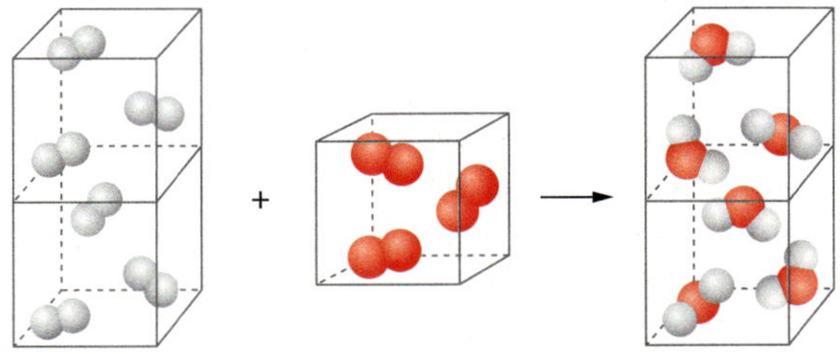

$V(H_2) : V(O_2) : V(H_2O) = 2 : 1 : 2$

3.4 Molares Volumen

- Das molare Volumen V_m ist der Quotient aus dem Volumen *V* und der Stoffmenge *n* einer Stoffportion:

$$V_m = \frac{V}{n}; \quad \text{Einheit: } \text{l} \cdot \text{mol}^{-1} \text{ oder } \frac{\text{l}}{\text{mol}}$$

- Bei Raumtemperatur und Normdruck hat das molare Volumen den Wert:
  $V_m(25\,°C, 1000\,hPa) = 24\,l \cdot mol^{-1}$

3.5 Stöchiometrisches Rechnen

Auf der Grundlage chemischer Gleichungen lassen sich die Stoffmengen *n*, die Massen *m* und die Volumina *V* der an einer Reaktion beteiligten Stoffe berechnen. Dabei kann man nach folgendem Schema vorgehen:

Beispiel: Kupferoxid reagiert mit Kohlenstoff zu Kupfer und Kohlenstoffdioxid. Bestimme die Masse an Kupferoxid und Kupfer sowie das Volumen an entstehendem Kohlenstoffdioxid, wenn 2,4 g Kohlenstoff reagieren.

1. Gegebene Werte und gesuchte Größen festhalten; die molaren Massen der gegebenen und gesuchten Stoffe ermitteln.	1. *gegeben:* m(Kohlenstoff) = 2,4 g; $V_m = 24\,\frac{l}{mol}$ $M(CuO) = 80\,\frac{g}{mol}$; $M(C) = 12\,\frac{g}{mol}$ gesucht: m(Kupferoxid); m(Kupfer); V(Kohlenstoffdioxid)
2. Reaktionsgleichung aufstellen.	2. $2\,CuO(s) + C(s) \rightarrow 2\,Cu(s) + CO_2(g)$
3. Die Stoffmenge des gegebenen Stoffes bestimmen. Dazu die Größengleichung aufstellen und nach der gesuchten Größe umstellen.	3. $n(C) = \frac{m(\text{Kohlenstoff})}{M(C)} = \frac{2{,}4\,g}{12\,\frac{g}{mol}} = 0{,}2\,mol$
4. Stoffmengen der gesuchten Stoffe bestimmen. Dabei das Stoffmengenverhältnis aus der Reaktionsgleichung ableiten.	4. $n(CuO) = 2\,n(C) = 2 \cdot 0{,}2\,mol = 0{,}4\,mol$ $n(Cu) = 2\,n(C) = 2 \cdot 0{,}2\,mol = 0{,}4\,mol$ $n(CO_2) = n(C) = 0{,}2\,mol$
5. Gesuchte Größen berechnen.	5. $m(\text{Kupferoxid}) = n(CuO) \cdot M(CuO) = 0{,}4\,mol \cdot 80\,\frac{g}{mol} = \mathbf{32\,g}$ $m(\text{Kupfer}) = n(Cu) \cdot M(Cu) = 0{,}4\,mol \cdot 64\,\frac{g}{mol} = \mathbf{25{,}6\,g}$ $V(\text{Kohlenstoffdioxid}) = n(CO_2) \cdot V_m = 0{,}2\,mol \cdot 24\,\frac{l}{mol} = \mathbf{4{,}8\,l}$
6. Antwortsatz formulieren.	6. Die Masse an Kupferoxid beträgt 32 g, die an Kupfer 25,6 g. Das Volumen an Kohlenstoffdioxid beträgt 4,8 l.

4 Atome

4.1 Frühe Atommodelle

- Demokrit (um 400 v. Chr.): Ein Atom ist ein kleines, nicht weiter teilbares Teilchen.
- Dalton (1808): Atome können durch chemische Reaktionen nicht erzeugt oder vernichtet werden. Ein Element ist aus lauter gleichen Atomen mit gleicher Masse und Größe aufgebaut. Bei chemischen Reaktionen werden die Atome der Edukte neu angeordnet und in bestimmten Anzahlverhältnissen miteinander verknüpft.
- Thomson (1904): Elektronen sind von einer positiven Masse umgeben, wie Rosinen in einem Kuchenteig.
- Rutherford (1909): Das Atom besteht aus einem sehr kleinen Atomkern und einer Atomhülle.

Die frühen Atommodelle wurden mit zunehmendem Erkenntnisstand weiterentwickelt. Heute wird oftmals das Schalenmodell nach Bohr genutzt.

4.2 Atombau nach dem Schalenmodell

- Atome bestehen aus Atomkern und Atomhülle (Kern-Hülle-Modell).
- Der **Atomkern** besteht aus **Protonen** und **Neutronen**, den **Nukleonen**.
- Ein Protonen trägt eine positive Elementarladung, ein Neutron ist ungeladen.
- Protonen und Neutronen haben die Masse 1 u.
- Die **Ordnungszahl** der Elemente stimmt mit der Protonenzahl (Kernladungszahl) überein.
- **Isotope** sind Atome eines Elements, die sich in der Neutronenzahl unterscheiden.

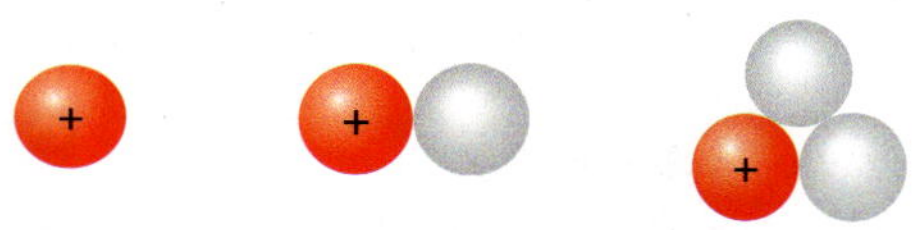

$^{1}_{1}H$ Wasserstoff | $^{2}_{1}H$ oder $^{2}_{1}D$ Deuterium | $^{3}_{1}H$ oder $^{3}_{1}T$ Tritium

- Die **Atomhülle** (Elektronenhülle) ist ein nahezu leerer Raum. In ihr befinden sich Elektronen.
- Ein **Elektron** trägt eine negative Elementarladung.
- Ein Elektron hat die Masse 0,0005 u.
- Die Atomhülle wird räumlich in Schalen unterteilt (Schalenmodell).
- Die Elektronenschalen werden von innen nach außen mit **K, L, M, N, O, P** und **Q** bezeichnet.
- Die K-Schale ($n = 1$) nimmt maximal 2 Elektronen auf, die L-Schale ($n = 2$) 8 Elektronen und die M-Schale ($n = 3$) 18 Elektronen. (Berechnung: $Z = 2\,n^2$)
- Die Elektronen der äußeren Schale heißen **Außenelektronen** oder **Valenzelektronen;** sie bestimmen maßgeblich das chemische Verhalten der Elemente.
- Anschauliche Darstellung des Na-Atoms im Schalenmodell.

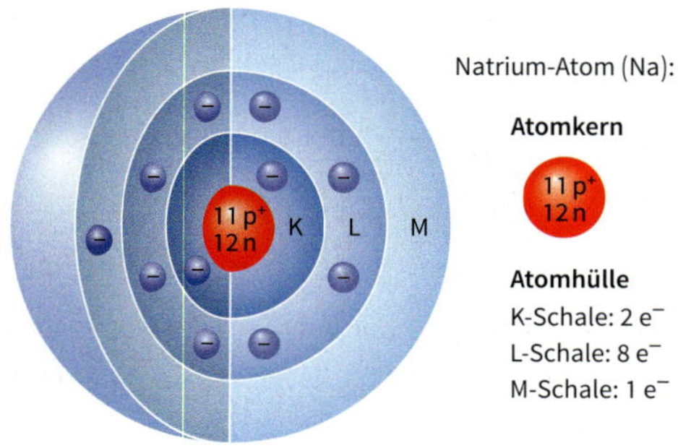

4.3 Atommasse

- Die Masse von Atomen wird in der *atomaren Masseneinheit* 1 u angegeben.
- Für die Umrechnung in die Masseneinheit 1 Gramm gilt: $1\ g \approx 6 \cdot 10^{23}\ u$.
- Für die Umrechnung in die Masseneinheit 1 u gilt: $1\ u \approx 1{,}66 \cdot 10^{-24}\ g$.

4.4 Energiestufenmodell

- Zum Herauslösen eines Elektrons aus der Atomhülle wird Energie benötigt. Sie wird Ionisierungsenergie genannt. Zurück bleibt ein positiv geladenes Kation.
- Für jedes weitere Elektron, das aus dem Kation herausgelöst werden soll, nimmt die Ionisierungsenergie aufgrund der zunehmenden Ladung des Kations weiter zu.
- Stellenweise steigt die Ionisierungsenergie sprunghaft an. Beispielsweise benötigt man im Na-Atom für die Ionisierung des zweiten und des zehnten Elektrons wesentlich mehr Energie. Die Atomhülle wird daher in **Energiestufen** gegliedert (Energiestufenmodell). Je näher die Schale am Kern ist, desto größer wird die Energie, die benötigt wird, um eine Elektron aus dem Atom zu entfernen.
- Die Energiestufen entsprechen den Schalen im Schalenmodell.

4.5 Periodensystem der Elemente

- Im Periodensystem der Elemente sind Informationen zum Aufbau der Atome eines Elements enthalten.
  Beispiel: Sauerstoff

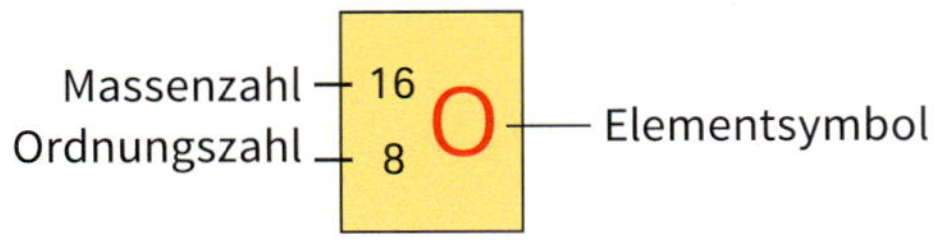

- Die **Ordnungszahl** gibt die Zahl der Protonen an. Die Elemente sind im Periodensystem nach steigender Protonenzahl geordnet.
- Die **Massenzahl** gibt die Masse eines Atoms in u an.
- Die **Neutronenzahl** berechnet sich aus der Massenzahl minus der Ordnungszahl.
- Das **Elementsymbol** steht für den Namen des Elements.
- Im ungeladenen Atom ist die Anzahl der Protonen und der Elektronen gleich.
- Elemente einer Gruppe stehen untereinander. Insgesamt gibt es acht **Hauptgruppen**.
- Die **Gruppennummer** gibt die Zahl der Außenelektronen im ungeladenen Atom an. Die Hauptgruppen werden mit den römischen Zahlen I (Alkalimetalle) bis VIII (Edelgase) gekennzeichnet.
- Elemente einer **Periode** stehen nebeneinander. Die **Periodennummer** gibt die Zahl der Elektronenschalen an. Sie wird mit den Zahlen 1 bis 7 bezeichnet.
- Der Platz eines jeden Elements ist durch seine Gruppe und seine Periode eindeutig festgelegt.
- Metalle stehen im Periodensystem links und unten, Nichtmetalle stehen rechts und oben.
- Mithilfe des Periodensystems lässt sich vorhersagen, ob bei der Reaktion ein Salz oder eine Molekülverbindung entsteht:
  Metall + Nichtmetall → Salz
  Nichtmetall + Nichtmetall → Molekülverbindung

	I	II	III	IV	V	VI	VII	VIII
1	1,008 $_1$H							4,003 $_2$He
2	6,94 $_3$Li	9,01 $_4$Be	10,81 $_5$B	12,01 $_6$C	14,00 $_7$N	16,00 $_8$O	19,00 $_9$F	20,18 $_{10}$Ne
3	22,99 $_{11}$Na	24,31 $_{12}$Mg	26,98 $_{13}$Al	28,09 $_{14}$Si	30,97 $_{15}$P	32,07 $_{16}$S	35,45 $_{17}$Cl	39,94 $_{18}$Ar
4	39,10 $_{19}$K	40,08 $_{20}$Ca	69,72 $_{31}$Ga	72,61 $_{32}$Ge	74,92 $_{33}$As	78,96 $_{34}$Se	79,90 $_{35}$Br	83,80 $_{36}$Kr
5	85,47 $_{37}$Rb	87,62 $_{38}$Sr	114,8 $_{49}$In	118,71 $_{50}$Sn	121,75 $_{51}$Sb	127,60 $_{52}$Te	126,90 $_{53}$I	131,2 $_{54}$Xe
6	132,91 $_{55}$Cs	137,33 $_{56}$Ba	204,38 $_{81}$Tl	207,2 $_{82}$Pb	208,98 $_{83}$Bi	$_{84}$Po	$_{85}$At	$_{86}$Rn
7	$_{87}$Fr	$_{88}$Ra						

Metall | Halbmetall | Nichtmetall

5 Elementfamilien

5.1 Alkalimetalle (I. Hauptgruppe)

- reaktionsfreudig; Die Reaktionsfähigkeit nimmt vom Lithium zum Caesium zu.
- weiche Leichtmetalle mit geringer Härte;
- niedrige Schmelztemperaturen;
- charakteristische Flammenfärbungen:

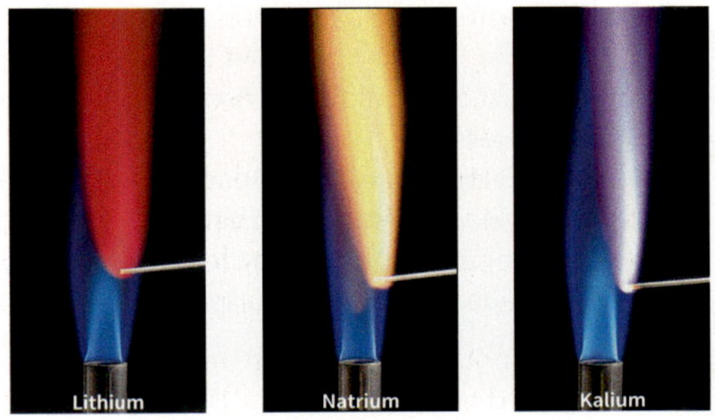

- Ionen sind einfach positiv geladen.
- Alkalimetalle reagieren heftig mit Wasser. Dabei bilden sich Alkalimetallhydroxide und Wasserstoffgas.
  Beispiel:
  $2\,Na(s) + 2\,H_2O(l) \rightarrow$
  $2\,Na^+(aq) + 2\,OH^-(aq) + H_2(g)$; exotherm

5.2 Erdalkalimetalle (II. Hauptgruppe)

- weniger reaktionsfreudig als die Alkalimetalle;
- Leichtmetalle mit mittlerer Härte;
- charakteristische Flammenfärbungen;
- Ionen sind zweifach positiv geladen.
  Beispiel:
  $Ca(s) + 2\,H_2O(l) \rightarrow$
  $Ca^{2+}(aq) + 2\,OH^-(aq) + H_2(g)$; exotherm

5.3 Halogene (VII. Hauptgruppe)

- reaktionsfreudige Nichtmetalle; Die Reaktionsfähigkeit nimmt vom Fluor zum Iod ab.
- Fluor und Chlor sind bei Raumtemperatur gasförmig, Brom ist flüssig und Iod ist fest.

- Die Elemente bestehen aus zweiatomigen Molekülen.
- Ionen sind einfach negativ geladen.
- Mit Metallen bilden sie Salze.
  Beispiel:
  $2\,Na(s) + Cl_2(g) \rightarrow 2\,NaCl(s)$; exotherm

5.4 Edelgase (VIII. Hauptgruppe)

- Edelgase kommen nur als einzelne Atome vor.
- Sie sind sehr reaktionsträge.

6 Ionen

6.1 Salze und salzartige Stoffe

- Salze und salzartige Stoffe sind Feststoffe, die typische Kristalle bilden.
- **Salze** bestehen aus Metallkationen und Halogeniden, also Anionen eines Elements der VII. Hauptgruppe.
  Beispiel: Kochsalz besteht aus Na^+- und Cl^--Ionen.
- **Salzartige Stoffe** bestehen aus Kationen und Anionen jeglicher Art.
  Beispiel: Ammoniumnitrat besteht aus NH_4^+-Ionen und NO_3^--Ionen.
- **Ionen** sind elektrisch geladene Teilchen. **Kationen** sind positiv geladen, **Anionen** negativ.
- Ionen der Hauptgruppenelemente haben wie Edelgas-Atome eine vollbesetzte Außenschale (**Edelgaskonfiguration**).

Salze und salzartige Stoffe

- sind hart und spröde; die Kristalle zerbrechen meist in Bruchstücke mit gleicher Kristallform,
- besitzen meistens eine hohe Schmelztemperatur und eine hohe Siedetemperatur,
- sind oft gut in Wasser löslich,
- leiten in Wasser gelöst oder als Schmelze den elektrischen Strom,
- sind als kristalline Feststoffe elektrische Nichtleiter (Isolatoren).

6.2 Ionenbildung

- Atome eines Elements können durch Aufnahme oder Abgabe von Elektronen Ionen bilden.
- Metall-Atome bilden durch Abgabe von Elektronen *positiv* geladene *Kationen.* In einer Reaktion geben sie ihre Valenzelektronen ab und erreichen damit eine Edelgaskonfiguration. Bei den Elementen der I. bis III. Hauptgruppe stimmt daher die Ladungszahl der Kationen mit der Gruppennummer überein.
- Nichtmetall-Atome bilden *negativ* geladene *Anionen.* In einer Reaktion nehmen sie Elektronen auf bis eine Edelgaskonfiguration erreicht ist. Für die Elemente der V. bis VII. Hauptgruppe erhält man die Ladungszahl der Anionen, indem man die jeweilige Gruppennummer von der Zahl acht abzieht.

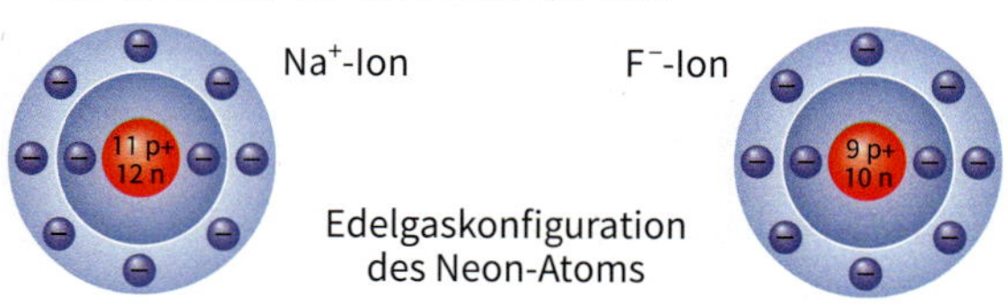

- Die Bildung von Ionen kann in der **Elektronenschreibweise** dargestellt werden.
  Beispiel:
  $\cdot Mg \cdot \dashrightarrow Mg^{2+} + 2\,e^-$

- Durch **Elektronenübertragung** bilden sich Kationen und Anionen. Das Verhältnis der Anzahlen von Anionen und Kationen bestimmt sich so, dass die Verbindung elektrisch neutral ist.

6.3 Ionenbindung und Ionengitter

- In Salzen und salzartigen Stoffen sind die Anionen und Kationen über ungerichtete elektrische Anziehungskräfte miteinander verbunden. Diese **Ionenbindung** bestimmt die Eigenschaften der Salze und salzartigen Stoffe.
- Die Kationen und Anionen bilden in den Kristallen eine möglichst dichte Packung. Die verschiedenartig geladenen Ionen besetzen abwechselnd bestimmte Plätze in einem räumlichen **Ionengitter**.
- Den Aufbau des Ionengitters stellt man in unterschiedlichen Modellen dar.
  Sollen die Positionen der Ionen im Gitter gezeigt werden, so verwendet man ein *Raumgittermodell.* Das *Kugelpackungsmodell* gibt die Radien der Ionen wieder und zeigt, wie die Ionen den Raum ausfüllen.
  Beispiel: NaCl-Gitter

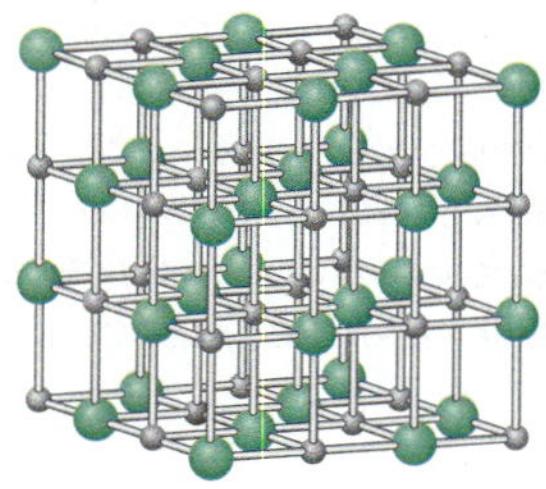

Raumgittermodell

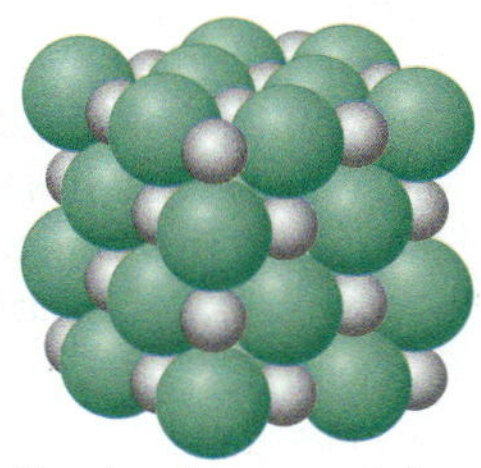

Kugelpackungsmodell

- Über die **Struktur** eines Salzes oder eines salzartigen Stoffes werden seine **Eigenschaften** erklärt.

6.4 Elektrolyse

- Die Ionen eines Salzes oder salzartigen Stoffes sind in wässriger Lösung oder in der Schmelze frei beweglich.
- Wird über zwei Elektroden eine Spannung angelegt, wandern die positiv geladenen Kationen zum Minuspol (Kathode) und die negativ geladenen Anionen zum Pluspol (Anode).
- An den Elektroden scheiden sich dann Stoffe ab. Die Kationen nehmen am Minuspol Elektronen auf, die Anionen geben am Pluspol Elektronen ab.
- Eine Elektrolyse ist eine durch elektrische Energie erzwungene chemische Reaktion.
  Beispiel: Elektrolyse von Zinkbromidlösung

Minuspol (Kathode): $Zn^{2+}(aq) + 2\,e^- \dashrightarrow Zn(s)$
Pluspol (Anode): $2\,Br^-(aq) \dashrightarrow Br_2(aq) + 2\,e^-$

Gesamtreaktion: $Zn^{2+}(aq) + 2\,Br^-(aq) \rightarrow Zn(s) + Br_2(aq)$; endotherm

7 Moleküle

7.1 Elektronenpaarbindung

- **Moleküle** bestehen aus Nichtmetall-Atomen, die durch *gemeinsame, bindende Elektronenpaare* in einer **Elektronenpaarbindung** miteinander verbunden sind.
- Edelgas-Atome haben, bis auf Helium, acht Elektronen in ihrer Außenschale. Sie sind energetisch stabil und gehen keine Bindung ein. Dies bezeichnet man als **Edelgaskonfiguration.** Durch Elektronenpaarbindungen erreichen Nichtmetall-Atome in Molekülen eine Edelgaskonfiguration. Die bindenden Elektronenpaare zählen zu jedem Bindungspartner.
  Beispiele:

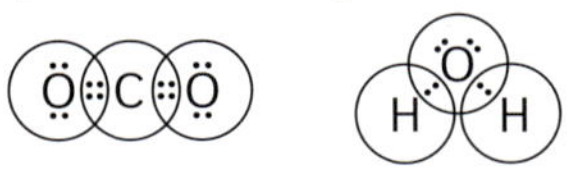

- H-Atome haben in Verbindungen zwei Elektronen und erreichen so die Edelgaskonfiguration des Heliums.

7.2 Moleküldarstellungen

- In **Strukturformeln** werden *bindende* und *nichtbindende* Elektronenpaare in Molekülen durch Striche gekennzeichnet . Einzelne Elektronen werden als Punkt dargestellt.
- Für das bindende Elektronenpaar einer *Einfachbindung* wird ein Strich zwischen die verbundenen Atome gezeichnet. *Mehrfachbindungen* werden durch mehrere Striche zwischen den Atomen symbolisiert.
  Beispiele:

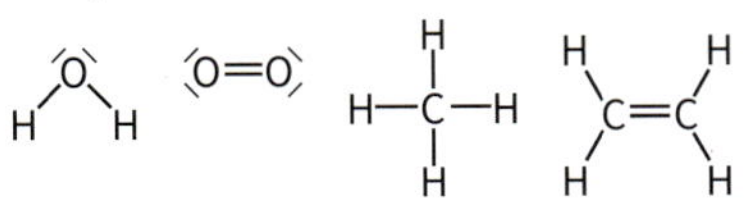

- Mit dem **Elektronenpaarabstoßungsmodell** lässt sich die räumliche Struktur von Molekülen aus der Strukturformel herleiten. Sind die Atome im Molekül von vier Elektronenpaaren umgeben, ergibt sich eine *Tetraedergeometrie.*
- *Mehrfachbindungen* werden bei der Abstoßung der Elektronenpaare wie Einfachbindungen behandelt.
- Freie Elektronenpaare wie beim N-Atom oder O-Atom nehmen mehr Raum ein als bindende Elektronenpaare. Die Geometrie des Tetraeders wird verzerrt.
- In der **Keil-Strich-Formel** und dem **Kugel-Stab-Modell** wird die räumliche Orientierung deutlich.

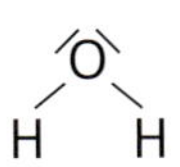

Strukturformel

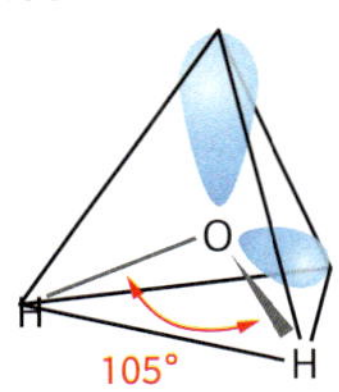

Keil-Strich-Formel

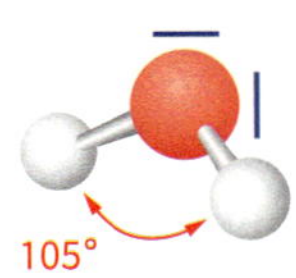

Kugel-Stab-Modell

8 Zwischenmolekulare Kräfte

8.1 Van-der-Waals-Wechselwirkungen

- In allen Molekülen entstehen durch zufällige Elektronenverschiebungen *temporäre Dipole*. Diese induzieren in Nachbar-Molekülen weitere Dipole. Die Dipole ziehen sich gegenseitig an. Zwischen den Molekülen wirken schwache Van-der-Waals-Wechselwirkungen.
- Die Van-der-Waals-Wechselwirkungen nehmen mit wachsender Elektronenzahl in Molekülen zu.

8.2 Dipol-Dipol-Wechselwirkungen

- Unterscheiden sich die Bindungspartner einer Elektronenpaarbindung in ihrer **Elektronegativität,** ziehen sie das bindende Elektronenpaar unterschiedlich stark an. Es entsteht ein *permanenter Dipol*. Das elektronegativere Atom weist einen Überschuss an negativer Ladung (δ^-) auf, das andere einen Überschuss an positiver Ladung (δ^+).
- Elektronenpaarbindungen zwischen gleichartigen Atomen sind *unpolar.*
- Die Dipole der einzelnen polaren Bindungen im Molekül addieren sich:

Dipol-Molekül:

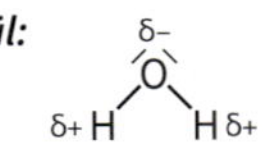

kein Dipol-Molekül:

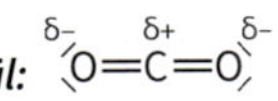

- Die Dipole ziehen sich gegenseitig an. Zwischen den Molekülen wirken Dipol-Dipol-Wechselwirkungen.

8.3 Wasserstoffbrücken (H-Brücken)

- Voraussetzung für eine H-Brücke ist ein Molekül mit einer polaren Elektronenpaarbindung zu einem H-Atom. Am Nachbar-Molekül muss ein freies Elektronenpaar an einem stark elektronegativen O-Atom, N-Atom oder F-Atom vorhanden sein. Zwischen dem positiv polarisierten H-Atom und dem freien Elektronenpaar bildet sich die H-Brücke aus.
- H-Brücken sind stärker als Dipol-Dipol-Wechselwirkungen, jedoch schwächer als Elektronenpaarbindungen.
- Ein H_2O-Molekül bildet in einer tetraedrischen Anordnung insgesamt vier O–H ··· O-Brücken aus.

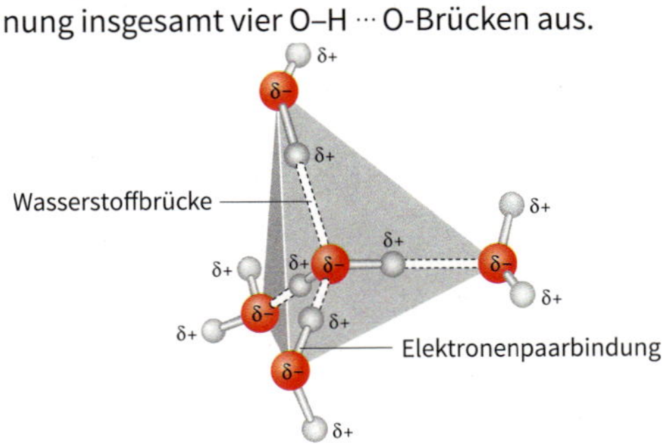

- Ein NH_3-Molekül oder ein HF-Molekül bildet jeweils nur zwei H-Brücken aus.

9 Saure und alkalische Lösungen

9.1 Säure-Base-Definition nach Brønsted

- **Brønsted-Säuren** sind Teilchen, die Protonen abgeben (Protonendonatoren).
- **Brønsted-Basen** sind Teilchen, die Protonen aufnehmen (Protonenakzeptoren).
- **Säure-Base-Reaktionen** sind Protonenübertragungsreaktionen.

9.2 Saure Lösungen

- **Saure Lösungen** sind wässrige Lösungen, die hydratisierte *Wasserstoff-Ionen* ($H^+(aq)$) oder gleichbedeutend *Hydronium-Ionen* ($H_3O^+(aq)$) enthalten.
- **Bildung saurer Lösungen:**

$$\text{Halogenwasserstoff} \xrightarrow{\text{Wasser}} \underbrace{\text{Halogenid-Ion} + H_3O^+\text{-Ion}}_{\text{saure Lösung}}$$

$$\text{Nichtmetalloxid} + \text{Wasser} \rightarrow \underbrace{\text{Säurerest-Ion} + H_3O^+\text{-Ion}}_{\text{saure Lösung}}$$

9.3 Hydroxide – alkalische Lösungen

- **Alkalische Lösungen** sind wässrige Lösungen, die *Hydroxid-Ionen* ($OH^-(aq)$) enthalten.
- Hydroxide bestehen aus positiv geladenen Metall-Ionen und negativ geladenen Hydroxid-Ionen (OH^-).
- **Bildung alkalischer Lösungen:**

$$\text{Metallhydroxid} \xrightarrow{\text{Wasser}} \underbrace{\text{Metall-Ionen} + OH^-\text{-Ionen}}_{\text{alkalische Lösung}}$$

$$\text{Metalloxid} + \text{Wasser} \rightarrow \underbrace{\text{Metall-Ionen} + OH^-\text{-Ionen}}_{\text{alkalische Lösung}}$$

$$\text{Alkalimetall/Erdalkalimetall} + \text{Wasser} \rightarrow \underbrace{\text{Metall-Ionen} + OH^-\text{-Ionen}}_{\text{alkalische Lösung}} + \text{Wasserstoff}$$

9.4 pH-Wert

- Der **pH-Wert** gibt an, wie stark sauer oder alkalisch eine Lösung ist. Er ist ein Maß für die Konzentration an Hydronium-Ionen oder Hydroxid-Ionen.
- Die **pH-Skala** reicht von pH = 0 bis pH = 14. Bei pH = 7 liegt eine neutrale Lösung vor. Saure Lösungen haben einen pH-Wert < 7, alkalische Lösungen haben einen pH-Wert > 7.
- Mit **Indikatoren** lassen sich saure, neutrale und alkalische Lösungen unterscheiden, da sie bei verschiedenen pH-Werten unterschiedliche Farben haben:

0	1	2	3	4	5	6	7	8	9	10	11	12	13	14

stark sauer – schwach sauer – neutral – schwach alkalisch – stark alkalisch

9.5 Neutralisation

- Gibt man eine saure und eine alkalische Lösung zusammen, bildet sich eine Salzlösung.
- Die in der sauren Lösung enthaltenen H_3O^+-Ionen und die OH^--Ionen der alkalischen Lösung reagieren zu H_2O-Molekülen. Die Reaktion bezeichnet man als **Neutralisation.**

  $H_3O^+(aq) + OH^-(aq) \rightarrow 2\,H_2O(l)$; exotherm

- Das Säurerest-Ion aus der sauren Lösung und das Metall-Ion aus der alkalischen Lösung sind an der Reaktion nicht beteiligt. Sie liegen unverändert in der Salzlösung vor.

  Beispiel:

  $H_3O^+(aq) + Cl^-(aq) + K^+(aq) + OH^-(aq) \rightarrow 2\,H_2O(l) + K^+(aq) + Cl^-(aq)$; exotherm

- Die bei der Reaktion frei werdende Wärme bezeichnet man als **Neutralisationswärme.**

9.6 Titration

- Die **Titration** ist eine Methode zur Ermittlung der *Stoffmengenkonzentration.*
- Zu einem bestimmten Volumen an Probelösung wird ein Indikator gegeben. Eine Maßlösung genau bekannter Konzentration wird zur Probe gegeben, bis die Farbe des Indikators umschlägt.
- An diesem Punkt sind die Stoffmengen $n(H_3O^+)$ und $n(OH^-)$ gleich.
- Aus dem Volumen der verbrauchten Maßlösung wird die Stoffmengenkonzentration der unbekannten Lösung ermittelt.

$$c(\text{Probe}) = \frac{c(\text{Maßlösung}) \cdot V(\text{Maßlösung})}{V(\text{Probe})}$$

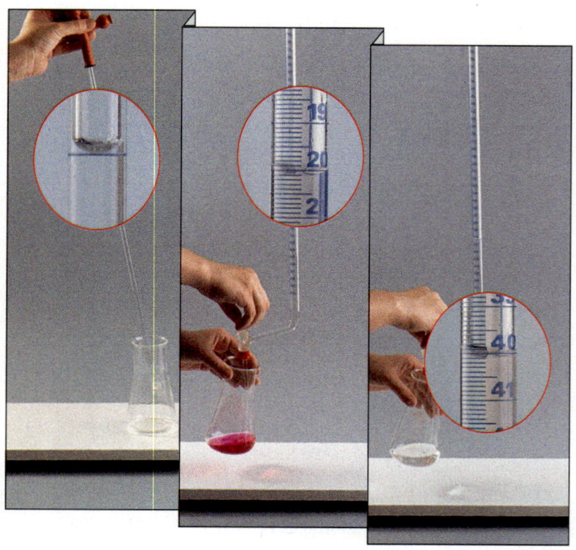

10 Redoxreaktionen

10.1 Sauerstoffübertragungsreaktionen

Viele chemische Reaktionen laufen unter Beteiligung von Sauerstoff ab. Sauerstoff kann aufgenommen, abgegeben oder von einem Reaktionspartner auf einen anderen übertragen werden.

Sauerstoffabgabe

$Fe_2O_3(s)$ + $2\,Al(g)$ → $2\,Fe(s)$ + $Al_2O_3(s)$

Oxidationsmittel | Reduktionsmittel | reduzierter Stoff | oxidierter Stoff

Sauerstoffaufnahme

10.2 Elektronenübertragungsreaktionen

Nach diesem Konzept ist die **Oxidation** eine Abgabe von Elektronen, die **Reduktion** eine Aufnahme von Elektronen und die **Redoxreaktion** eine Elektronenübertragungsreaktion.

Beispiele:

Oxidation: $Mg \dashrightarrow Mg^{2+} + 2\,e^-$
Reduktion: $O_2 + 4\,e^- \dashrightarrow 2\,O^{2-}$

Redoxreaktion: $2\,Mg(s) + O_2(g) \rightarrow 2\,MgO(s)$

Oxidation: $Zn \dashrightarrow Zn^{2+} + 2\,e^-$
Reduktion: $Cu^{2+} + 2\,e^- \dashrightarrow Cu$

Redoxreaktion: $Zn(s) + Cu^{2+}(aq) \rightarrow Zn^{2+}(aq) + Cu(s)$

Die Sauerstoffübertragungsreaktionen lassen sich in das Konzept der Elektronenübertragungsreaktionen einordnen. Das O^{2-}-Ion bleibt dabei unverändert, es wird nicht reduziert oder oxidiert.

Beispiel:

Oxidation: $Fe + O^{2-} \dashrightarrow Fe^{2+}O^{2-} + 2\,e^-$
Reduktion: $Cu^{2+}O^{2-} + 2\,e^- \dashrightarrow Cu + O^{2-}$

Redoxreaktion: $Fe(s) + CuO(s) \rightarrow FeO(s) + Cu(s)$

10.3 Redoxreihe der Metalle

unedel **edel**

K Na Mg Al Zn Fe Pb Cu Ag Hg Au

K^+ Na^+ Mg^{2+} Al^{3+} Zn^{2+} Fe^{3+} Pb^{2+} Cu^{2+} Ag^+ Hg^{2+} Au^{3+}

- Unedle Metalle sind gute Reduktionsmittel. Sie geben leicht Elektronen ab, sind also *Elektronendonatoren*. Dabei werden die unedlen Metalle selbst oxidiert.
- Kationen edler Metalle sind gute Oxidationsmittel. Sie nehmen leicht Elektronen auf, sind also *Elektronenakzeptoren*. Dabei werden die Kationen selbst reduziert.
- Ein Kation eines unedlen Metalls fällt das edlere Metall aus seiner Salzlösung aus. Die Redoxreihe der Metalle wird deshalb auch als *Fällungsreihe* bezeichnet.

11 Nachweisreaktionen

11.1 Wasser (H_2O)

Einige Tropfen der zu untersuchenden Flüssigkeit werden zu wasserfreiem Kupfersulfat gegeben.
Beobachtung: Das weiße Salz wird blau.
Reaktionsgleichung:
$CuSO_4(s) + 5\,H_2O(l) \rightarrow CuSO_4 \cdot 5\,H_2O(s)$

11.2 Sauerstoff (O_2)

Eine Gasprobe wird in einem Reagenzglas aufgefangen. In das Reagenzglas wird ein glimmender Holzspan gehalten (Glimmspanprobe).
Beobachtung: Der Holzspan flammt auf.

11.3 Wasserstoff (H_2)

Eine Gasprobe wird in einem Reagenzglas aufgefangen. Die Gasprobe wird entzündet (Knallgasprobe).
Beobachtung: Wenn die Probe ruhig abbrennt, enthält sie reinen Wasserstoff. Enthält sie noch Sauerstoff oder Luft, verbrennt sie mit einem pfeifenden Geräusch.

11.4 Kohlenstoffdioxid (CO_2)

Kalkwasser wird frisch angesetzt. Die Gasprobe wird in das frische Kalkwasser eingeleitet.
Beobachtung: Es bildet sich ein weißer Niederschlag.
Reaktionsgleichung:
$Ca^{2+}(aq) + CO_2(g) + 2\,OH^-(aq) \rightarrow CaCO_3(s) + H_2O(l)$

11.5 Alkalimetalle, Erdalkalimetalle

Nachweis durch Flammenfärbung oder mit einem Spektroskop.
Beobachtungen:
Lithium: rote Flamme; orange Linie
Natrium: gelbe Flamme; gelbe Linie
Kalium: blassviolette Flamme; violette Linie
Calcium: ziegelrote Flamme; gelbe und orange Linien
Strontium: rote Flamme; gelbe, orange und blaue Linien
Barium: grüne Flamme; viele Linien aus rot, orange, gelb, grün und blau

11.6 Chlorid-Ionen (Cl^-), Bromid-Ionen (Br^-), Iodid-Ionen (I^-)

Zur Probenlösung wird etwas verdünnte Salpetersäure und verdünnte Silbernitratlösung gegeben.
Beobachtung: Weißer Niederschlag bei Cl^--Ionen, blassgelber Niederschlag bei Br^--Ionen, gelblicher Niederschlag bei I^--Ionen.
Reaktionsgleichungen:
$Ag^+(aq) + Cl^-(aq) \rightarrow AgCl(s)$
$Ag^+(aq) + Br^-(aq) \rightarrow AgBr(s)$
$Ag^+(aq) + I^-(aq) \rightarrow AgI(s)$

Sicheres Experimentieren

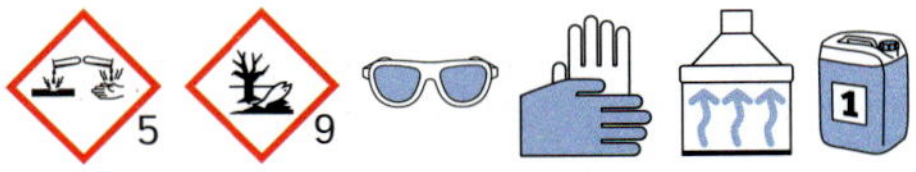

Die Versuche auf den Praktikumsseiten sind mit einer **Symbolleiste** versehen: Die Piktogramme in den roten Rauten sind *Gefahrenpiktogramme,* wie sie unten zusammenfassend dargestellt sind. Die folgenden Symbole geben unbedingt zu beachtende *Sicherheitshinweise* wie *Schutzbrille, Handschuhe* oder *Abzug* an. Die blauen Kanister beziehen sich auf die korrekte *Entsorgung* der Chemikalien und der Lösungen. Dies ist in der Übersicht *Richtig entsorgen* genau beschrieben.

Gefahrenpiktogramme. Viele Stoffe sind gefährlich. Die Gefahrenpiktogramme weisen auf diese Gefahren hin.

Explosive Stoffe/Gemische: feste oder flüssige Stoffe, die Gase entwickeln können, die durch ihre Temperatur und ihren Druck Zerstörungen anrichten.

Entzündbare Stoffe: Stoffe, die als Gase oder Aerosole mit Luft explosive Gemische bilden, als Flüssigkeiten einen Flammpunkt unter 60 °C haben oder als Feststoffe leicht brennbar sind.

Oxidierende Stoffe: Stoffe, die die Verbrennung anderer Materialien stärker fördern als Luft.

Gase unter Druck: Gase, die in einem Behältnis unter Druck stehen oder die verflüssigt sind.

Ätzende Stoffe: Stoffe, die die Haut oder die Augen nach kurzer Einwirkung dauerhaft schädigen.

Giftige Stoffe: Stoffe, die beim Verschlucken, bei Hautkontakt oder beim Einatmen giftig wirken.

Gesundheitsschädliche/reizende Stoffe: Stoffe, die beim Verschlucken, bei Hautkontakt oder beim Einatmen gesundheitsschädlich sind, die Haut oder die Augen reizen oder auf die Haut allergen wirken.

Chronisch gefährliche Stoffe: Stoffe, die das Erbgut verändern, Krebs erzeugen, die Fruchtbarkeit beeinträchtigen, das Kind im Mutterleib schädigen oder auf die Atemwege sensibilisierend wirken.

Umweltgefährdende Stoffe: Stoffe, die die Umwelt, insbesondere Gewässer, gefährden.

Sicherheitshinweise. Wegen der besonderen Gefahren sind im Chemieunterricht wichtige Sicherheitshinweise zu beachten:

- Versuchsvorschriften und Hinweise müssen genau befolgt werden. Bei Unklarheiten muss die Lehrkraft gefragt werden.
- Ein Versuch darf erst dann durchgeführt werden, wenn dazu aufgefordert wird.
- Schülerinnen und Schüler dürfen Geräte und Chemikalien nicht ohne Genehmigung verwenden.
- Die Anlagen für elektrischen Strom, Gas und Wasser dürfen nur nach besonderer Aufforderung der Lehrkraft eingeschaltet werden.
- Die Geräte müssen in sicherem Abstand von der Tischkante standfest aufgebaut werden.
- Beim Experimentieren sind Schutzbrillen zu tragen.
- Werden Schutzhandschuhe ausgehändigt, so müssen sie benutzt werden.
- Im Praktikum darf grundsätzlich weder gegessen noch getrunken werden.
- Geschmacksproben sind verboten. Geruchsproben dürfen nur dann vorgenommen werden, wenn die Lehrkraft dazu auffordert.
- Pipettieren mit dem Mund ist verboten.
- Chemikalien dürfen nicht mit den Händen berührt werden.
- Die Haare sind so zu tragen, dass sie nicht in die Brennerflamme geraten können.
- Chemikalien dürfen nicht in Gefäße umgefüllt werden, die nicht eindeutig und dauerhaft beschriftet sind. Auf keinen Fall dürfen Gefäße benutzt werden, die zur Aufbewahrung von Speisen und Getränken bestimmt sind.
- Der Arbeitsplatz muss stets sauber gehalten werden. Nach Beendigung der Experimente sind die Geräte zu reinigen.
- Chemikalienreste müssen vorschriftsmäßig entsorgt werden.

Sicher entsorgen

Jeder weiß es: **Gefährliche Stoffe müssen ordnungsgemäß entsorgt werden.** Chemikalienreste und Reaktionsprodukte dürfen also nicht ohne weiteres in den Abfluss oder den Abfalleimer gegeben werden. Folgende Regeln sind genau zu beachten:

Gefährliche Abfälle vermeiden. Eine der wichtigsten Regeln für einen verantwortungsbewussten Umgang mit Stoffen ist ganz einfach: *Die Entstehung unnötiger Abfälle oder unnötig großer Mengen an Abfällen muss vermieden werden.* Die Anwendung dieser Regel setzt eine sorgfältige Versuchsplanung im Hinblick auf Art und Menge der verwendeten Stoffe voraus.

Gefährliche Abfälle umwandeln. Nicht vermeidbare gefährliche Abfallstoffe sollen in weniger gefährliche umgewandelt werden:

Saure und alkalische Lösungen werden neutralisiert. Dabei ist es zweckmäßig, saure und alkalische Lösungen in einem gemeinsamen Behälter zu sammeln. Sie brauchen dann nicht einzeln neutralisiert zu werden.

Lösliche Stoffe können zu schwerlöslichen Stoffen umgesetzt werden.

Gefährliche Abfälle sammeln. Chemikalienreste von Praktikumsversuchen, die nicht sofort in ungefährliche Produkte umgewandelt werden können, werden in besonders beschrifteten Abfallbehältern gesammelt. Von Zeit zu Zeit werden die Abfallbehälter dann durch ein *Entsorgungsunternehmen* abgeholt.

Durch das Sammeln in getrennten Behältern verringern sich die Kosten für eine endgültige Beseitigung.

Behälter 1: Saure und alkalische Lösungen
In Behälter 1 gehören nur saure und alkalische Lösungen, in denen *keine Schwermetallverbindungen* enthalten sind. Saure und alkalische Lösungen neutralisieren sich dann gegenseitig. In der Regel reagiert die Lösung im Behälter 1 nicht neutral, sondern leicht sauer oder alkalisch. Bevor der Behälter ganz gefüllt ist, muss er deshalb neutralisiert werden. Der neutralisierte Inhalt kann dann in den Ausguss geschüttet werden.

Behälter 2: Giftige anorganische Stoffe
In Behälter 2 werden giftige und umweltschädliche Schwermetallsalze und ihre Lösungen gesammelt – auch dann, wenn es sich um saure oder alkalische Lösungen handelt. Die endgültige Entsorgung erfolgt durch ein Entsorgungsunternehmen.

Behälter 3: Halogenfreie organische Stoffe
Wasserlösliche und wasserunlösliche halogenfreie organische Stoffe werden gemeinsam in einem Abfallbehälter gesammelt. Damit sich kein zu großes Volumen an leicht entzündlichen Flüssigkeiten ansammelt, kann die Lehrkraft im Einzelfall anordnen, geringe Mengen nicht giftiger wasserlöslicher organischer Abfälle wie Ethanol oder Aceton in den Ausguss zu geben. Behälter 3 muss von einem Entsorgungsunternehmen ordnungsgemäß entsorgt werden.

Behälter 4: Halogenhaltige organische Stoffe.
Organische Halogenverbindungen und Abfälle, die bei Halogenierungsreaktionen entstehen, werden im Behälter 4 gesammelt. Dieser Behälter muss von einem Entsorgungsunternehmen ordnungsgemäß entsorgt werden.

Entsorgungskonzept im Überblick

	1	2	3	4
	saure und alkalische Lösungen	giftige anorganische Stoffe	halogenfreie organische Stoffe	halogenhaltige organische Stoffe
Beispiele:	Salzsäure, Natronlauge	Kupfersalze, Bleisalze	Benzin, Toluol	Dibromethan, Bromtoluol

Kapitel 1

Organische Stoffklassen

Frisch gepresste Fruchtsäfte wie Traubensaft oder Apfelsaft verändern nach einigen Tagen ihren Geruch und ihren Geschmack. Es läuft eine alkoholische Gärung ab. Auch die Herstellung von Essig aus Wein beruht auf einem Gärprozess und ist wie das Keltern von Wein eine uralte Kulturtechnik. In der Chemie bezeichnet man den Alkohol in alkoholischen Getränken als Ethanol und die Säure im Essig als Ethansäure. Beide Stoffe sind Beispiele für organische Stoffe. Die Vielfalt im Aufbau der Stoffe führt zu einer Fülle an Eigenschaften der organischen Verbindungen, von denen jedem einige aus der Natur oder der Technik bekannt sind.

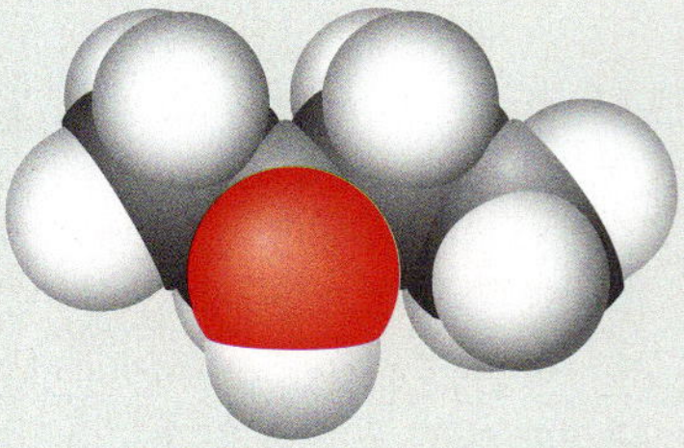

Was Sie schon kennen:

- homologe Reihe der Alkane und die Regeln zur Benennung verzweigter Alkane,
- polare und unpolare Elektronenpaarbindungen mithilfe der EN-Differenzen erkennen,
- Van-der-Waals-Wechselwirkungen als Wechselwirkungen zwischen temporären Dipolen,
- Dipol-Dipol-Wechselwirkungen und Wasserstoffbrücken zwischen Dipol-Molekülen,
- Oxidation und Reduktion als Elektronenübertragungsreaktion nach dem Donator-Akzeptor-Konzept,
- Eigenschaften saurer Lösungen und die Säure-Base-Theorie nach Brønsted,
- Berechnung der Stoffmengenkonzentration, der Volumenkonzentration und des Massenanteils.

In diesem Kapitel lernen Sie:

- **was** gesättigte und ungesättigte Kohlenwasserstoffe sind,
- **welche** weiteren Stoffklassen es neben den Alkanen gibt und wie sie sich an der Strukturformel erkennen lassen,
- **wie** sich verschiedene organische Stoffe herstellen, nachweisen und benennen lassen,
- **welche** wichtigen Eigenschaften den Verbindungen der Stoffklassen zugeordnet werden können und wie man diese mit den zwischenmolekularen Wechselwirkungen erklärt,
- **was** Alkohole, Aldehyde, Ketone, Carbonsäuren und Ester sind und wozu die Stoffe im Alltag verwendet werden,
- **warum** Oxidationszahlen ein Hilfsmittel zum Einrichten von Redoxgleichungen sind.

Sind Sie fit für dieses Kapitel?

1 Geben Sie für die abgebildeten Alkane **A** bis **C** den systematischen Namen an.

2 a) Geben Sie die Namen der Stoffe an, die sich hinter den Strukturformeln **D** und **E** verbergen.
b) Übertragen Sie die Formeldarstellungen in Ihre Chemiemappe. Kennzeichnen Sie die bindenden und die freien (nichtbindenden) Elektronenpaare mit unterschiedlichen Farben.
c) Begründen Sie mithilfe von EN-Werten, ob die jeweilige Bindung polar oder unpolar ist. Geben Sie bei den polaren Elektronenpaarbindungen die Partialladungen (Teilladungen) an.
d) Begründen Sie, warum beide Moleküle Dipole sind.

3 Eine Zinkplatte wird einmal in eine Silbersalzlösung und einmal in eine Magnesiumsalzlösung gestellt.
a) Erläutern Sie, in welchen der beiden Ansätze eine Reaktion abläuft. Stellen Sie dazu die Teilgleichungen auf und ordnen Sie die Begriffe *Elektronendonator* und *Elektronenakzeptor* zu.
b) Erläutern Sie anhand der ablaufenden Reaktionen das Donator-Akzeptor-Konzept.

4 Ein Alkohol-Wasser-Gemisch einer Spirituose hat einen Massenanteil von 40%. Ermitteln Sie, welches Volumen an Alkohol (Ethanol) in 500 ml der Spirituose enthalten ist. Die Dichte von reinem Alkohol beträgt $\varrho = 0{,}79\ g \cdot cm^{-3}$.

A
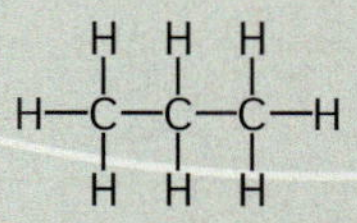

B
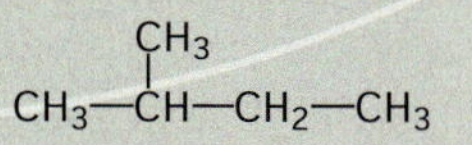

C
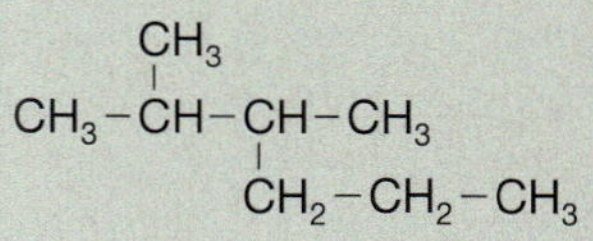

D
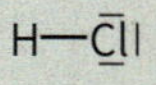

E
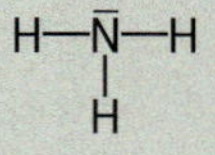

Elementsymbol	H	N	Cl
Elektronegativität	2,2	3,0	3,2

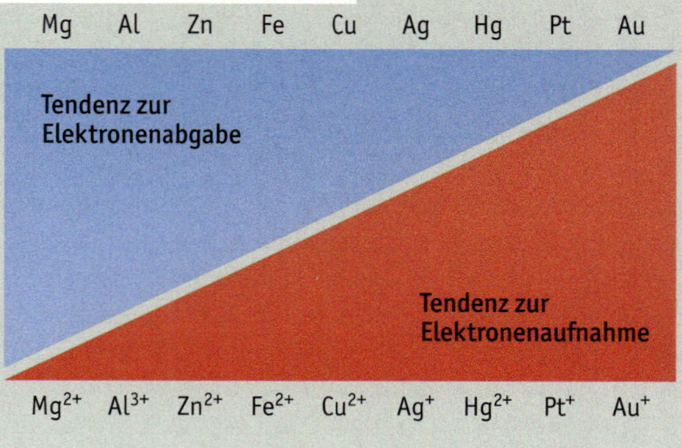

*Lösungen und weitere Aufgaben finden Sie unter www.westermann.de/chemie-heute-152072
Nutzen Sie zur Anmeldung den Online-Schlüssel auf der vorderen Umschlagsinnenseite.*

Name	Molekülformel	Strukturformel
Methan	CH_4	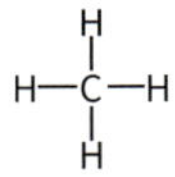
Ethan	C_2H_6	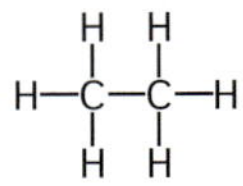
Propan	C_3H_8	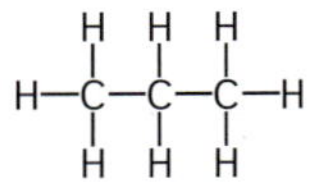

1 *Die ersten drei Glieder der homologen Reihe der Alkane*

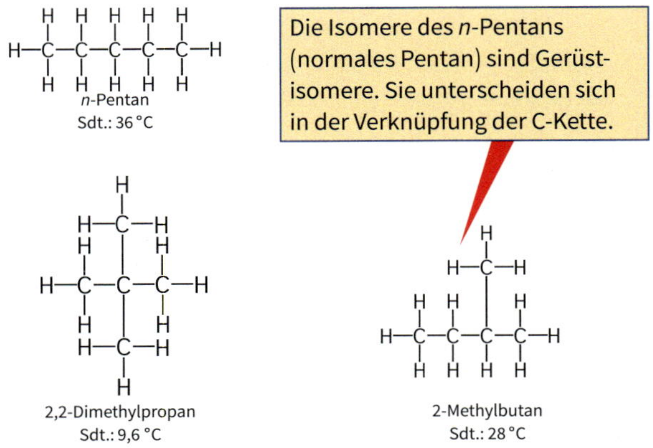

2 *Isomere Verbindungen mit der Molekülformel* C_5H_{12}

Die organische Chemie beschäftigt sich mit den Strukturen und Eigenschaften von mehr als 40 Millionen Verbindungen. Ständig werden neue Stoffe in der Natur entdeckt oder im Labor hergestellt. Die Stoffe lassen sich ordnen, indem man sie nach bestimmten *Kriterien* vergleicht. Wichtige Ordnungskriterien der Chemie sind der Aufbau und die Eigenschaften der Stoffe. Ist der Aufbau bekannt, lassen sich viele Eigenschaften vorhersagen. Umgekehrt kann auch von den Eigenschaften auf den Aufbau eines Stoffes geschlossen werden. Das **Struktur-Eigenschafts-Konzept** der Chemie beschreibt diesen Zusammenhang.

Nomenklatur. Zur besseren Orientierung wurde für die unzähligen Stoffe ein weltweit gültiges System zur Benennung entwickelt. Es ist die *Nomenklatur* der *International Union of Pure and Applied Chemistry* oder kurz **IUPAC.** Die IUPAC bestimmt, wie neue Stoffe in das Nomenklatursystem eingefügt werden (↗S. 28). Dazu werden die organischen Stoffe in verschiedene **Stoffklassen** unterteilt. Die Verbindungen einer Stoffklasse ähneln sich in ihrer Struktur und damit auch in ihren chemischen und physikalischen Eigenschaften.

Stoffklassen und funktionelle Gruppen. Die einfachsten organischen Verbindungen sind die **Kohlenwasserstoffe**. Ihre Moleküle bestehen ausschließlich aus den Atomsorten Kohlenstoff und Wasserstoff. Zu diesen Verbindungen zählen die Stoffklassen der **Alkane**, der **Alkene** und der **Alkine**. Bestimmend für die Zuordnung zu den drei Stoffklassen sind die Bindungsverhältnisse in der C-Kette. Bei den Alkan-Molekülen liegen zwischen den C-Atomen ausschließlich Einfachbindungen vor. Alkane sind *gesättigte Kohlenwasserstoffe*. Alkene und Alkine zählen zu den *ungesättigten Kohlenwasserstoffen*. In Alken-Molekülen ist mindestens eine **C=C-Doppelbindung** vorhanden. Sie ist die **funktionelle Gruppe** der Stoffklasse. Funktionelle Gruppen sind ein *Strukturmerkmal* und das wichtigste Ordnungskriterium der Stoffklasse. Die funktionelle Gruppe ist entscheidend für die Ähnlichkeit der chemischen und physikalischen Eigenschaften. Bei Alkin-Molekülen ist die funktionelle Gruppe eine **C≡C-Dreifachbindung.** Alkan-Moleküle weisen keine funktionelle Gruppe auf. Die unverzweigten Verbindungen einer Stoffklasse bilden eine *homologe Reihe* (Abb. 1) Dabei unterscheidet sich jede Verbindung um eine CH_2-Gruppe von der vorangegangenen Verbindung.

Isomerie. Neben den unverzweigten Verbindungen gibt es auch Moleküle mit verzweigten C-Ketten. So lassen sich für Alkan-Moleküle mit der Molekülformel C_5H_{12} drei verschiedene Strukturformeln angeben (Abb. 2). Verbindungen mit gleicher Molekülformel, die sich in der Strukturformel unterscheiden, werden **Isomere** genannt. Sie weisen verschiedene Eigenschaften auf. Isomere Verbindungen mit einem unterschiedlichen Aufbau der C-Kette heißen **Gerüstisomere.**

Zwischenmolekulare Wechselwirkungen. Je nach Aufbau des Moleküle treten zwischen den Molekülen unterschiedliche Wechselwirkungen auf. Zwischen den *unpolaren* C-Ketten organischer Moleküle wirken **Van-der-Waals-Wechselwirkungen**. Sie sind relativ schwach, nehmen aber mit wachsender Kettenlänge in den Molekülen zu. Die Art und Stärke der Wechselwirkungen zwischen den Molekülen sind entscheidend für die physikalischen und chemischen Eigenschaften der Verbindungen (↗S. 41).

Bei verzweigten C-Ketten können sich die Moleküle weniger aneinander annähern. Die Wechselwirkungen sind dann schwächer. Beim Erwärmen werden die Wechselwirkungen durch die zunehmende Teilchenbewegung überwunden und die Schmelz- und Siedetemperaturen sind geringer (Abb. 2).

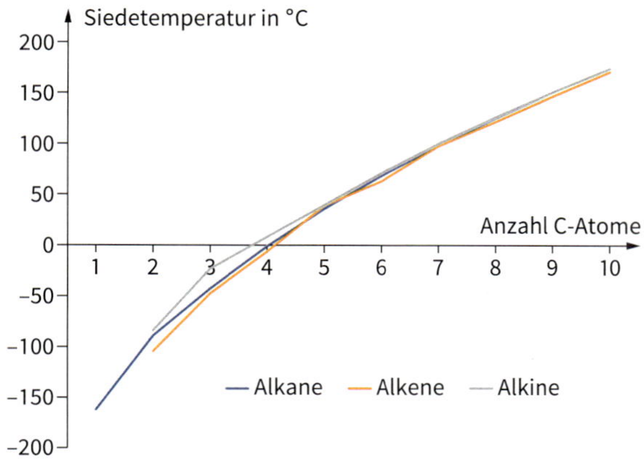

3 *Siedetemperaturen der Alkane, Alkene und Alkine*

Die Siedetemperaturen vergleichbarer Alkane, Alkene und Alkine unterscheiden sich nur wenig (Abb. 3). Der ähnliche Aufbau ihrer Moleküle bewirkt auch ähnlich starke Van-der-Waals-Wechselwirkungen. Die Siedetemperatur ist daher kein gutes Ordnungskriterium zur Unterscheidung dieser drei Stoffklassen.

Nachweisreaktionen. Für die Zuordnung von Stoffen zu bestimmten Stoffklassen nutzt man oft bestimmte chemische Reaktionen. So reagieren Alkene und Alkine sehr schnell mit Bromwasser. Die Entfärbung des gelbbraunen Bromwassers beruht auf einer Reaktion der Br_2-Moleküle mit der C=C-Doppelbindung oder C≡C-Dreifachbindung der ungesättigten Kohlenwasserstoff-Moleküle. Alkane reagieren in dieser Weise nicht mit Bromwasser. Chemische Reaktionen, mit denen sich Stoffe unterscheiden lassen, werden *Nachweisreaktionen* genannt. Sie sind ein wichtiges Hilfsmittel, um Stoffe zu ordnen und ihre Eigenschaften zu bestimmen.

Stoffe lassen sich durch wichtige Strukturmerkmale oder durch ihre Eigenschaften voneinander unterscheiden. Struktur und Eigenschaft von Stoffen stehen dabei in einem unmittelbaren Zusammenhang.

1 A 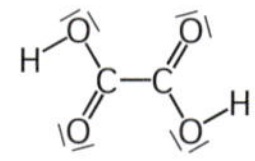
B 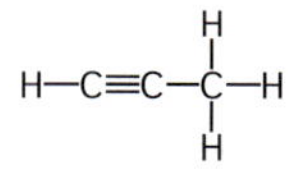
C 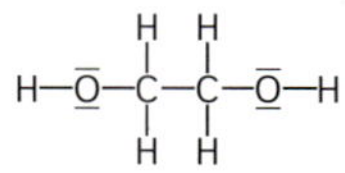
D 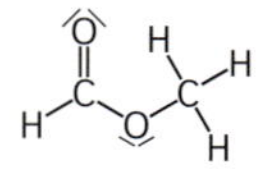
E 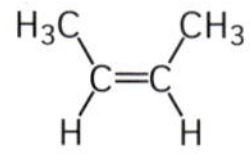
F 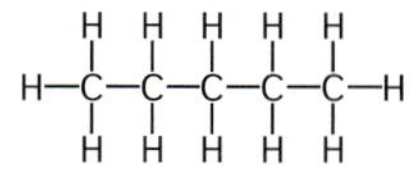

a) Erklären Sie den Zusammenhang zwischen Vergleichen und Ordnen.
b) Ermitteln Sie, ob sich unter den Verbindungen **A** bis **F** auch Vertreter der Alkane, Alkene oder Alkine befinden. Nutzen Sie dazu Abb. 4.
c) Geben Sie die Strukturformeln von jeweils zwei weiteren Alkanen, Alkenen und Alkinen an.
d) Ermitteln Sie für ein Molekül der Verbindungen **A** bis **F** die Strukturformel eines Gerüstisomers.
e) Erklären Sie jeweils für alle Verbindungen **A** bis **F**, welche Wechselwirkungen zwischen den Molekülen vorliegen können.

2 a) Ordnen Sie die Verbindungen **A** bis **F** nach einem eigenen Ordnungskriterium. Notieren Sie die Zuordnung ohne das Ordnungskriterium anzugeben.
b) Tauschen Sie Ihre Zuordnung mit einem Partner oder einer Partnerin aus. Ermitteln Sie gegenseitig aus der Zuordnung des Partners oder der Partnerin das genutzte Ordnungskriterium.
c) Teilen Sie sich gegenseitig Ihr Ordnungskriterium mit. Überprüfen Sie, ob die Zuordnung richtig getroffen wurde.
d) Bewerten Sie, ob das Ordnungskriterium chemisch sinnvoll ist.

3 a) Erklären Sie, warum die Siedetemperatur der Alkane in Abb. 3 mit zunehmender Anzahl der C-Atome steigt.
b) *n*-Pentan siedet bei 36 °C, die beiden verzweigten Isomere bereits bei tieferen Temperaturen (Abb. 2). Begründen Sie diese Beobachtung.

Stoffklasse	Strukturmerkmal	funktionelle Gruppe	Beispiel	Strukturformel	Molekülformel
Alkane	C–C-Einfachbindung	keine	Ethan	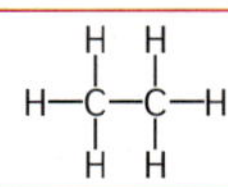	C_2H_6
Alkene	C=C-Doppelbindung	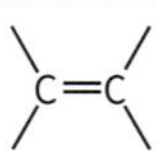	Ethen	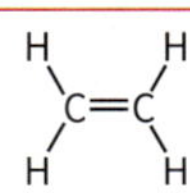	C_2H_4
Alkine	C≡C-Dreifachbindung	—C≡C—	Ethin	H—C≡C—H	C_2H_2

4 *Strukturmerkmale und funktionelle Gruppen von Kohlenwasserstoff-Molekülen*

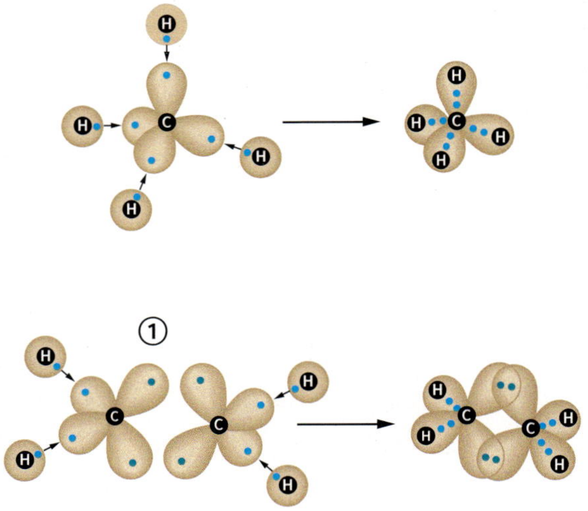

1 *Elektronenwolken in Atomen und Molekülen*

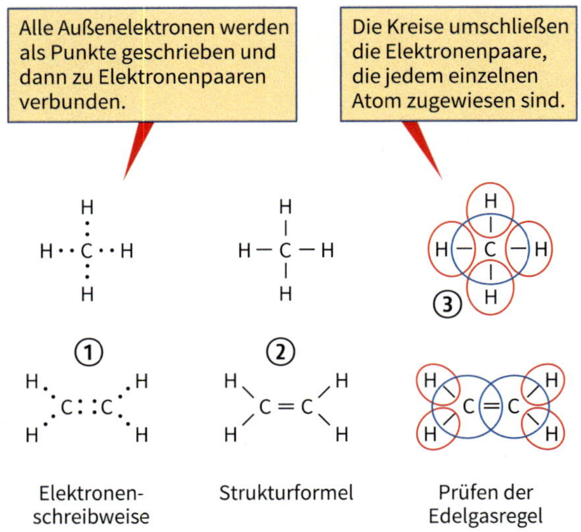

2 *Von der Elektronenschreibweise zur Strukturformel*

Die chemischen Eigenschaften der Atome werden von der Anzahl der Außenelektronen bestimmt. Möchte man herausfinden, wie sich die Anzahl der Außenelektronen von Atomen auf die Bildung von Molekülen auswirkt, hilft das Erklärungsmodell der Elektronenwolken. Bei diesem Modell werden die Außenelektronen in kugelförmige Elektronenwolken verteilt. Die Elektronenwolken entsprechen dem wahrscheinlichsten Aufenthaltsraum der Elektronen, in dem sie sich mit großer Geschwindigkeit bewegen. (Abb. 1 ①).

Bindigkeit von Atomen. Nach den Besetzungsregeln des Modells werden die vier Elektronenwolken eines Atoms zunächst nur einfach mit einem Außenelektron besetzt. In der **Elektronenschreibweise** wird dies durch einen *Punkt* dargestellt (Abb. 2 ①). Erst wenn keine unbesetzten Elektronenwolken mehr vorhanden sind, werden sie doppelt mit Außenelektronen besetzt – dargestellt durch zwei Punkte oder einen *Strich* (Abb. 3).

Zwei einfach besetzte Elektronenwolken zweier Atome können eine gemeinsame Elektronenwolke mit zwei Elektronen bilden. Es entsteht eine **Elektronenpaarbindung** (Abb. 1 ②). Die Anzahl der Elektronenpaarbindungen, die ein Nichtmetall-Atom eingehen kann, entspricht der Anzahl seiner einfach besetzten Elektronenwolken. Diese Anzahl wird als **Bindigkeit** eines Atoms bezeichnet. So kann das H-Atom mit der einfach besetzten Elektronenwolke genau eine Bindung eingehen. Es ist *einbindig*. Das O-Atom hat bei sechs Außenelektronen zwei doppelt besetzte und zwei einfach besetzte Elektronenwolken. Es ist *zweibindig*. Mit vier einfach besetzten Elektronenwolken hat das C-Atom die höchste Bindigkeit und ist *vierbindig*.

Edelgaskonfiguration. Im Methan-Molekül (CH_4) ist das C-Atom mit vier H-Atomen verbunden. Jede der vier einfach besetzten Elektronenwolken des C-Atoms bildet mit einer einfach besetzten Elektronenwolke eines H-Atoms eine Elektronenpaarbindung. Durch die vier gemeinsamen Elektronenpaare hat das C-Atom acht Außenelektronen und erreicht die **Edelgaskonfiguration** des Ne-Atoms (Abb. 2 ③); die H-Atome besitzen die Edelgaskonfiguration des He-Atoms.

Im Wasser-Molekül (H_2O) bilden die beiden einfach besetzten Elektronenwolken des O-Atoms jeweils mit der einfach besetzten Elektronenwolke eines H-Atoms eine gemeinsame Elektronenwolke. Durch diese beiden **bindenden Elektronenpaare** und die beiden weiteren mit zwei Elektronen besetzten Elektronenwolken erreicht auch das O-Atom Edelgaskonfiguration des Ne-Atoms. Da die doppelt besetzten Elektronenwolken keine Bindung zu einem anderen Atom eingehen, spricht man von *nichtbindenden* oder **freien Elektronenpaaren** (Abb. 3).

Edelgasregel. In Molekülen werden den Nichtmetall-Atomen in der Regel vier Elektronenpaare, also acht Elektronen zugeordnet. Die Atome erreichen somit die energetisch besonders günstige Edelgaskonfiguration. Man spricht allgemein von der **Edelgasregel** oder im Speziellen auch von der *Oktettregel*, wenn acht Außenelektronen zugeordnet werden. Für die H-Atome gilt die Oktettregel nicht. In Molekülen von Methan oder Wasser werden den H-Atomen *zwei* Elektronen zugeordnet. Die Elektronenanzahl entspricht aber der Edelgasregel. Bei einigen Molekülen gibt es auch Ausnahmen von der Edelgasregel. Diese sind energetisch betrachtet oft weniger stabil.

Atom	Wasserstoff	Kohlenstoff	Stickstoff	Sauerstoff	Fluor	Neon
Elektronenschreibweise	H·	·C·	·N· ≙ ·N·	·O: ≙ ·O|	·F: ≙ ·F|	:Ne: ≙ |Ne|
Bindigkeit	1	4	3	2	1	–

Molekül	Wasserstoff	Methan	Ammoniak	Wasser	Fluorwasserstoff
Strukturformel					
Edelgasregel					

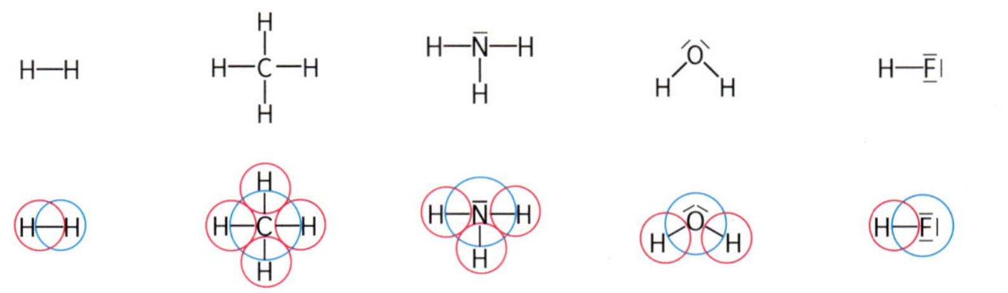

Das Neon-Atom besitzt bereits acht Außenelektronen (Edelgaskonfiguration) und geht daher keine Verbindungen mit anderen Atomen ein.

3 *Außenelektronen, Bindigkeit, Strukturformeln und Edelgasregel*

Strukturformel aufstellen. Die Bildung von Molekülen lässt sich mithilfe von **Strukturformeln** und der Bindigkeit übersichtlich darstellen. Dabei kann man nach folgenden Regeln vorgehen (Abb. 2 und 3):

- *Schritt 1:* Man notiert die Atomsortensymbole der Bindungspartner und ordnet sie möglichst so an, wie die Atome im Molekül verknüpft sind. In der Regel ist das Atom mit der höchsten Bindigkeit im Zentrum des Moleküls.
- *Schritt 2:* Dann zeichnet man für jeden Bindungspartner die Außenelektronen als Punkte und Striche über, unter sowie rechts und links neben das Atomsortensymbol und überprüft die Bindigkeit der verschiedenen Atomsorten.
- *Schritt 3*: Man verbindet jeweils zwei einzelne Außenelektronen zweier Atome durch einen Strich zu einem bindenden Elektronenpaar. Die Striche an einem Atom stehen für freie Elektronenpaare.
- *Schritt 4*: Zuletzt wird die Edelgaskonfiguration aller Atome im Molekül überprüft.

Mehrfachbindungen. Im Ethen-Molekül bilden insgesamt vier Elektronenwolken zwei bindende Elektronenpaare zwischen den C-Atomen. Es entsteht eine Doppelbindung (Abb. 1 und 2). Bei den Alkin-Molekülen bilden sechs Elektronenwolken eine Dreifachbindung zwischen zwei C-Atomen. Die Bindungslängen nehmen in der Reihenfolge Einfachbindung, Doppelbindung, Dreifachbindung ab.

> Der Aufbau von Molekülen lässt sich mit Strukturformeln beschreiben. Die Bindigkeit beschreibt die Anzahl der möglichen Elektronenpaarbindungen eines Atoms.

1 a) Zeichnen Sie für die Hauptgruppenelemente der 3. Periode (Partner A) und 4. Periode (Partner B) die Atomsortensymbole in der Elektronenschreibweise. Vergleichen Sie Ihre Ergebnisse miteinander.
b) Erläutern Sie, wie viele Einfachbindungen die Atome der verschiedenen Nichtmetalle eingehen können.

2 a) Erklären Sie die Begriffe *Edelgasregel, Oktettregel* und *Edelgaskonfiguration*.
b) Wenden Sie diese Regeln auf das Stickstoff-Molekül (Partner A), das Bromwasserstoff-Molekül (Partner B) und auf das Ethin-Molekül (Partner C) an. Notieren Sie die Atome dazu zunächst in der Elektronenschreibweise und ermitteln Sie dann die Strukturformel (Abb. 2).
c) Vergleichen Sie Ihre Ergebnisse miteinander und diskutieren Sie eventuelle Fragen.

3 a) Stellen Sie entsprechend den Beispielen in Abb. 2 und 3 schrittweise die Strukturformeln für die folgenden Moleküle auf: HI, H_2S, N_2H_4, H_2O_2, C_2H_6, C_2H_4
b) Kennzeichnen Sie bindende und freie Elektronenpaare und überprüfen Sie die Edelgasregel.
c) Erstellen Sie die Strukturformeln für die Verbindungen C_3H_6 und C_3H_4.
d) Recherchieren Sie die Namen aller Ihrer gezeichneten Verbindungen.
e) Vergleichen und diskutieren Sie Ihre Ergebnisse.

4 a) Skizzieren Sie die Moleküle Ethan, Ethen und Ethin in der Darstellung mit Elektronenwolken (Abb. 1).
b) Ordnen Sie die Bindungslängen der C – C-Einfachbindung, der C = C-Doppelbindung und der C ≡ C-Dreifachbindung begründet den Moleküldarstellungen mit Elektronenwolken zu: 120 pm, 146 pm, 154 pm

1.3 Das Elektronenpaarabstoßungsmodell

Die Anordnung der Atome in einem Molekül wird durch eine Strukturformel dargestellt. Bisher wurde aber keine Aussage über die tatsächliche *räumliche Struktur* eines Moleküls gemacht. Ein geeignetes Modell zur Beschreibung der Molekülstruktur ist das **Elektronenpaarabstoßungsmodell** (EPA-Modell).

Elektronenpaarabstoßungsmodell. Die Atome eines Hauptgruppenelements besitzen bis zu vier Elektronenwolken, die mit jeweils einem oder zwei Außenelektronen besetzt sein können. Da sich Elektronen aufgrund ihrer negativen Ladungen untereinander abstoßen, nehmen die Elektronenwolken den größtmöglichen Abstand voneinander ein. Sie ordnen sich räumlich an wie vier Luftballons, die an einem Punkt zusammengehalten werden. Die Ballons zeigen dann in die Ecken eines **Tetraeders** (Abb. 1 ①).

Moleküle im Elektronenpaarabstoßungsmodell. Das Atom mit den meisten bindenden Elektronenwolken bestimmt die Struktur des Moleküls. Im Methan-Molekül ist dies das C-Atom mit vier Außenelektronen. Die auf vier Elektronenwolken verteilten Elektronen bilden mit den einfach besetzten Elektronenwolken der vier H-Atome vier bindende Elektronenpaare ①. Die Elektronenpaare stoßen sich untereinander ab und ergeben die tetraedrische Struktur des Methan-Moleküls. Alle H–C–H-Bindungswinkel im Molekül sind gleich groß. Die Bindungswinkel werden *Tetraederwinkel* genannt (109,5°).

N-Atome haben eine doppelt besetzte Elektronenwolke. Die drei einfach besetzten Elektronenwolken können mit drei H-Atomen zu einem Ammoniak-Molekül kombiniert werden (NH_3, ②). In bindenden Elektronenpaaren sind die Elektronen zwischen den Atomkernen konzentriert. In freien Elektronenpaaren ist das nicht der Fall. Ihre Elektronenwolken nehmen mehr Raum ein als die der bindenden Elektronenpaare. Der größere Raumbedarf eines freien Elektronenpaars drückt den Winkel zwischen den bindenden Elektronenpaaren etwas zusammen. Das Ammoniak-Molekül besitzt somit eine pyramida-

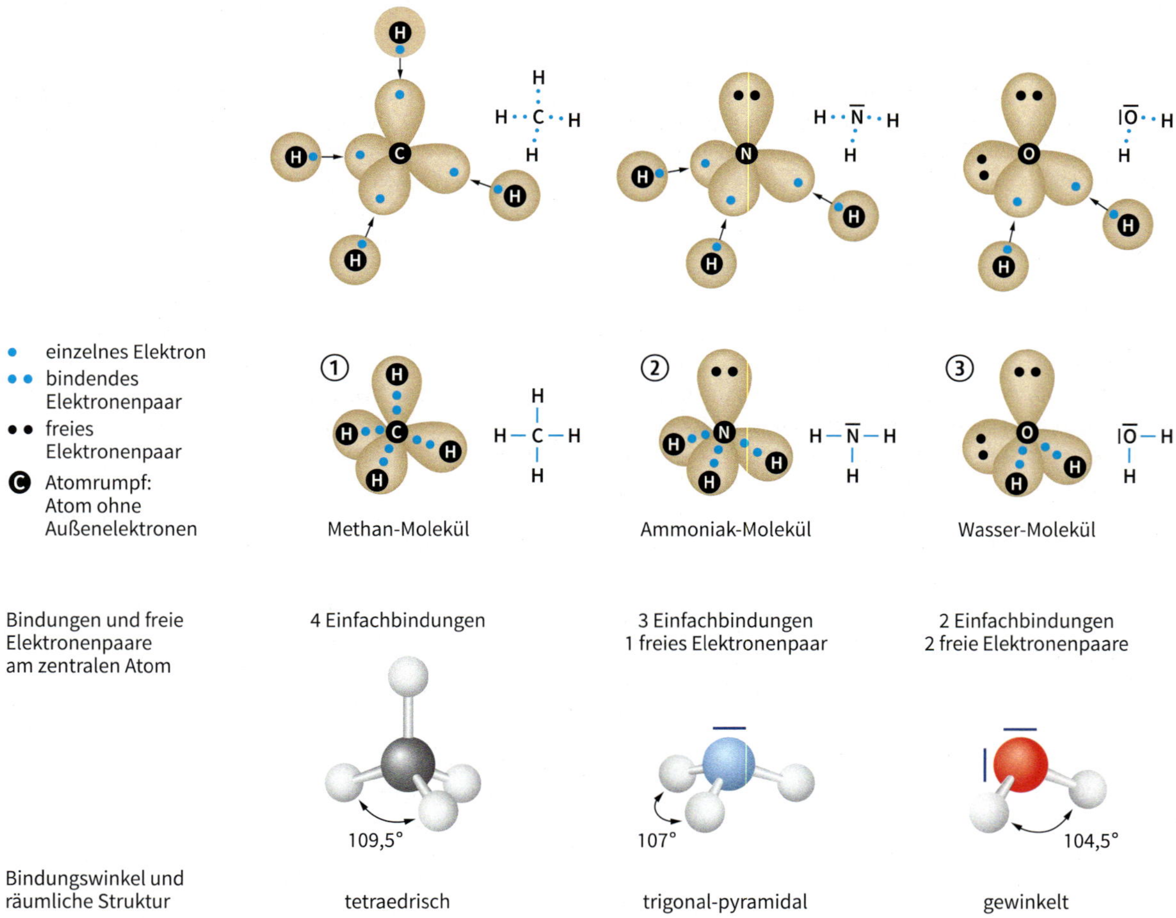

1 *Molekülmodelle und Strukturformeln*

Verbindung	Fluorwasserstoff	Kohlenstoffdioxid	Ethen	Ethin
Strukturformel	H—F̄|	⟨O=C=O⟩	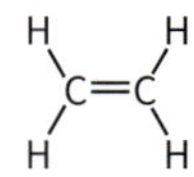	H − C ≡ C − H
Bindungen und freie Elektronenpaare am zentralen Atom	1 Einfachbindung 3 freie Elektronenpaare	2 Doppelbindungen	2 Einfachbindungen 1 Doppelbindung	1 Einfachbindung 1 Dreifachbindung
Räumliche Struktur	linear	linear	trigonal-planar	linear
Bindungswinkel	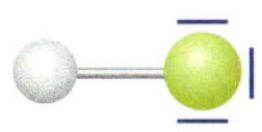	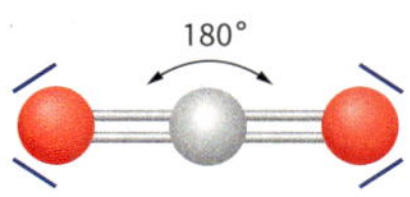	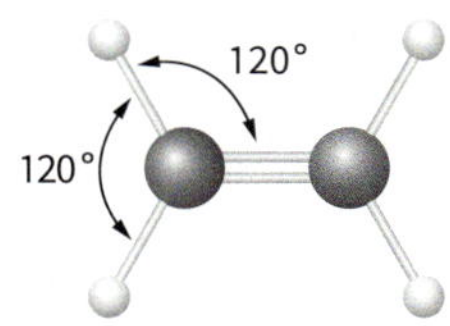	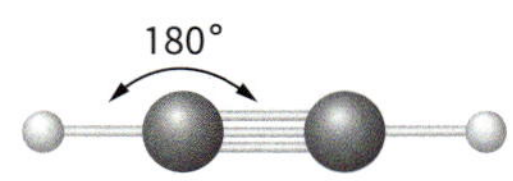

2 *Räumliche Struktur einiger Moleküle nach dem EPA-Modell*

le Molekülstruktur. Das N-Atom ergibt die gedachte Spitze der Pyramide und die drei H-Atome bilden eine dreieckige und damit trigonale Grundfläche (Abb. 1 ②). O-Atome bilden entsprechend mit zwei H-Atomen gewinkelte H_2O-Moleküle ③. Elektronenwolken von Mehrfachbindungen sind nur geringfügig größer als Einfachbindungen. Für die Ermittlung der Molekülstruktur nach dem EPA-Modell werden sie daher wie Einfachbindungen behandelt.

Regeln zur Anwendung des EPA-Modells.

1. Man stellt zunächst die Strukturformel des Moleküls auf und zählt ab, wie viele Einfachbindungen, Doppelbindungen, Dreifachbindungen und freie Elektronenpaare am zentralen Atom sind.
2. Elektronenpaarbindungen und freie Elektronenpaare werden so angeordnet, dass sie möglichst weit voneinander entfernt sind. Doppelbindungen und Dreifachbindungen werden dabei als eine Bindung angesehen.
3. Freie Elektronenpaare nehmen einen größeren Raum ein als Elektronenpaarbindungen.

Kugel-Stab-Modelle zeigen die Anordnung der Atome, die Anzahl der Bindungen und die Bindungswinkel (Abb. 1, 2). Die Atome werden dabei durch Kugeln dargestellt, die Elektronenpaarbindungen durch Stäbchen.

> Das Elektronenpaarabstoßungsmodell erklärt die räumliche Struktur von Molekülen durch die Abstoßung von Elektronenpaaren. Bei vier Elektronenpaaren ergibt sich eine tetraedrische Anordnung der Elektronenwolken.

1 a) Nehmen Sie Stellung zu folgender Aussage: Freie Elektronenpaare beeinflussen die Molekülstruktur, die Anordnung bindender Elektronenpaare den Namen.
b) Partner A: Begründen Sie, weshalb im EPA-Modell Mehrfachbindungen wie Einfachbindungen behandelt werden. Partner B: Geben Sie eine Erklärung dafür, dass freie Elektronenpaare einen größeren Raum beanspruchen als bindende Elektronenpaare.
c) Vergleichen und diskutieren Sie Ihre Ergebnisse.

2 Partner A: Phosphan-Molekül (PH_3),
Partner B: Chlorwasserstoff-Molekül (HCl).
a) Zeichnen Sie die Strukturformel und überprüfen Sie, ob die Atome eine Edelgaskonfiguration haben.
b) Ermitteln Sie die räumliche Struktur des Moleküls.
c) Vergleichen Sie Ihre Ergebnisse.
d) Erklären Sie, weshalb beide Moleküle als unvollständige Tetraeder bezeichnet werden.

3 Erklären Sie, weshalb die Bindungswinkel im Ammoniak-Molekül und im Wasser-Molekül etwas kleiner sind als der Tetraederwinkel.

4 a) Fertigen Sie mithilfe von Knetgummi und Trinkhalmen Kugel-Stab-Modelle von folgenden Molekülen an: Methan, Ethan (C_2H_6), Ethen (C_2H_4), Ethin (C_2H_2) und Hexan (C_6H_{14}). Die Trinkhalme können dazu passend zurecht geschnitten werden.
b) Zeichnen Sie für die Moleküle die Strukturformeln und die räumliche Struktur. Benennen Sie die jeweilige räumliche Struktur der Moleküle.
c) Bauen Sie ein Modell für das Propin-Molekül. Geben Sie für jedes C-Atom an, in welcher räumlichen Struktur die direkten Bindungspartner des C-Atoms angeordnet sind.

Methode Alkane benennen

Bis heute wurden von den 40 Millionen bekannten organischen Verbindungen mehr als 20 Millionen näher untersucht. Zu ihnen gehören zahlreiche Alkane. Damit trotz dieser Vielfalt der Überblick nicht verloren geht, benötigt man ein eindeutiges System der Namensgebung, eine *Nomenklatur*. Heute hält man sich in der Chemie bei der Benennung organischer Verbindungen weltweit an Regeln, die von der besonderen Nomenklatur-Kommissionen der **IUPAC** (**I**nternational **U**nion of **P**ure and **A**pplied **C**hemistry) erarbeitet werden. Dadurch ist die Benennung international vereinheitlicht. Für die wissenschaftliche Benennung der verzweigten Alkane gelten folgende IUPAC-Regeln:

Regel	Beispiel	
1. Man bestimmt die längste Kette der C-Atome im Molekül und gibt die Anzahl der C-Atome in dieser **Hauptkette** durch ein griechisches oder lateinisches Zahlwort an. Durch Anfügen der Endung **-an** ergibt sich der **Stammname** der Verbindung. Bei Molekülen mit 1 bis 4 C-Atomen in der längsten Kette lauten die Stammnamen *Methan, Ethan, Propan* und *Butan*.	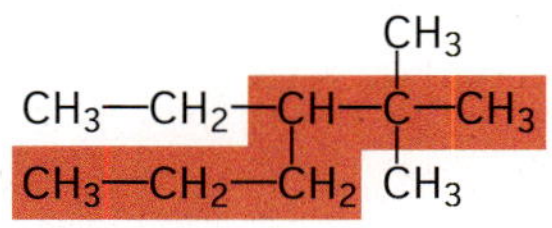	Mit sechs C-Atomen in der längsten Kette ist der Stammname -hexan. 3-Ethyl-2,2-dimethylhexan
2. Dem Stammnamen werden die Namen der **Seitenketten** vorangestellt. Bei den Seitenketten handelt es sich um *Alkyl-Gruppen*, die sich formal vom Alk**an** mit der gleichen C-Anzahl durch Abspaltung eines H-Atoms ableiten. Die Endung **-an** wird durch die Endung **-yl** ersetzt.	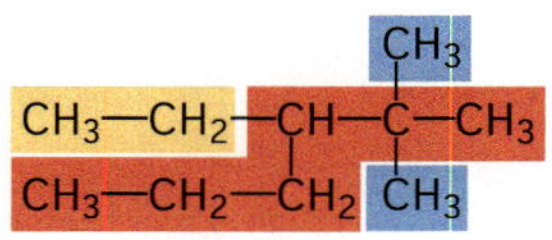	Die Seitenketten sind Methyl- und Ethyl-Gruppen. 3-Ethyl-2,2-dimethylhexan
3. Um die Verknüpfungsstelle zwischen der Hauptkette und den Seitenketten anzuzeigen, werden die C-Atome der Hauptkette so *durchnummeriert*, dass die Verzweigungsstellen möglichst kleine Zahlen erhalten. Diese Zahlen werden den Namen der Seitenketten vorangestellt.	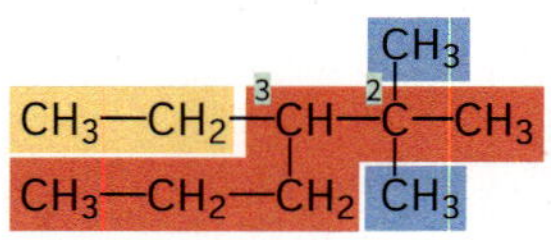	Die Methyl-Gruppen sind am zweiten C-Atom mit der Hauptkette verknüpft. Die Ethyl-Gruppe ist an das dritte C-Atom der Hauptkette gebunden. 3-Ethyl-2,2-dimethylhexan
4. Treten gleiche Seitenketten mehrfach auf, so werden sie zusammengefasst. Ihre Anzahl wird durch ein entsprechendes Zahlwort (di-, tri-, tetra-, penta-) angegeben, das dem Namen der Seitenkette vorangestellt wird.	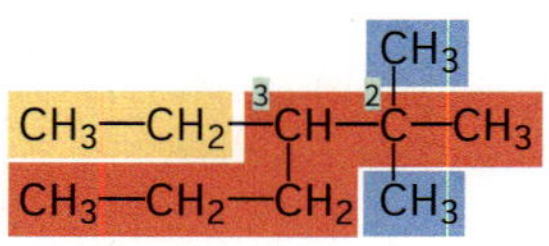	Die beiden Methyl-Gruppen werden zusammengefasst. 3-Ethyl-2,2-dimethylhexan
5. Verschiedene Seitenketten werden *alphabetisch* geordnet; die als Vorsilben verwendeten Zahlwörter werden dabei nicht berücksichtigt. Nur der erste Buchstabe des Namens wird großgeschrieben.	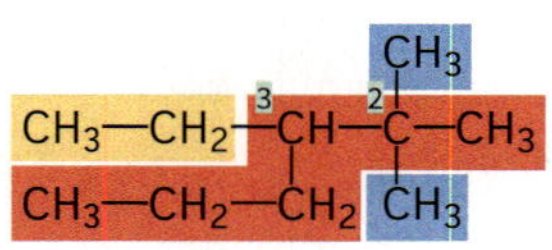	„E" steht im Alphabet vor „m" und wird als erster Buchstabe des Namens großgeschrieben. 3-Ethyl-2,2-dimethylhexan

1 Zeichnen Sie die Strukturformeln der folgenden Verbindungen: 3-Ethyl-2-methylhexan, 2,2,4-Trimethylpentan, 2,2,3-Trimethyl-4-propylheptan, 3-Ethylpentan, 6-Ethyl-2,2,3,7-tetramethyl-4-propyloctan

2 Benennen Sie die folgenden Alkane:

A 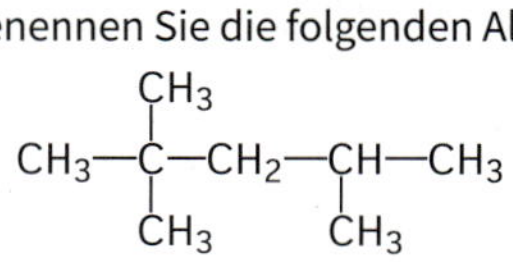

B 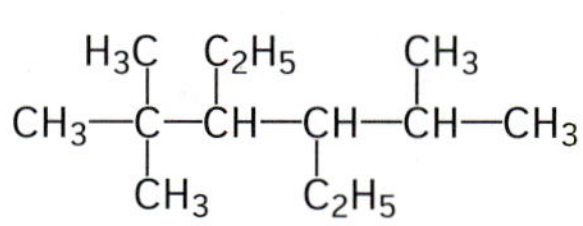

C 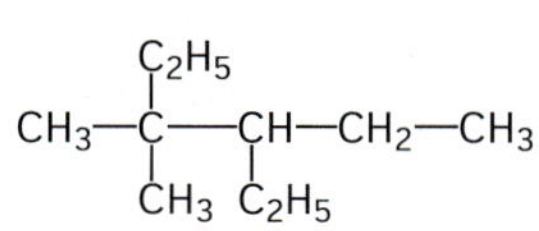

1.4 Nomenklatur der Alkene und Alkine

Die Moleküle der Alkene und Alkine unterscheiden sich durch Mehrfachbindungen vom Aufbau der Alkan-Moleküle. Auch für diese Strukturmerkmale wurden Regeln für eine eindeutige Benennung entwickelt (Abb. 1).

Nomenklatur der Alkene. Die homologe Reihe der Alkene beginnt mit dem **Ethen.** Wie alle Alkene hat der Name Ethen die spezifische Endung **-en**. Sie steht für die funktionelle Gruppe. Der Name Ethen ist vom Ethan abgeleitet. Die C-Ketten beider Verbindungen sind aus zwei C-Atomen aufgebaut. Verzweigte C-Ketten der Alken-Moleküle werden wie bei den Alkanen benannt.

Isomerie bei Alkenen. Von Buten gibt es zwei *Konstitutionsisomere*, die sich nur in der Lage der C=C-Doppelbindung unterscheiden. Bei einer unterschiedlichen Stellung der funktionellen Gruppe spricht man auch von einer **Positionsisomerie.**

$\overset{1}{H_2C}=\overset{2}{C}H-\overset{3}{C}H_2-\overset{4}{C}H_3$ But-1-en

$\overset{1}{H_3C}-\overset{2}{C}H=\overset{3}{C}H-\overset{4}{C}H_3$ But-2-en

Baut man für But-2-en entsprechende Molekülmodelle, so lassen sich die CH_3-Gruppen auf derselben Seite der C=C-Doppelbindung oder auf der gegenüberliegenden Seite der Doppelbindung anordnen. Anders als bei Einfachbindungen gibt es bei C=C-Doppelbindungen keine freie Drehbarkeit um die Bindung mehr. Die Isomere können ohne Bindungsbrüche nicht ineinander überführt werden. Dadurch ergibt sich eine weitere Art der Isomerie, die ***E-/Z*-Isomerie:** Beim *Z*-But-2-en-Molekül liegen die beiden Methyl-Gruppen auf der gleichen Seite der C=C-Doppelbindung, beim E-But-2-en-Molekül stehen sie einander gegenüber. Auch *E-/Z*-Isomere unterscheiden sich aufgrund ihrer Struktur geringfügig in ihren Siedetemperaturen.

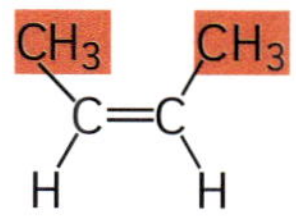

Z-But-2-en (Sdt.: 4 °C)

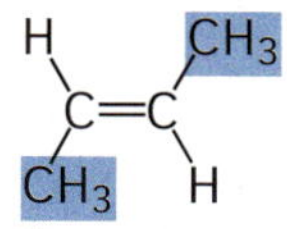

E-But-2-en (Sdt.: 1 °C)

Nomenklatur der Alkine. Verbindungen der Stoffklasse der *Alkine* erhalten die spezifischen Endung **-in**. Der einfachste Vertreter dieser homologen Reihe ist das **Ethin**. Alkine werden wie Alkene benannt. Die *E-/Z*-Isomerie gibt es bei den Alkinen jedoch nicht.

Bei den Molekülen von Alkenen und Alkinen kommt es durch die C / C-Mehrfachbindung zu Positionsisomeren. *E-/Z*-Isomerie tritt nur bei Alken-Molekülen auf.

1 Schreiben Sie eine Anleitung zur Benennung eines verzweigten Alkin-Moleküls Ihrer Wahl.

2 a) Bauen Sie die Molekülmodelle der Verbindungen Pent-2-en, But-1-in, Propen, Pent-1-in und Oct-3-en.
b) Zeichnen Sie die Strukturformeln.
c) Überprüfen Sie, ob bei den Verbindungen *E-/Z*-Isomerie auftritt. Benennen Sie die Isomere.

Regel	Beispiel	
1. Zur Benennung bestimmt man die längste Kette der C-Atome im Molekül, die eine **Doppelbindung** enthält. Alkene bekommen die Endung **-en** an den Stammnamen.	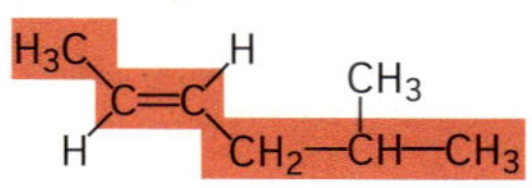	Bei sechs C-Atomen in der längsten Kette mit Doppelbindung ist der Stammname -hexen: *E*-5-Methylhex-2-en
2. Um die **Position der Doppelbindung** in der längsten Kette anzugeben, wird der Endung **-en** eine *Zahl* vorangestellt. Die Zahl gibt an, nach welchem C-Atom die Doppelbindung folgt. Die Zahl soll möglichst klein sein.	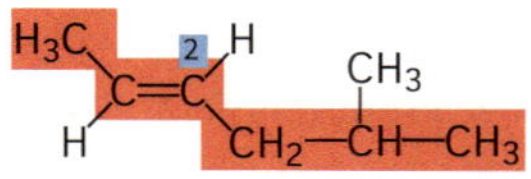	Die Doppelbindung steht zwischen dem zweiten und dritten C-Atom. Sie folgt damit dem zweiten C-Atom: *E*-5-Methylhex-2-en
3. Namen und Positionen von **Seitenketten** werden wie bei den Alkan-Molekülen benannt und dem Stammnamen vorangestellt.	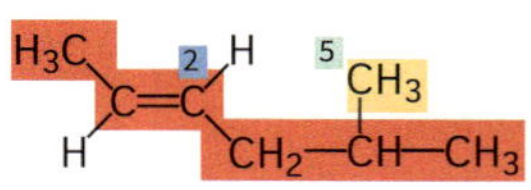	Eine Methyl-Gruppe ist am fünften C-Atom gebunden: *E*-5-Methylhex-2-en
4. Alken-Moleküle weisen ***E-/Z*-Isomerie** auf, wenn die Doppelbindung nicht am endständigen C-Atom der C-Kette ist.	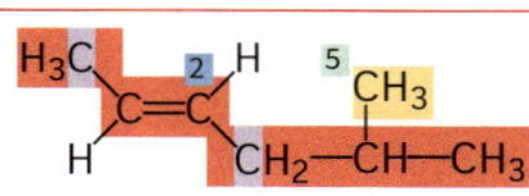	Die Alkyl-Reste der C-Kette liegen auf unterschiedlichen Seiten der Doppelbindung. Sie stehen entgegengesetzt: *E*-5-Methylhex-2-en

1 *Schritte bei der Benennung von Alkenen*

Übersicht

Formeln und Modelle für Alkan-Moleküle

Für die Beschreibung und die Darstellung von Molekülen haben sich in der Organischen Chemie verschiedene *Formeln* und *Modelle* etabliert. Welcher Formeltyp oder welches Modell zum Einsatz kommt, hängt dabei von der jeweiligen Fragestellung ab. Die folgende Tabelle gibt am Beispiel des unverzweigten Butan-Moleküls einen Überblick über wichtige Formeltypen und Modelle.

Form der Darstellung	Erläuterung
Molekülformel C_4H_{10}	Die *Molekülformel* gibt die Sorten und die Anzahl der Atome an, die in einem Molekül enthalten sind. Sie lässt jedoch keine Aussagen darüber zu, wie die Atome miteinander verknüpft sind.
Halbstrukturformel $CH_3—CH_2—CH_2—CH_3$	Bei der *Halbstrukturformel* werden die C-Atome und die daran gebundenen H-Atome zusammengefasst. Die Elektronenpaarbindungen zwischen den C-Atomen werden als Striche gezeichnet.
Strukturformel 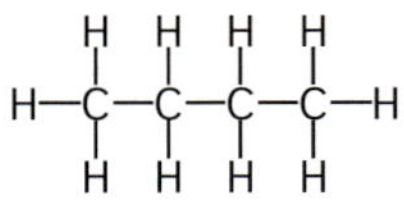	Moleküle werden oft als *Strukturformel* dargestellt. Das Molekül wird in die Papierebene projiziert. Alle Atome und alle bindenden und freien Elektronenpaare werden angegeben. Es wird nur die Anordnung der Atome zueinander deutlich; die Strukturformel enthält keine Informationen über Bindungswinkel und die räumliche Struktur des Moleküls.
Keil-Strich-Formel 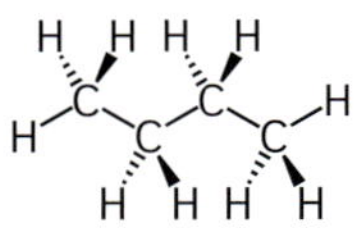	Die räumliche Struktur eines Moleküls lässt sich durch die *Keil-Strich-Formel* gut abbilden. Bei dieser Art der Darstellung liegen alle C-Atome der längsten C-Kette in der Papierebene. Die Elektronenpaarbindungen zwischen den Atomen werden durch Striche dargestellt. Bindungen, die aus der Papierebene nach vorne herausragen, werden als Keile gezeichnet. Für Bindungen, die von der Papierebene aus nach hinten weisen, zeichnet man gestrichelte Linien.
Skelettformel 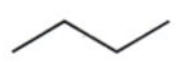	Eine starke vereinfachte Formel ist die *Skelettformel*. Die Atomsortensymbole für C-Atome und H-Atome werden weggelassen, nur die Elektronenpaarbindungen zwischen den C-Atomen werden durch Striche dargestellt. Ausgehend von der Keil-Strich-Formel werden die Bindungswinkel zwischen den C-Atomen jedoch übernommen. Jede Ecke und jedes Ende eines Striches repräsentiert ein C-Atom. Die daran gebundenen H-Atome werden gedanklich und unter Berücksichtigung der Bindigkeit von Kohlenstoff ergänzt .
Kugel-Stab-Modell 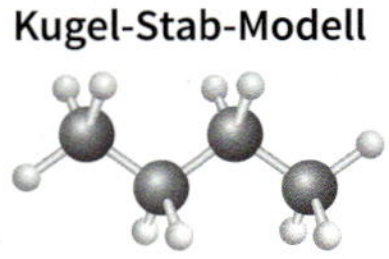	Beim *Kugel-Stab-Modell* stellt man die Zentren der Atome durch verschiedenfarbige Kugeln und die Elektronenpaarbindungen durch Stäbchen dar. Man erkennt Bindungswinkel, Bindungslängen und die freie Drehbarkeit um die C – C-Einfachbindung.
Kalottenmodell 	Im *Kalottenmodell* werden die bindenden Elektronenwolken jeweils durch zwei sich teilweise durchdringende Kugeln dargestellt. Die Volumina der Atome, die Bindungswinkel und die Drehbarkeit um die C – C-Einfachbindung sind erkennbar. Die Raumerfüllung der Moleküle wird beim Kalottenmodell besonders deutlich.

1 Zeichnen Sie die angegebenen, unverzweigten Moleküle als Strukturformel, Halbstrukturformel und Skelettformel: C_3H_8, C_5H_{12}, C_2H_6

2 a) Skizzieren Sie zwei verschiedene Alken-Moleküle (Partner A) und zwei Alkin-Moleküle (Partner B) in einem Formeltyp Ihrer Wahl.
b) Tauschen Sie Ihre Zeichnungen aus. Schreiben Sie jede Verbindung in zwei weiteren Formeltypen auf und benennen Sie sie.
c) Kontrollieren Sie Ihre Ergebnisse gegenseitig.
d) Diskutieren Sie Vorteile und Nachteile der Formeldarstellungen.

Projekt Mehrfachbindungen nachweisen

Alkene sind wesentlich reaktionsfähiger als Alkane. Dies zeigt sich besonders deutlich bei der Reaktion mit Brom. Das Reaktionsverhalten von Alkenen und Alkinen sowie anderen ungesättigten organischen Verbindungen können Sie auch selbst untersuchen.

Arbeitsaufträge

a) Zeichnen Sie mithilfe der Beschreibung im Informationstext 1 eine Strukturformel und eine Skelettformel für das 1,2-Dibromethan-Molekül.
b) Stellen Sie für die Reaktion die Reaktionsgleichung auf. Nutzen Sie hierfür Halbstrukturformeln.
c) Stellen Sie eine Hypothese auf, welches Ergebnis Sie erwarten würden, wenn bei dem im Informationstext 1 beschriebenen Versuch Ethan oder Ethin anstelle von Ethen eingesetzt würden.
d) Führen Sie den Forschungsauftrag 1 durch.
e) Erklären Sie, warum es sinnvoll ist, mit Bromwasser als Nachweisreagenz zu arbeiten anstelle von reinem Brom. Nutzen Sie dazu auch die Gefahreneinstufung in Abb. 2.

Informationstext 1

Ein Standzylinder wird mit Ethen gefüllt und mit einer Glasscheibe abgedeckt. Dann setzt man einen ebenfalls abgedeckten und mit Bromdampf gefüllten Standzylinder umgekehrt darauf (Abb. 1 ①). Sobald man die Glasscheiben entfernt, mischen sich die beiden Gase ②. Das Gemisch entfärbt sich rasch und an der Glaswand bilden sich Tropfen einer farblosen Flüssigkeit ③. Dabei handelt es sich um 1,2-Dibromethan. Weitere Produkte können nicht nachgewiesen werden.

Bei der Reaktion wird ein Brom-Molekül gespalten und jedes C-Atom der C=C-Doppelbindung verbindet sich mit einem der Br-Atome. Gleichzeitig bildet sich aus der Doppelbindung eine C–C-Einfachbindung aus. Die Reaktion der Alkene mit Brom lässt sich als Nachweisreaktion für Mehrfachbindungen nutzen.

Brom

H 314, H 330, H 400

Bromwasser (stark verdünnte Lösung)

H 315, H 318, H 332

2 *Gefahreneinstufung für Brom und Bromwasser*

1 *Reaktion von Ethen mit Brom*

Forschungsauftrag 1:
Ungesättigte Verbindungen identifizieren

n-Heptan und Hex-1-en sind klare und farblose Flüssigkeiten, die sich vom Aussehen her nicht unterscheiden lassen.

Materialien: Schnappdeckelglas mit Deckel, Pipette; Hex-1-en (**2**, **8**), *n*-Heptan (**2**, **7**, **8**, **9**), Bromwasser (**5**, **7**)

Arbeitsaufträge:

a) Planen Sie mit den angegebenen Materialien einen Versuch, mit dem Sie die beiden Flüssigkeiten voneinander sicher unterscheiden können.
b) Schreiben Sie eine Versuchsanleitung.
c) Recherchieren Sie zu den beteiligten Stoffen und geben Sie notwendige Sicherheitsvorkehrungen und Entsorgungsmaßnahmen an, die Sie beim Experimentieren einhalten müssen.
d) Vergleichen Sie Ihre Versuchsanleitung mit der Check-Karte und führen Sie den Versuch nach Rücksprache mit der Lehrkraft durch.
e) Notieren Sie Ihre Beobachtungen und dokumentieren Sie Ihre Beobachtungen mit Fotos.
f) Werten Sie Ihre Beobachtungen aus. Nutzen Sie dazu die Angaben im Informationstext 1 und Ihre Kenntnisse zur Löslichkeit von Stoffen.
g) Stellen Sie die Reaktionsgleichung für die ablaufende Reaktion auf und benennen Sie die Stoffe.
h) Gesättigte und ungesättigte Verbindungen sind wichtige Bestandteile unserer Nahrungsmittel. Recherchieren Sie die Bedeutung ungesättigter Verbindungen in Fetten und Ölen für eine gesunde Ernährung. Geben Sie an, zu welcher Stoffklasse die Verbindungen gehören.

Projekt Vom Fruchtsaft zum Fruchtwein

Schon vor mehr als 6000 Jahren wurde aus süßen Weintrauben Wein gewonnen. In diesem Projekt erfahren Sie, welche Vorgänge dabei ablaufen und welche Produkte entstehen. Beginnen Sie mit Versuch 1 zur Herstellung eines eigenen Weins. Die Rechenbeispiele im Informationstext 1 können Ihnen bei der Auswertung des Versuches helfen.

Informationstext 1

Grad Oechsle berechnen. Durch den Zuckergehalt hat Traubensaft eine höhere Dichte als Wasser. Das Mostgewicht eines Traubensaftes wird in der Einheit Grad Oechsle (°Oe) angegeben. Der Zahlenwert in °Oe entspricht den ersten drei Nachkommastellen des Zahlenwerts für die Dichte ϱ des Safts:

$$\text{Mostgewicht} = (\varrho - 1) \cdot 1000\,°\text{Oe}$$

Beispiel: $\varrho(\text{Saft}) = 1{,}080\ \text{g} \cdot \text{ml}^{-1}$
$\Rightarrow \text{Mostgewicht} = (1{,}080 - 1) \cdot 1000\,°\text{Oe} = 80\,°\text{Oe}$

Massenkonzentrationen β berechnen. Aus dem Mostgewicht erhält man Näherungswerte für die Massenkonzentration β der Glucose im Saft und die nach vollständiger Vergärung zu erwartende Massenkonzentration β des Alkohols im Wein.
1 °Oe entspricht etwa 2,4 g Glucose pro Liter.

Beispiel: Mostgewicht = 80 °Oe

$\Rightarrow \beta(\text{Glucose}) = 80 \cdot 2{,}4\ \text{g} \cdot \text{l}^{-1} = 192\ \text{g} \cdot \text{l}^{-1}$

Die Massenkonzentration β(Ethanol) kann über die Verhältnisse in der Reaktionsgleichung aus der Massenkonzentration der Glucose ermittelt werden. Aus einem mol Glucose-Moleküle werden zwei mol Alkohol-Moleküle (Ethanol-Moleküle) gebildet:

alkoholische Gärung: $C_6H_{12}O_6 \rightarrow 2\ C_2H_5OH + 2\ CO_2$

$\beta(\text{Glucose}) = 192\ \text{g} \cdot \text{l}^{-1}$
$M(\text{Ethanol}) = 46\ \text{g} \cdot \text{mol}^{-1}$; $M(\text{Glucose}) = 180\ \text{g} \cdot \text{mol}^{-1}$

$$\Rightarrow \beta(\text{Ethanol}) = \beta(\text{Glucose}) \cdot \frac{2 \cdot M(\text{Ethanol})}{M(\text{Glucose})}$$

$$\Rightarrow \beta(\text{Ethanol}) \approx 192\ \text{g} \cdot \text{l}^{-1} \cdot \frac{2 \cdot 46\ \text{g} \cdot \text{mol}^{-1}}{180\ \text{g} \cdot \text{mol}^{-1}} \approx 98{,}1\ \text{g} \cdot \text{l}^{-1}$$

Volumenprozent (Vol.-%). Winzer bedienen sich hier einer Näherungsgleichung, um den Alkoholgehalt im späteren Wein abschätzen zu können. Es wird berücksichtigt, dass ein bestimmter Anteil des Zuckers in der Regel unvergoren bleibt:

Vol.-% (im Wein) = β(Glucose) : 17

Beispiel: $\beta(\text{Glucose}) = 192\ \text{g} \cdot \text{l}^{-1}$

$$\Rightarrow \text{Vol.-\% (im Wein)} = \frac{192\ \text{g} \cdot \text{mol}^{-1}}{17} \approx 11{,}3\ \text{Vol.-\%}$$

Versuch 1: Alkoholische Gärung

Materialien: Tuch zum Auspressen der Trauben, Mostwaage oder Handrefraktometer mit Anleitung, Becherglas (1 l), Gärbehälter (saubere 1-l-Flasche) mit Gärröhrchen, Waage, Papiertücher, Tropfpipette; Weintrauben, Obstsäfte, Hefe

Durchführung:
1. Pressen Sie Traubensaft in das Becherglas und bestimmen Sie mit dem Refraktometer oder der Mostwaage das Mostgewicht. Wiederholen Sie den Versuch mit den anderen Fruchtsäften.
2. Geben Sie den restlichen, frisch gepressten Traubensaft in die Flasche, mischen Sie etwa 0,2 g Hefe dazu und setzen Sie das mit Wasser gefüllte Gärröhrchen auf.
3. Stellen Sie den Gärbehälter an einen warmen Ort. Prüfen Sie den Ansatz täglich zwei Wochen lang mit dem Refraktometer.

Aufgaben:
a) Notieren und erklären Sie Ihre Beobachtungen.
b) Bestimmen Sie den Zuckergehalt mehrfach im Verlauf der Gärung und stellen Sie die Ergebnisse grafisch dar.
c) Erklären Sie den Verlauf der grafisch dargestellten Ergebnisse.
d) Berechnen Sie aus dem Mostgewicht den zu erwartenden Alkoholgehalt als Massenkonzentration β und als Volumenprozent.

Versuch 2: Ethanolgehalt eines Destillat I

2 7

Materialien: Destillationsapparatur mit Kolben (100 ml) und Heizhaube, Waage, Messzylinder (50 ml); Wein, Fruchtweine aus Versuch 1

Durchführung:
1. Bauen Sie die Destillationsapparatur auf und erhitzen Sie 50 ml Ihres Weines zum Sieden.
2. Beenden Sie die Destillation, wenn etwa ein Viertel der Flüssigkeit überdestilliert ist.
3. Bestimmen Sie die Masse m und das Volumen V des Destillats (**2**, **7**).

Aufgaben:

a) Notieren Sie die erhaltenen Messwerte.
b) Berechnen Sie die Dichte ρ des Destillats.
c) Lesen Sie Informationstext 2 und ermitteln Sie anhand des Diagramms das Volumenprozent des Ethanols im Destillat (Abb. 1).

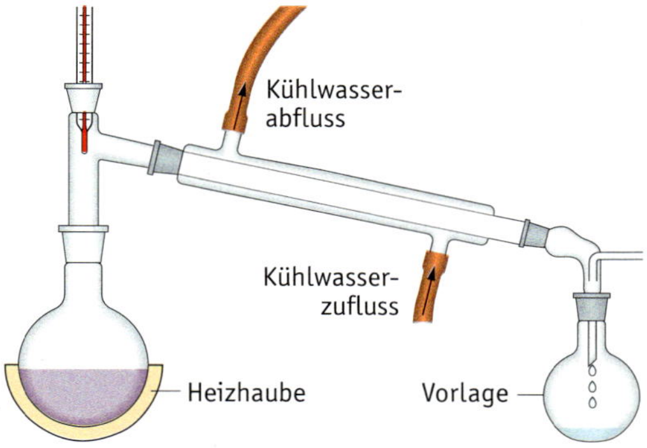

Informationstext 2

Wasser und Ethanol sind die Hauptbestandteile des Destillats. Die Dichte des Destillats ist somit maßgeblich von der Alkoholkonzentration abhängig. Da es bei Alkohol-Wasser-Gemischen zu einer **Volumenkontraktion** kommt, kann von der Dichte der Lösung aber nicht unmittelbar auf das Volumen des Ethanols geschlossen werden. Da 50 ml Wasser und 50 ml Ethanol nur etwa 96 ml Lösung ergeben, stehen Dichte und Alkoholkonzentration der Lösung in keiner linearen Abhängigkeit zueinander. Zur Auswertung werden daher Tabellen oder Abbildungen wie Abb. 1 genutzt.

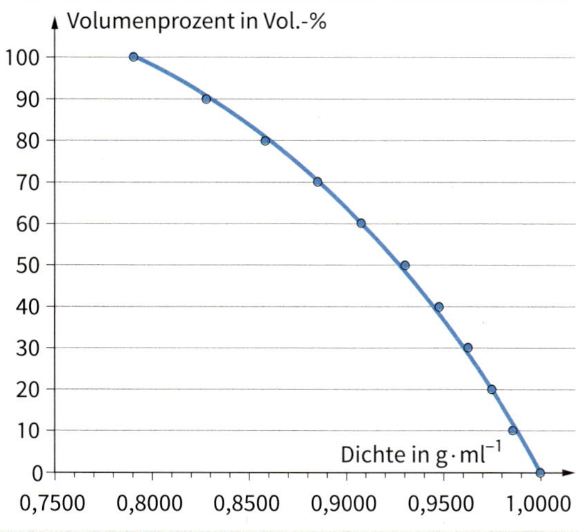

1 ***Dichte einer wässrigen Lösung (bei 20°C) in Abhängigkeit vom Volumenprozent Ethanol***

Versuch 3:

Ethanolgehalt eines Destillats II

Materialien: Feuerfeste Porzellanschale, Pipette, Streichhölzer; Destillat aus Versuch 2

Durchführung:

1. Geben Sie mit der Pipette 2 ml des Destillats in die Porzellanschale.
2. Entzünden Sie das Destillat mit den Streichhölzern im Abzug bei abgedunkeltem Licht.

Aufgabe:

Vergleichen Sie Ihre Beobachtung mit Ihren Berechnungen in Versuch 2 c). *Hinweis:* Wasser-Alkohol-Gemische sind ab etwa 50 Vol.-% oder einem Massenanteil $w = 40\,\%$ brennbar.

Versuch 4:

Nachweis der Hydroxy-Gruppe

Materialien: Tropfpipetten, Messzylinder (50 ml); Cerammoniumreagenz (**3**, **5**, **7**),
Proben: Ethanol (**2**, **7**), Brennspiritus (**2**, **7**), Butan-1-ol (**2**, **5**, **7**), Propan-1,2,3-triol, Wasser, Fruchtweine

Durchführung:

1. Nummerieren Sie die Reagenzgläser entsprechend der Anzahl an Proben.
2. Verdünnen Sie das Cerammoniumreagenz mit 10 ml Wasser.
3. Geben Sie in das erste Reagenzglas zu 3 ml der verdünnten Reagenzlösung 5 Tropfen Ethanol.
4. Wiederholen Sie den Versuch mit den anderen Proben.

Aufgaben:

a) Notieren Sie Ihre Beobachtungen.
b) Erläutern Sie, woran man erkennen kann, dass Wasser mit Cerammoniumreagenz nicht reagiert.
c) Bewerten Sie die Eignung von Cerammoniumreagenz als Nachweis für Alkohole. Recherchieren Sie dazu die Strukturformeln aller Proben. *Hinweis:* Brennspiritus ist ein Stoffgemisch aus etwa 96 Vol.-% Ethanol, etwas Wasser und einem Vergällungsmittel wie Propanol.

1.5 Ethanol – Genussmittel oder Gift?

1 *Alkohol hilft nur scheinbar weiter.*

Blutalkoholgehalt in ‰	Wirkung
0,3	erste Gehstörungen
0,5	verminderte Sehleistung durch eingeschränktes Gesichtsfeld
0,8	leichte Sprachstörungen, Tunnelblick, Konzentrationsschwäche
1,0	mittlerer Rauschzustand, extrem eingeschränkte Reaktionsfähigkeit
1,4	Grenze für koordinierte Reaktionen
2,0	schwere Sprachstörungen, gestörte Erinnerung, Erbrechen, verengte Pupillen
4,0 bis 5,0	tödliche Grenzkonzentration, Koma, Atemstillstand

2 *Physiologische Wirkung von Alkohol*

In unserem Kulturkreis ist Alkohol ein weit verbreitetes Genussmittel. Obwohl allgemein bekannt ist, dass Alkohol krank und süchtig machen kann, ist der Konsum alkoholischer Getränke für viele noch immer gesellschaftlich akzeptiert. Ob bei einem Fest im Familienkreis oder einer Fete – Alkohol ist meist dabei.

Gefährdungen durch Alkoholkonsum. Durchschnittlich nimmt jeder Bundesbürger über alkoholische Getränke jährlich etwas mehr als 12 Liter reinen Alkohols zu sich. Dabei kann bereits das regelmäßige Trinken geringer Mengen die Organe schädigen oder sogar Krebs erregen. Diese schleichende Giftwirkung drückt sich auch durch den Wert für die *geringste bekannte toxische Dosis* **TD_{Lo}** (engl.: *toxic dose low*) aus: Bei Frauen beträgt dieser Wert bei oraler Aufnahme 400 mg pro kg Körpergewicht und Stunde, bei Männern 700 $mg \cdot kg^{-1} \cdot h^{-1}$ und bei Kindern 14,8 $mg \cdot kg^{-1} \cdot h^{-1}$.

▶ **Wege in die Alkoholsucht.** Viele Jugendliche und Erwachsene glauben, dass Alkohol notwendig ist, damit eine gute Stimmung überhaupt aufkommt. Bei Jugendlichen ist auch Gruppenzwang im Spiel: Wer nicht mittrinkt, wird leicht zum Außenseiter.

Wie Alkohol sich auswirkt, hängt von der konsumierten Menge sowie von der individuellen körperlichen und seelischen Verfassung ab. Die Übergänge zwischen gelegentlichem Alkoholkonsum und *Alkoholmissbrauch* sind fließend: Die Sucht kommt Glas für Glas. Erst probiert man nur und es kostet zunächst sogar Überwindung, ein alkoholhaltiges Getränk zu trinken. Dann schmeckt es und man fühlt sich locker. Das Selbstbewusstsein steigt, die Unsicherheit verschwindet und Probleme werden angeblich besser ertragen. Doch der Schein trügt, wie man heute weiß.

Bei regelmäßigem Alkoholkonsum kommt es dann zu einem Gewöhnungseffekt, der schließlich in die *psychische Abhängigkeit* führt. Man fühlt sich nur noch bei regelmäßiger Zufuhr von Alkohol wohl. Kommt es zu körperlichen Entzugserscheinungen wie Gereiztheit, innerer Unruhe und Angstgefühlen, ist man in *physische (körperliche) Abhängigkeit* geraten. Der Alltag kann nicht mehr gemeistert werden und der Kranke reagiert mit immer weiter steigendem Alkoholkonsum – das Stadium der *Alkoholsucht* ist erreicht. Der Körper wird schwer geschädigt, vor allem die Leber und das zentrale Nervensystem. Auch die persönlichen Beziehungen werden erheblich gestört. Die Familie leidet oft mehr als der Erkrankte selbst. Das weitere Umfeld hat dagegen für Alkoholkranke meist wenig Verständnis. Dies kann zur gesellschaftlichen Isolation führen.

Wirkungsweise von Alkohol im Körper. Trinkalkohol ist ein Gemisch, das verschiedene Alkohole enthält. Der Hauptbestandteil Ethanol ist ein *Narkotikum.* Die Wirkung auf den Körper hängt jedoch von der konsumierten Menge ab (Abb. 2). Diese Menge wird über die Messung des Alkoholgehalts im Blut bestimmt und in *Promille* (‰) angegeben. Generell wirkt Ethanol als Zellgift und verursacht schon bei geringen Mengen Seh- und Wahrnehmungsstörungen. Nach dem Konsum größerer Mengen, kann die Bewusstlosigkeit eintreten. Ein sehr hoher Alkoholgehalt im Blut führt schließlich zur Lähmung des Atemzentrums und damit zum Tod. ▶

Im Körper wird Ethanol stufenweise oxidiert. Es bildet sich *Ethanal,* das für die Wirkungen des Alkoholkonsums maßgeblich verantwortlich ist. Ethanal erhöht den Blutdruck, beschleunigt den Herzschlag, verursacht Kopfschmerzen und führt zu Konzentrationsstörungen. Das beim Alkoholabbau entstandene Ethanal wird im

Körper durch Enzyme weiter zu *Essigsäure* abgebaut. Der erhöhte Säuregehalt im Körper reizt die Magenschleimhaut und verursacht Übelkeit. Der Abbau des Alkohols erfolgt hauptsächlich in der Leber. Die Abbaurate hängt unter anderem vom Geschlecht und der Masse der Person ab.

Gesundheitsvorsorge. Jeder Mensch ist für seine Gesundheit selbst verantwortlich. Kenntnis über den Alkoholgehalt verschiedener Getränke ist deshalb eine wichtige Hilfe für eine wirksame Selbstkontrolle. Auch der Staat ist seinen Bürgerinnen und Bürgern gegenüber in der Pflicht: Er muss besonders für die Gesundheit der Jugendlichen Vorsorge treffen. Das folgende Beispiel zeigt, wie der Staat seiner Verantwortung gerecht werden kann: Vor einigen Jahren war es in Deutschland unter Jugendlichen Mode, Alkopops zu trinken – Mischgetränke aus Alkohol und Limonaden. Durch die Süße der Limonade registriert man nicht, wie viel Alkohol man trinkt. Um das Problem zu bekämpfen, wurde die Alkoholsteuer auf solche Getränke stark erhöht. Alkopops wurden dadurch für Jugendliche zu teuer. In der Folgezeit sank der Konsum von Alkopops so stark, dass sie heute auf dem Markt fast verschwunden sind.

Alkohol im Straßenverkehr. Alkohol am Steuer oder auf dem Fahrrad ist gefährlich. Jährlich passieren in Deutschland unter Alkoholeinfluss etwa 16 000 Unfälle mit Personenschaden. Etwa 400 Menschen verunglücken dabei tödlich. Die Fahrsicherheit ist bereits bei geringem Blutalkoholgehalt gefährdet. Vermutet die Polizei bei einem Verkehrsteilnehmer Alkohol im Blut, bestimmt sie den Alkoholgehalt in der Atemluft oder ordnet eine Blutprobe an.

Trotz der bekannten Gefahren ist Alkohol die einzige suchtauslösende Droge, die in vielen Ländern kaum einer staatlichen Kontrolle unterliegt. Allein in Deutschland wird die Anzahl der Alkoholabhängigen auf etwa 1,3 Millionen Menschen geschätzt. Alkohol ist damit Suchtmittel Nr. 1. Insgesamt lässt sich beobachten, dass der Alkoholkonsum seit einigen Jahren insgesamt rückläufig ist, doch eine gravierende Form des Alkoholmissbrauchs tritt gerade bei Jugendlichen auf – das Koma-Saufen (engl. *binge drinking*). Im Durchschnitt trinkt sich fast jeder sechste Jugendliche einmal im Monat in einen Rausch. Allein 2015 wurden knapp 21 000 Kinder und Jugendliche wegen einer Alkoholvergiftung im Krankenhaus behandelt.

> Alkohol ist ein gesundheitsschädliches und suchterzeugendes Genussmittel. Schon geringe Mengen beeinträchtigen die Fahrtüchtigkeit.

---

1 Recherchieren Sie den Weg des Alkohols durch den Körper und die Wirkungen des Alkoholkonsums auf die verschiedenen Organe. Fertigen Sie dazu eine Skizze eines Torsos an. Schreiben Sie Weg und Wirkungen auf Karteikarten oder Notizzettel und heften Sie diese an.

2 Alkoholische Getränke unterscheiden sich im Ethanolgehalt. Dieser wird üblicherweise als Volumenprozent (Vol.-%) angegeben. Zur Berechnung des ungefähren Alkoholvolumens in einem Getränk lässt man die Volumenkontraktion meist unberücksichtigt.
a) Berechnen Sie näherungsweise das Volumen an reinem Ethanol, das in 1 l der folgenden Getränke enthalten ist: Partner A: Bier (4,8 Vol.-%), Partner B: Wein (11,5 Vol.-%), Partner C: Wodka (38 Vol.-%)
b) Ermitteln Sie, welches Volumen dieser Getränke Sie trinken dürften, bis der TD_{Lo} erreicht ist. Die Dichte von Ethanol beträgt: $\varrho(\text{Ethanol}) = 0{,}79\ \text{g} \cdot \text{ml}^{-1}$

3 a) Recherchieren Sie, was die Promillegrenze von 0,5 ‰ im Straßenverkehr bedeutet.
b) Beim Verursacher eines Verkehrsunfalls wird ein Blutalkoholgehalt von 0,25 ‰ ermittelt.
Klären Sie, ob rechtliche Folgen zu erwarten sind.
c) Informieren Sie sich, welche Folgen Alkohol am Steuer für Fahranfänger hat.
d) Ab einem Blutalkoholgehalt von 1,1 ‰ spricht man von absoluter Fahruntüchtigkeit. Informieren Sie sich über die strafrechtlichen Folgen.

4 Man kann den Blutalkoholgehalt näherungsweise mit folgender Formel berechnen:
$w(\text{Alkohol im Blut in ‰}) = \frac{m(\text{Alkohol})(\text{in g})}{r \cdot m(\text{Körper})(\text{in kg})}$
Der Faktor *r* ist für Männer (0,7) und Frauen (0,6) unterschiedlich. Dies liegt an unterschiedlichen Wasseranteilen im Körper. Pro Stunde sinkt der Blutalkoholgehalt bei Frauen etwa um 0,1 ‰ bei Männern etwa um 0,15 ‰. Ursache ist die unterschiedliche Leberaktivität.
a) Partner A: Berechnen Sie den Blutalkoholgehalt, den ein 70 kg schwerer Mann nach drei Gläsern Bier zu 0,3 l zu erwarten hat. Ermitteln Sie anschließend, wann das Blut des Mannes keinen Alkohol mehr enthält.
Partner B: Berechnen Sie den Blutalkoholgehalt, den eine 55 kg schwere Frau 8 Stunden nach dem Genuss von drei Cocktails mit jeweils 20 g Alkohol aufweist.
b) Stellen Sie sich Ihre Berechnungen gegenseitig vor.
c) Erläutern Sie gemeinsam, warum es so wichtig ist, dass es sich bei den berechneten Werten um einen theoretischen Wert handelt, der nicht verallgemeinert werden kann.

5 Viele Menschen bekommen nach Alkoholgenuss rote Wangen und spüren ein Wärmegefühl. Trotzdem soll unterkühlten Verunglückten kein Alkohol zum Aufwärmen verabreicht werden. Recherchieren und erklären Sie die Zusammenhänge.

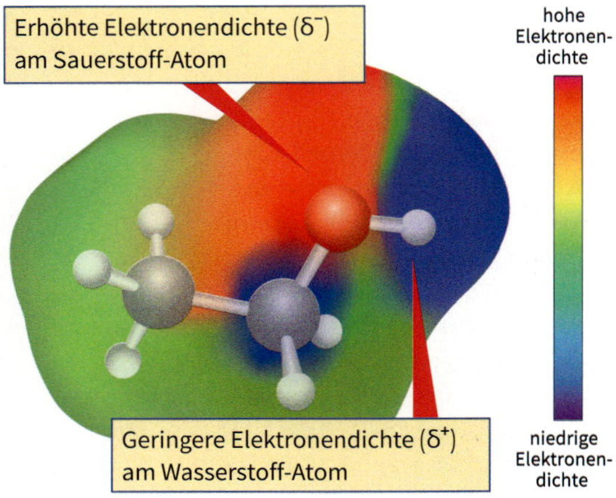

1 *Elektronendichteoberfläche des Ethanol-Moleküls*

Alkanol	Formel
Methanol	CH_3–OH
Ethanol	CH_3–CH_2–OH
Propan-1-ol	CH_3–CH_2–CH_2–OH
Butan-1-ol	CH_3–CH_2–CH_2–CH_2–OH
Pentan-1-ol	CH_3–CH_2–CH_2–CH_2–CH_2–OH
Hexan-1-ol	CH_3–CH_2–CH_2–CH_2–CH_2–CH_2–OH
Heptan-1-ol	CH_3–CH_2–CH_2–CH_2–CH_2–CH_2–CH_2–OH
Octan-1-ol	CH_3–CH_2–CH_2–CH_2–CH_2–CH_2–CH_2–CH_2–OH
Nonan-1-ol	CH_3–CH_2–CH_2–CH_2–CH_2–CH_2–CH_2–CH_2–CH_2–OH

2 *Homologe Reihe der Alkanole*

Viele Reinigungsmittel für Glas- und Autoscheiben enthalten das Lösemittel Ethanol, da es sowohl Fettflecken als auch wasserlöslichen Schmutz entfernt. Die reinigende Wirkung beruht auf der Struktur des Ethanol-Moleküls.

Struktur des Ethanol-Moleküls. Ethanol ist mit Wasser in jedem Verhältnis mischbar. Die Flüssigkeit brennt mit bläulicher Flamme. Als Verbrennungsprodukte bilden sich Wasserdampf und Kohlenstoffdioxid. Im Ethanol-Molekül sind also H-Atome und C-Atome gebunden. Aus weiteren experimentellen Beobachtungen kann man auch schließen, dass das Ethanol-Molekül eine **OH-Gruppe (Hydroxy-Gruppe)** enthält, die an einen Ethyl-Rest gebunden ist. Die Halbstrukturformel für Ethanol ist also **CH_3–CH_2–OH.** Die OH-Gruppe kommt bei allen Alkohol-Molekülen vor und bestimmt die Eigenschaften der Alkohole. Sie ist die funktionelle Gruppe der Alkohole.

Aufgrund der hohen Elektronegativität des O-Atoms sind die O–H-Bindung und die C–O-Bindung polar. Das O-Atom hat dabei eine negative *Partialladung* (δ^-) oder auch *Teilladung*. Das H-Atom der OH-Gruppe ist positiv teilgeladen (δ^+). Die *ladungscodierte Elektronendichteoberfläche* (↗S. 39) des Ethanol-Moleküls bestätigt die Polarität der Bindungen (Abb. 1). In der Darstellung werden Bereiche mit Elektronenüberschuss (δ^-) rot dargestellt, Bereiche mit Elektronenmangel (δ^+) blau. Da sich entgegengesetzte elektrische Ladungen anziehen, kann aus der Darstellung auf *Dipol-Dipol-Wechselwirkungen* und *Wasserstoffbrücken* zwischen den Molekülen geschlossen werden (↗S. 41).

Alkanole. In der Organischen Chemie werden alle Verbindungen, deren Moleküle eine oder mehrere OH-Gruppen enthalten, zur Stoffklasse der **Alkohole** zusammengefasst. Alkohole, die sich von den Alkanen ableiten, bezeichnet man als **Alkanole.** Der Name eines Alkanols wird gebildet, indem man die Endung **-ol** an den Namen des entsprechenden Alkans anhängt. Alkohole können auch über ihre Alkyl-Gruppe und die Endung -alkohol benannt werden.

Homologe Reihe der Alkanole. Die ersten Glieder der homologen Reihe der Alkanole (Abb. 2) sind Methanol, Ethanol, Propanol und Butanol. Die allgemeine Formel lautet **$C_nH_{2n+1}OH$.** Neben Ethanol ist *Methanol* oder *Methylalkohol* (CH_3OH) der am meisten verwendete Alkohol. Methanol ist sehr giftig. Schon kleine Mengen führen zu Erblindung und anderen Schädigungen. Bereits 25 g können tödlich wirken. Propanol, Butanol und Pentanol eignen sich als Lösemittel für Lacke, Öle und Harze. Bei Synthesen sind sie Edukte für Aromastoffe. Propanol ist auch in Frostschutzmitteln und Reinigungsmitteln enthalten oder wird als Desinfektionsmittel in der Medizin eingesetzt.

Isomere Alkanole. Bei Propanol und den höheren Alkanolen tritt eine weitere Form der Positionsisomerie auf. Die OH-Gruppen können an unterschiedliche C-Atome gebunden sein. Es gibt zwei Isomere: *n*-Propanol (normales Propanol) und Isopropanol (isomeres Propanol). Beim *n*-Propanol-Molekül ist die OH-Gruppe an ein endständiges C-Atom gebunden:

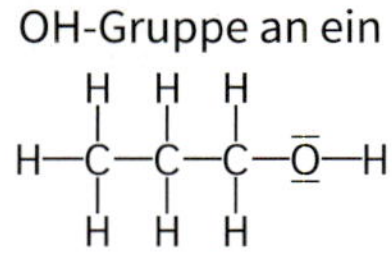

Beim Isopropanol-Molekül trägt das mittlere C-Atom die Hydroxy-Gruppe:

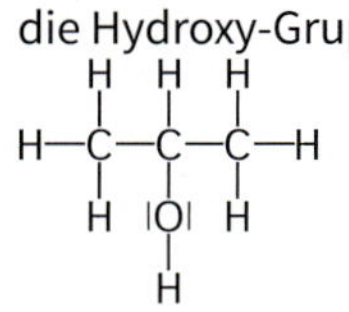

Zur systematischen Benennung werden die C-Atome des Alkyl-Rests so nummeriert, dass das C-Atom mit der OH-Gruppe eine möglichst kleine Zahl erhält. Die Nummer des C-Atoms, das die OH-Gruppe trägt, steht zwischen dem Stammnamen des Alkans und der Endung **-ol:** Alkyl-Reste mit vier und mehr C-Atomen können verzweigt sein. Dies hat weitere Gerüstisomere zur Folge.

▶ **Primäre, sekundäre und tertiäre Alkanole.** Beim *Butan-1-ol-Molekül* ist das C-Atom, das die OH-Gruppe trägt, mit *einem* weiteren C-Atom verbunden. Man spricht in einem solchen Fall von einem **primären Alkanol.** *Butan-2-ol* ist ein Beispiel für ein **sekundäres Alkanol.** Das C-Atom, das die OH-Gruppe trägt, ist mit *zwei* weiteren C-Atomen verbunden. *Methylpropan-2-ol* ist ein **tertiäres Alkanol.** Hier ist das mit der OH-Gruppe verbundene C-Atom mit *drei* weiteren C-Atomen verknüpft (Abb. 3).

▶ **Mehrwertige Alkanole.** Alkohole mit zwei oder mehr OH-Gruppen im Molekül sind **mehrwertige Alkohole.** Dabei ist an ein C-Atom immer nur eine OH-Gruppe gebunden. Moleküle mit zwei OH-Gruppen an einem C-Atom sind in der Regel nicht stabil. Die Wertigkeit gibt die Anzahl der OH-Gruppen im Molekül an. Bei der Benennung fügt man griechische oder lateinische Zahlwörter wie *di, tri, ...* vor der Endsilbe **-ol** ein. Der einfachste zweiwertige Alkohol ist das Ethan-1,2-diol oder auch Glykol. Der einfachste dreiwertige Alkohol, das Propan-1,2,3-triol (Glycerin), wird als Frostschutzmittel und zum Feuchthalten von Salben, Cremes und Tabak verwendet.

> Das Ethanol-Molekül ist aus einem Ethyl-Rest und einer Hydroxy-Gruppe (OH-Gruppe) aufgebaut. Die Hydroxy-Gruppe bestimmt maßgeblich die Stoffeigenschaften der Alkohole.

1 Benennen Sie folgende Alkohole:

A
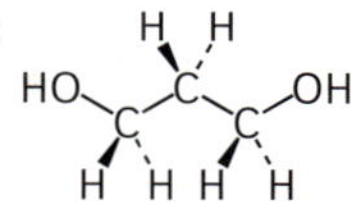

B
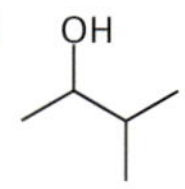

C
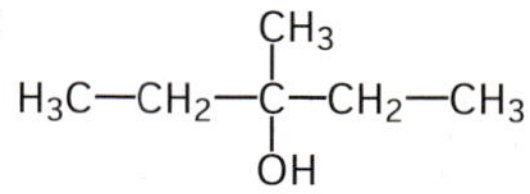

2 Ethanol hat die Molekülformel C_2H_5OH. Begründen Sie mithilfe der Molekülformel die molare Masse von $M = 46 \frac{g}{mol}$.

3 a) Partner A: 3-Methylpentan-2-ol ist ein sekundärer Alkohol. Zeichnen Sie die Strukturformel und nennen Sie die Regeln zur Benennung dieses Alkohols.
Partner B: Bauen Sie ein Molekülmodell von 2-Methylhexan-3-ol zu einem tertiären Alkanol um und geben Sie den systematischen Namen an.
b) Stellen Sie sich Ihre Ergebnisse gegenseitig vor.

4 a) Erklären Sie an zwei selbstgewählten Beispielen den Unterschied zwischen einem sekundären und einem zweiwertigen Alkohol.
b) Erläutern Sie die Benennung dieser Alkohole.

5 a) Partner A: Recherchieren Sie die Folgen einer Methanolvergiftung.
Partner B: Wird eine Person mit Methanolvergiftung ins Krankenhaus eingeliefert, so erhält sie Ethanol als Gegenmittel. Recherchieren Sie die Zusammenhänge.
b) Berichten Sie in der Klasse über Ihre Recherchen.

6 a) Zeichnen Sie die Strukturformeln der acht isomeren Pentanole.
b) Kennzeichnen Sie primäre, sekundäre und tertiäre Alkanole und markieren Sie die primären, sekundären und tertiären Kohlenstoff-Atome.

7 Die H- und P-Sätze für Ethanol gelten auch für Brennspiritus. Schlagen Sie die Gefahren- und Sicherheitshinweise im Anhang des Lehrbuchs nach und leiten Sie eine Gebrauchsanleitung für die sichere Verwendung von Brennspiritus im Haushalt ab.

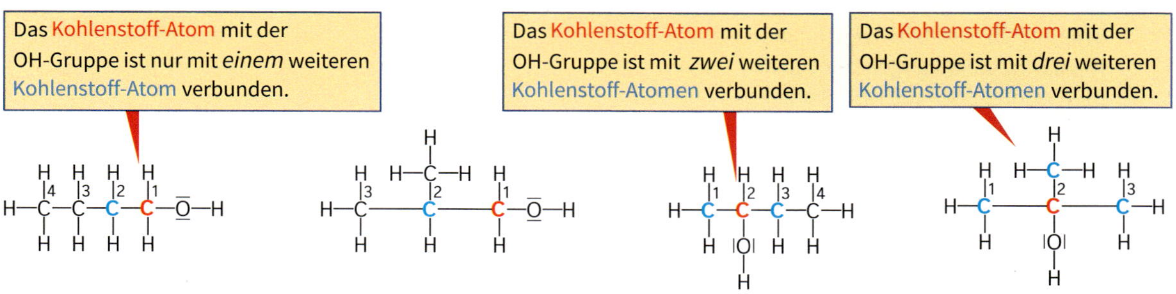

Butan-1-ol
primäres Alkanol

Methylpropan-1-ol
primäres Alkanol

Butan-2-ol
sekundäres Alkanol

Methylpropan-2-ol
tertiäres Alkanol

3 *Isomere Butanole*

Methode Moleküldarstellung am Computer

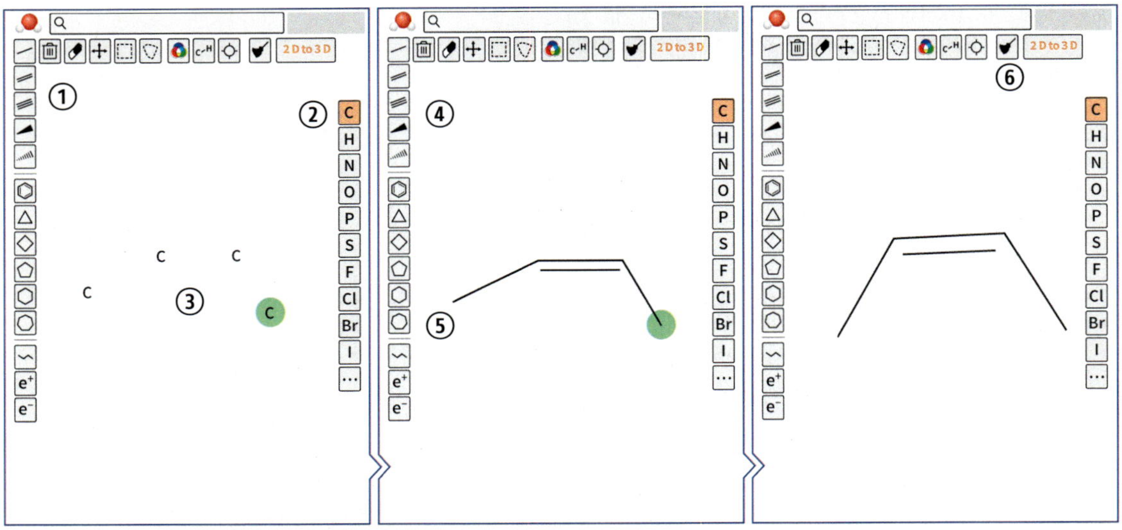

1 *Erstellen einer Strukturformel mithilfe eines Editors*

Je größer ein Molekül ist, umso schwieriger ist es, die räumliche Struktur nach dem EPA-Modell zu zeichnen. Mithilfe einer geeigneten Modellierungssoftware lassen sich Formeln und Modelle relativ einfach am Computer darstellen. Hierfür gibt es mittlerweile verschiedene Programme, von denen einige kostenlos im Internet als *Open-Source-Software* zur Verfügung stehen.

Strukturformeln erstellen. Manche Modellierungsprogramme verfügen über eine Datenbank, in der die Formeln gängiger Moleküle hinterlegt sind. Durch die Eingabe eines Namens oder einer Molekülformel in ein *Suchfeld* (Abb. 1 ①) lassen sich Formeln schnell auffinden. Ist die gewünschte Verbindung in der Auswahl nicht vorhanden, muss die Strukturformel aufgebaut werden. Hierfür wählt man zunächst für die Atome eines Moleküls die zugehörigen Atomsortensymbole aus. In der Taskleiste ② finden sich für die gängigsten Atomsorten wie Kohlenstoff, Wasserstoff und Sauerstoff entsprechende Icons. Die Symbole werden so auf der Arbeitsfläche des Editors platziert wie sie im Molekül angeordnet sind ③. Im nächsten Schritt erfolgt dann die Verknüpfung der Atomsortensymbole. Für die unterschiedlichen Bindungstypen wie Einfach-, Doppel- oder Dreifachbindung wählt man in der Taskleiste ④ das jeweils zugehörige Icon aus. Alternativ kann man natürlich auch zunächst an ein Atomsortensymbol eine Bindung ansetzen und fügt dann am Ende der Bindung das Symbol des zweiten Atoms ein. Bei Molekülen, die eine Vielzahl an Atomen enthalten, kann die Konstruktion der Strukturformel durchaus aufwendig sein. Um die Eingabe zu vereinfachen, bieten manche Programme Bausteine für häufig auftretende Molekülstrukturen an. Beispiele hierfür sind die zickzackförmige Kette linearer Kohlenwasserstoff-Moleküle oder ein Ring bestehend aus sechs C-Atomen ⑤.

Nach Eingabe aller Symbole für Atome und Bindungen lassen sich unsauber gezeichnete Formeln mithilfe einer Clean structure-Funktion ⑥ bereinigen.

Dreidimensionale Modelle. Die Modellierungssoftware generiert aus der konstruierten Strukturformel eine dreidimensionale Struktur. Das Ergebnis sind Modelle, die frei drehbar sind und sich so aus unterschiedlichen Blickwinkeln betrachten lassen.

Die Molekülmodelle lassen sich aber nicht nur bewegen sondern auch in unterschiedlichen Weisen darstellen. Besonders beliebt ist die Darstellung eines *Kugel-Stab-Modells* (Abb. 2 ①). Das Modell ist gut geeignet, um die Bindungsverhältnisse in einem Molekül zu veranschaulichen. Bei einigen Programmen ist es sogar möglich, das Molekül zu vermessen. So lassen sich für Bindungswinkel und Bindungslängen konkrete Zahlenwerte erhalten. Meist muss man hierfür die Atome im Molekül markieren und das Icon der entsprechenden Funktion anklicken.

Für die Frage, wie sich mehrere Moleküle in einem Verbund anordnen, spielen die räumliche Ausdehnung und die Gestalt eines Moleküls eine große Rolle. Diese Aspekte können gut anhand eines *Kalotten-*

modells (Abb. 2 ②) gezeigt werden. In einem Molekül können die Elektronen unterschiedlich verteilt sein. Die *ladungscodierte Elektronendichteoberfläche* ist eine Form der Darstellung, bei der Bereiche mit einer hohen Elektronendichte rot gekennzeichnet sind (Abb. 2 ③). Anhand dieser Informationen lassen sich unter anderem Vorhersagen über physikalische Eigenschaften wie Siedetemperaturen oder Löslichkeit treffen.

Einige Programme sind in englischer Sprache. Mit der Kenntnis einiger Vokabeln sollte die Bedienung aber dennoch kein allzu großes Problem sein. Abb. 3 enthält für die gängigsten Fachbegriffe eine Übersetzung.

---

1 a) Arbeiten Sie in Gruppen. Jedes Gruppenmitglied wählt eine der folgenden Verbindung aus: Ethan (C_2H_6), Ethanol (C_2H_5OH), Ethen (C_2H_4), Ethin (C_2H_2). Zeichnen Sie die Strukturformel des gewählten Moleküls.
b) Zeichnen Sie das Molekül mit dem Formeleditor.
c) Stellen Sie das Molekül im Kalottenmodell dar.
d) Messen Sie die Bindungswinkel und die Bindungslängen.
e) Exportieren Sie folgende Darstellungen Ihres Moleküls als Bilddatei: zweidimensionale Ansicht, dreidimensionale Ansicht mit Bindungswinkeln und Bindungslängen
f) Schreiben Sie eine Anleitung für die genutzten Funktionen Ihres Programms.
g) Vergleichen und diskutieren Sie Ihre Anleitungen.

2 a) Erstellen Sie ein Kugel-Stab-Modell mit ladungscodierter Elektronendichteoberfläche für die Moleküle Propanol (Partner A) und Wasser (Partner B).
b) Leiten Sie aus der Darstellung der Elektronendichteoberfläche Ladung und Position von Partialladungen im Molekül ab.
c) Stellen Sie sich Ihre Ergebnisse gegenseitig vor und diskutieren Sie Ihre Ergebnisse.
d) Ergänzen Sie Ihre Programmanleitung für die Darstellung eines Moleküls mit ladungscodierte Elektronendichteoberfläche.

3 Erstellen Sie mit dem Programm die Strukturformel eines Moleküls von Ethan (Partner A), Ethen (Partner B) oder Ethin (Partner C).
a) Bestimmen Sie jeweils die C/C-Bindungslänge im Molekül.
b) Stellen Sie sich Ihre Ergebnisse gegenseitig vor.
c) Ergänzen Sie Ihre Programmanleitung für die Bestimmung von Bindungslängen.

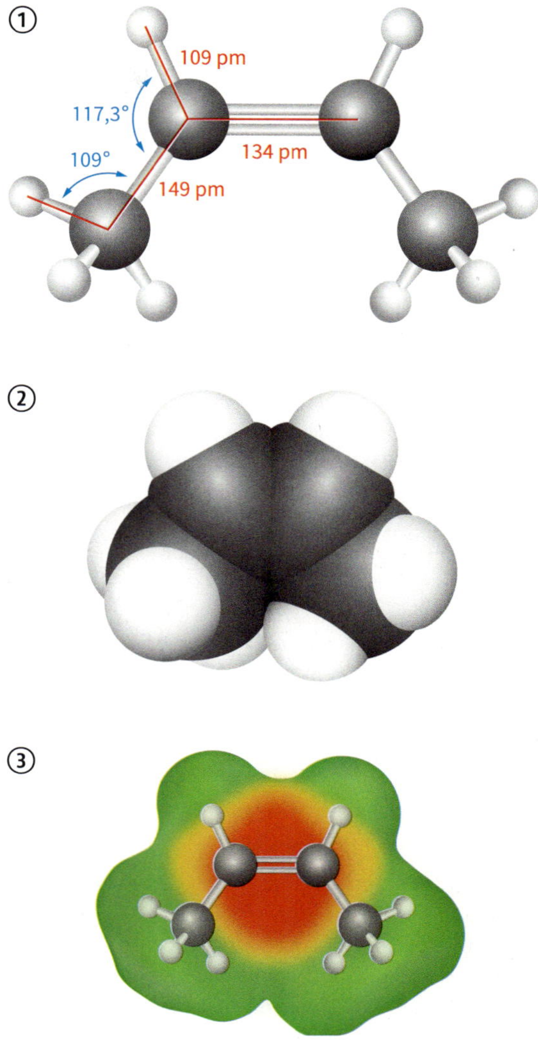

2 *Modelle eines Kohlenwasserstoff-Moleküls: Kugel-Stab-Modell ①, Kalottenmodell ② und ladungscodierte Elektronendichteoberfläche ③*

Englisch	Deutsch
angle	Winkel
bond	Bindung
single bond	Einfachbindung
double bond	Doppelbindung
triple bond	Dreifachbindung
charge	Ladung
ball-and-stick model	Kugel-Stab-Modell
van-der-Waals spheres	Kalottenmodell
MAP-Surface	Elektronendichteoberfläche

3 *Übersetzungshilfe*

Methode Alkanole benennen

Bei der Benennung der Alkanole müssen neben der Länge und Verzweigung der C-Kette auch die Anzahl und Stellung der OH-Gruppen berücksichtigt werden. Die Tabelle gibt eine Schritt-für-Schritt-Anleitung.

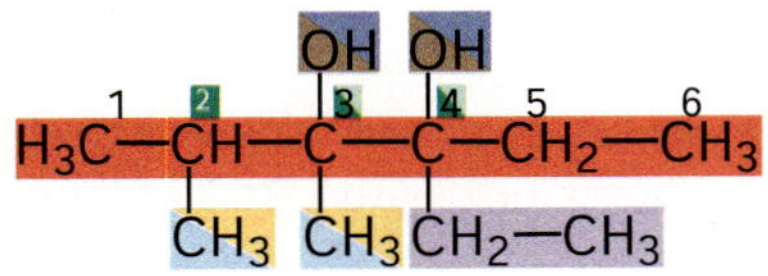

Regel	Beispiel
1. Die längste Kette von C-Atomen, die die OH-Gruppen trägt, ergibt den **Stammnamen**.	4-Ethyl-2,3-dimethylhexan-3,4-diol
2. Für die Kennzeichnung der Stoffklasse der Alkanole wird die Endung **-ol** angefügt.	4-Ethyl-2,3-dimethylhexan-3,4-diol
3. Die C-Atome in der Kette werden so durchnummeriert, dass die OH-Gruppen tragenden C-Atome möglichst **kleine Zahlen** erhalten. Die Zahlen werden vor die spezifische Endung -ol geschrieben.	4-Ethyl-2,3-dimethylhexan-3,4-diol
4. Bei mehr als einer OH-Gruppe wird für die Anzahl der OH-Gruppen die entsprechende **griechische Vorsilbe** eingefügt.	4-Ethyl-2,3-dimethylhexan-3,4-diol
5. Die **Seitenketten** werden benannt und alphabetisch geordnet.	4-Ethyl-2,3-dimethylhexan-3,4-diol
6. Für die **Anzahl der gleichen Seitenketten** stellt man die entsprechende griechische Vorsilbe voran. Die Vorsilbe bleibt bei der alphabetischen Reihenfolge der Seitenketten unberücksichtigt.	4-Ethyl-2,3-dimethylhexan-3,4-diol
7. Die **Verknüpfungsstellen** von Haupt- und Seitenketten werden ermittelt und die Zahlen den Seitenketten vorangestellt.	4-Ethyl-2,3-dimethylhexan-3,4-diol

1 a) Zeichnen Sie die Strukturen der folgenden Verbindungen als Strukturformel, Halbstrukturformel und Skelettformel:
Partner A: Butan-1,2-diol; 2-Methylhexan-2-ol; 2,4-Dimethylheptan-3,4-diol
Partner B: 3-Ethylnonan-2-ol; 3-Methylpentan-3-ol; 3-Ethyl-2,2,4-trimethyloctan-3-ol
b) Kontrollieren Sie Ihre Ergebnisse gegenseitig.

2 a) Benennen Sie die folgenden Alkanole:

A
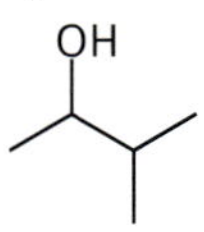

B
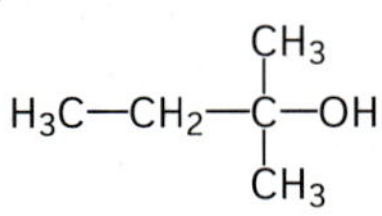

C
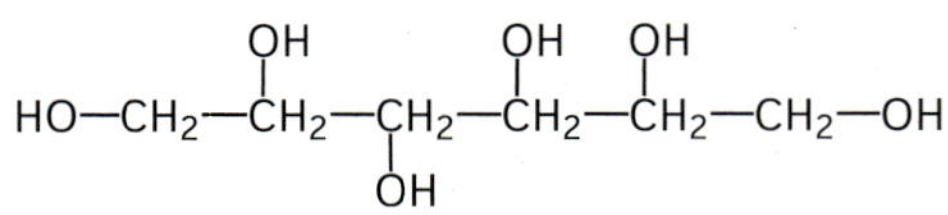

D
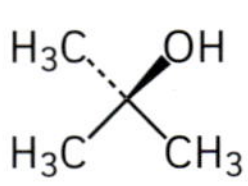

E
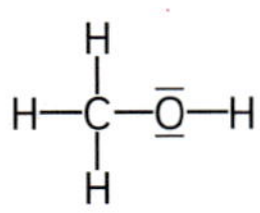

F
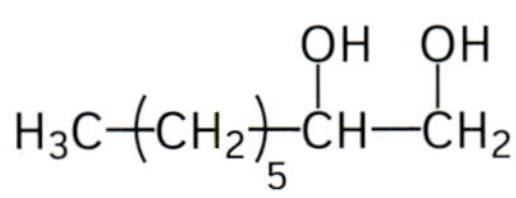

b) Kontrollieren Sie Ihre Ergebnisse gegenseitig.

3 OH-Gruppen können auch bei ungesättigten Kohlenwasserstoff-Molekülen auftreten. Alkohole, die sich von Alkenen oder Alkinen ableiten, heißen Alkenole oder Alkinole.
a) Zeichnen Sie die Strukturformeln für Hex-3-in-2-ol, *Z*-But-2-en-1-ol und But-2-in-1,4-diol.
b) Geben Sie die Namen der folgenden Alkohole an:

A
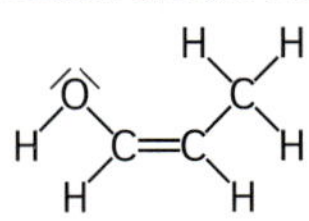

B
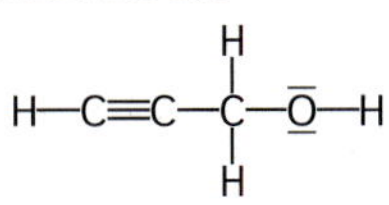

C
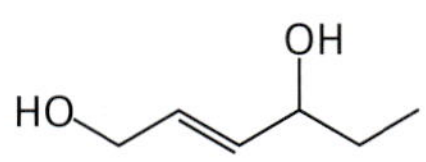

Dipol-Moleküle und Wasserstoffbrücken

Die Moleküle der Alkane und Alkene bestehen ausschließlich aus C-Atomen und H-Atomen. Elektronenpaarbindungen zwischen beiden Atomsorten oder zwischen zwei C-Atomen sind unpolar. Da nur unpolare Bindungen vorliegen, sind auch die Moleküle unpolar. Zwischen unpolaren Molekülen wirken nur Van-der-Waals-Wechselwirkungen (↗S. 22). Bei den Alkanol-Molekülen verändert die OH-Gruppe die Bindungspolaritäten und Ladungsverteilungen. Eine Seite des Moleküls hat einen Überschuss an negativer Ladung, die andere Seite einen Überschuss an positiver Ladung. Mit der ungleichen Ladungsverteilung entstehen Dipol-Dipol-Wechselwirkungen und Wasserstoffbrücken zwischen den Alkanol-Molekülen.

Dipole. Damit ein Molekül ein Dipol sein kann, müssen zwei Voraussetzungen erfüllt sein: Es müssen polare Elektronenpaarbindungen im Molekül vorliegen (Abb. 1). So ist im H_2O-Molekül das O-Atom der O–H-Bindung negativ teilgeladen (δ^-), das H-Atom trägt entsprechend die positive Partialladung (δ^+). Gleiches gilt für die OH-Gruppe der Alkanol-Moleküle. Die Polarität einer Bindung lässt sich meist mit den Elektronegativitätswerten (EN) aus dem Periodensystem abschätzen. Dazu berechnet man die Elektronegativitätsdifferenz (ΔEN) der Bindungspartner (Abb. 1). Je größer die Differenz, desto polarer ist die Bindung. Ferner muss die Molekülstruktur so sein, dass die Ladungsschwerpunkte nicht zusammenfallen und sich dadurch zwei Pole bilden (Abb. 2).

Wasserstoffbrücken. Wasser siedet bei 100 °C. Schwefelwasserstoff (H_2S) müsste bei einer höheren Temperatur sieden. Die H_2S-Moleküle sind schwerer und reicher an Elektronen, die Van-der-Waals-Wechselwirkungen sind folglich größer. Tatsächlich siedet Schwefelwasserstoff aber bei –60 °C. Die Ursache der Unterschiede liegt in den zusätzlich zwischen den Wasser-Molekülen wirkenden *Wasserstoffbrücken.* Jedes positiv teilgeladene H-Atom eines H_2O-Moleküls tritt mit einem freien Elektronenpaar des negativ teilgeladenen O-Atoms eines benachbarten Wasser-Moleküls in Wechselwirkung. Dies wird durch eine gepunktete Linie dargestellt (Abb. 3).

Wasserstoffbrücken können sich nur zwischen positiv teilgeladenen H-Atomen und den freien Elektronenpaaren der stark negativ teilgeladenen O-, N- und F-Atomen anderer Moleküle bilden.

① Bei einer polaren Elektronenpaarbindung ist der Schwerpunkt der negativen Ladung (δ^-) zum Atom mit der höheren Elektronegativität verschoben. Dort ist die Elektronendichte höher. *Beispiel:* H–O
ΔEN = 3,4 (EN-Wert: O) – 2,2 (EN-Wert: H) = 1,4

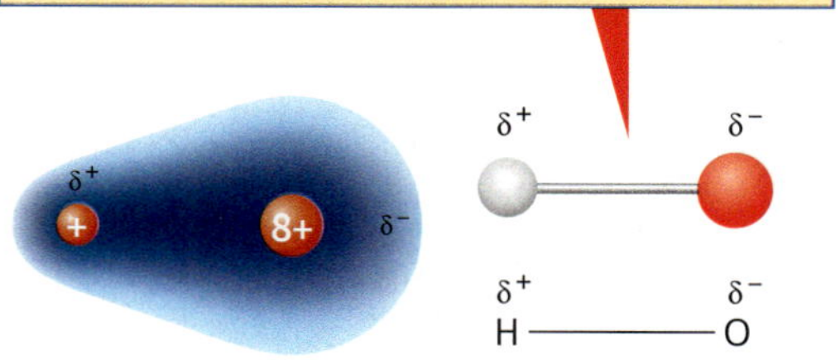

Die Übergänge zwischen den Bindungstypen sind fließend. ΔEN-Werte sind nur ein Hilfsmittel zur ersten Einschätzung der Bindungspolarität.

Bindungstyp	ΔEN
unpolare Elektronenpaarbindung	0 – 0,4
polare Elektronenpaarbindung	0,5 – 1,7
Ionenbindung	1,8 – 2,3

1 *Elektronegativitätsdifferenzen und Bindungstyp*

Im Dipol-Molekül müssen polare Elektronenpaarbindungen vorliegen. Zusätzlich muss die Molekülstruktur so sein, dass die positiven und die negativen Ladungsschwerpunkte nicht zusammenfallen.

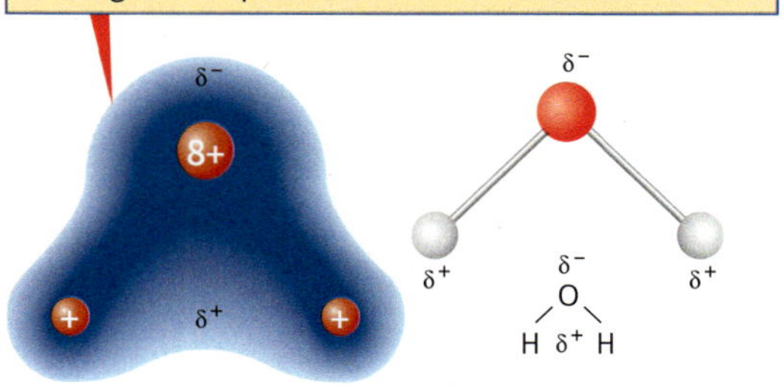

2 *Voraussetzungen für Dipol-Moleküle*

Eine Wasserstoffbrücke wird durch drei Punkte dargestellt.

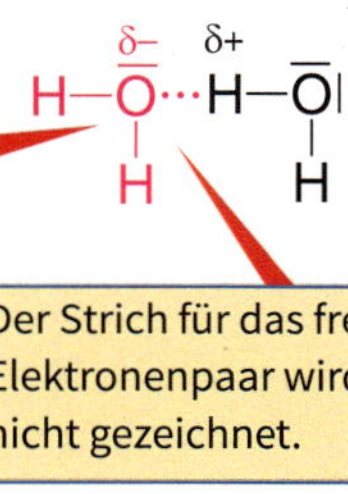

Der Strich für das freie Elektronenpaar wird nicht gezeichnet.

3 *Wasserstoffbrücken*

1.7 Eigenschaften von Alkanolen

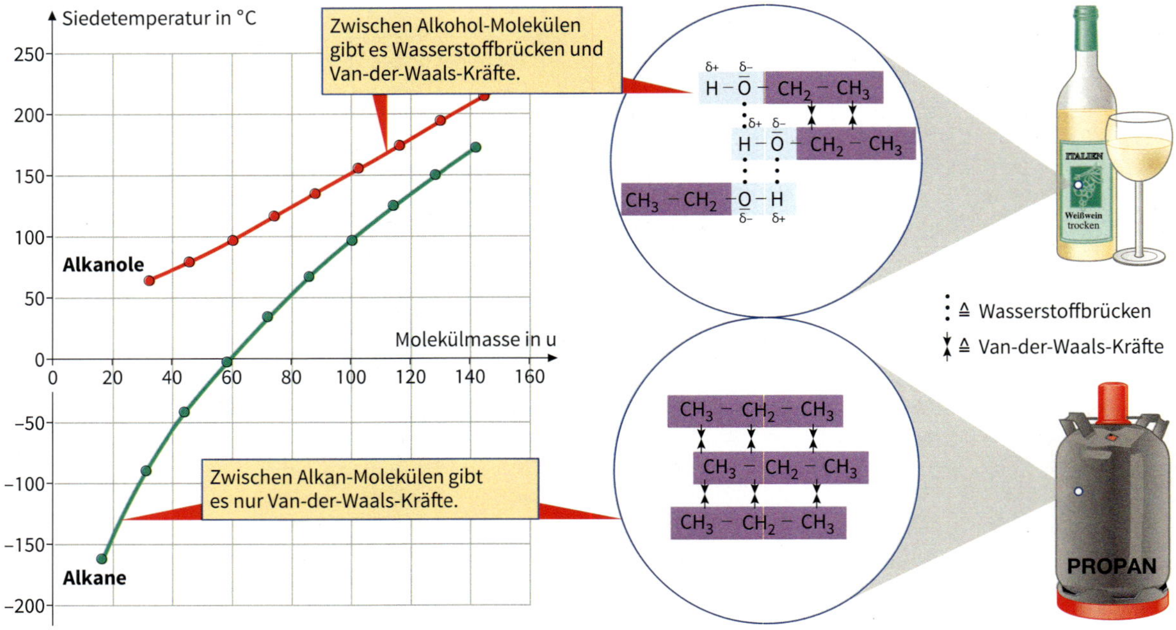

1 *Siedetemperaturen von Alkanen und Alkoholen*

Alkanole haben andere Eigenschaften und damit auch Verwendungsmöglichkeiten als Alkane. Die Erklärung liefert wieder ein Blick auf die Teilchenebene.

Siedetemperaturen. Ethanol ist bei Raumtemperatur flüssig. Propan, dessen Moleküle eine ähnliche Masse haben, ist dagegen gasförmig; es siedet bei −42 °C. Erklären lässt sich dies mit den unterschiedlichen zwischenmolekularen Wechselwirkungen. Zwischen den unpolaren Propan-Molekülen wirken nur die vergleichsweise schwachen Van-der-Waals-Wechselwirkungen. Zwischen den polaren Hydroxy-Gruppen zweier Ethanol-Moleküle bilden sich zusätzlich Dipol-Dipol-Wechselwirkungen und die viel stärkeren Wasserstoffbrücken aus (↗S. 41). Alkanole sieden daher erst bei deutlich höheren Temperaturen als Alkane vergleichbarer Molekülmasse (Abb. 1). Bei langkettigen Alkanen und Alkanolen ist der Unterschied in der Siedetemperatur jedoch geringer als bei Alkanen und Alkanolen, deren Moleküle kürzere C-Ketten haben. Der Grund: Bei langkettigen Alkanen und langkettigen Alkanolen summieren sich die Van-der-Waals-Wechselwirkungen auf und werden so groß, dass die zusätzlichen Anziehungskräfte durch die Wasserstoffbrücken bei den Alkanol-Molekülen kaum ins Gewicht fallen.

Löslichkeit. Methanol, Ethanol und Propanol mischen sich in jedem Verhältnis mit Wasser. Diese Stoffe sind *hydrophil* (wasserfreundlich). Bei den darauffolgenden Alkanolen nimmt die Löslichkeit mit steigender Anzahl der C-Atome stark ab. Schon die Hexanole sind in Wasser nahezu unlöslich. Die polare Hydroxy-Gruppe bewirkt die Löslichkeit der kurzkettigen Alkanole in Wasser. Die O–H-Bindung eines Alkanol-Moleküls ist ähnlich polar wie die O–H-Bindung in einem Wasser-Molekül. Zwischen den Alkanol-Molekülen und den Wasser-Molekülen können sich Wasserstoffbrücken bilden (Abb. 2). Sie sind entscheidend für das Lösungsverhalten. Zusätzlich wirken aber auch Dipol-Dipol-Wechselwirkungen zwischen den gegensätzlichen Partialladungen der Moleküle. Bei Alkanolen mit kurzen Molekülketten überwiegen daher die hydrophilen Eigenschaften.

Die unpolaren Alkyl-Reste der Alkanol-Moleküle bewirken die Löslichkeit der Alkanole in Alkanen und anderen *lipophilen* (fettfreundlichen) Lösemitteln. Zwischen den Alkanol-Molekülen und den Alkan-Molekülen wirken Van-der-Waals-Wechselwirkungen (Abb. 2). Bei langkettigen Alkanolen überwiegen die lipophilen oder auch *hydrophoben* (wasserabweisenden) Eigenschaften. Stoffe, die wie Ethanol sowohl erkennbare hydrophile als auch hydrophobe Eigenschaften haben, werden auch als *amphiphile* Stoffe bezeichnet.

Im Methanol-Molekül ist der Einfluss der CH_3-Gruppe so gering, dass die Wasserstoffbrücken zwischen den Methanol-Molekülen bei Zugabe von *n*-Heptan nicht gelöst werden können. Methanol ist daher als einziges Alkanol in *n*-Heptan nur geringfügig löslich. Methanol ist hydrophil und *lipophob* (fettabweisend).

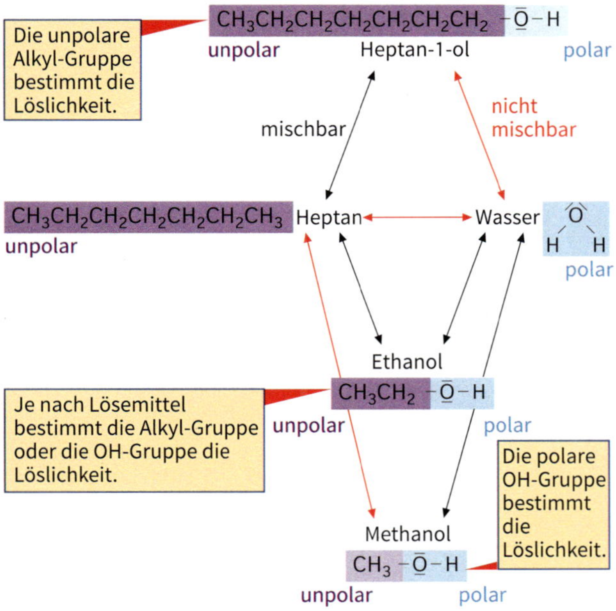

2 *Die Molekülstruktur beeinflusst die Löslichkeit.*

Alkanole im Alltag. Aufgrund der polaren und der unpolaren Molekülbereiche haben Alkanole besondere Eigenschaften, die sie für viele Anwendungen und Produkte unseres Alltags interessant machen. So werden Ethanol und die beiden isomeren Propanole aufgrund ihrer Eigenschaft, hydrophile und hydrophobe Stoffe zu lösen, kosmetischen Produkten als Lösemittel und **Lösungsvermittler** (Emulgatoren) zugesetzt. Beispielsweise enthalten Parfüme Ethanol, damit sich die hydrophoben Duftstoffe mit dem zugegebenen Wasser vermischen und die Bestandteile sich nicht entmischen. Auf der Haut verdunstet Ethanol schnell und setzt dabei die Duftstoffe frei.

Kurzkettige Alkanole wirken antibakteriell und dadurch desinfizierend. Cremes und Lotionen bleiben durch Alkanole länger haltbar und Handdesinfektionsmittel in der Medizin töten Bakterien ab. In Gesichts- und Rasierwässern reinigen Alkanole die Haut und verhindern Entzündungen. In Anti-Pickel-Stiften sorgen sie dafür, dass Hautunreinheiten schneller heilen. Auch in Deodorants halten Alkanole die Anzahl der Bakterien im Schweiß niedrig.

Die Stoffeigenschaften der Alkanole werden durch die polare Hydroxy-Gruppe und den unpolaren Alkyl-Rest bestimmt. Kurzkettige Alkanole sind hydrophil und lösen sich in Wasser. Ethanol und die höheren Alkanole lösen sich auch in Alkanen.

1 Erklären Sie, warum das Ethanol-Molekül ein Dipol ist.

2 a) Beschreiben Sie Abb. 1 (Partner A) und Abb. 2 (Partner B) mit eigenen Worten und fassen Sie die Kernaussagen beider Diagramme zusammen.
b) Erklären Sie die Beobachtungen. Gehen Sie dabei auf die zwischenmolekularen Wechselwirkungen ein. Informieren Sie sich dazu auch auf Seite 41 über Wasserstoffbrücken.
c) Gemeinsame Aufgabe: Skizzieren Sie anhand von Strukturformeln, wie Sie sich die Mischbarkeit von Ethanol und Wasser sowie die von Heptan-1-ol und *n*-Heptan erklären lässt.
d) Gemeinsame Aufgabe: Begründen Sie, warum mit zunehmender Kettenlänge die Differenz zwischen den Siedetemperaturen der Alkane und der Alkanole abnimmt (Abb. 1).

3 Fettalkohole wie Hexadecan-1-ol sind langkettige Alkanole, die als Emulgatoren in Cremes eingesetzt werden. Erklären Sie die Verwendung an der Molekülstruktur. Erstellen Sie eine ladungscodierte Elektronendichteoberfläche des Moleküls.

4 Die nachfolgende Abbildung zeigt die Ergebnisse eines Experiments, bei dem die Löslichkeit von Propan-1-ol, Butan-1-ol, Pentan-1-ol und Hexan-1-ol untersucht werden soll.
a) Beschreiben Sie die experimentelle Vorgehensweise, um die Ergebnisse zu erhalten.
b) Beschreiben und erklären Sie die Versuchsergebnisse. Begründen Sie Ihre Antwort anhand von Strukturformeln.
c) Begründen Sie, wie sich eine Mischung von 10 ml *n*-Heptan und 2 ml Ethanol (Partner A) und eine Mischung aus 10 ml *n*-Heptan und 2 ml Wasser (Partner B) verhalten würde.

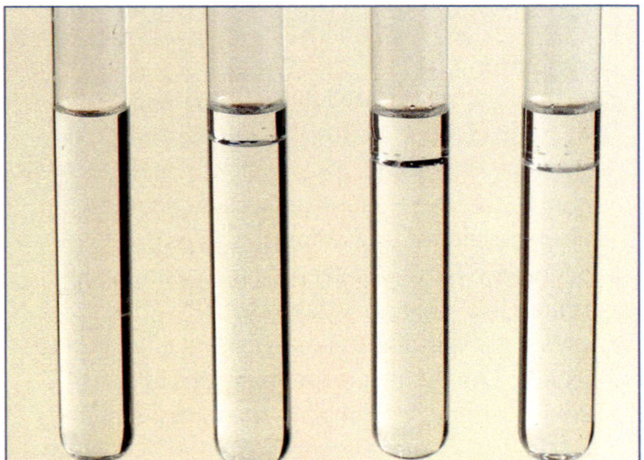

10 ml Wasser + 2 ml Propan-1-ol	10 ml Wasser + 2 ml Butan-1-ol	10 ml Wasser + 2 ml Pentan-1-ol	10 ml Wasser + 2 ml Hexan-1-ol

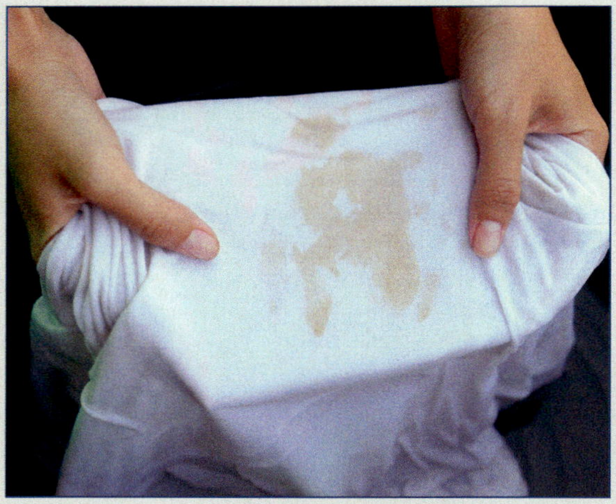

1 *Fettflecken auf der Kleidung sind ein absolutes Ärgernis.*

Das richtige Fleckenmittel ist entscheidend für die Fleckentfernung. Fettige Essensreste, salzige Schweißränder oder Farbflecken von Früchten und Gras benötigen ganz unterschiedliche Lösemittel. Erfahren Sie mehr über die Eignung von Lösemitteln.

Versuch 1: Für jeden Fleck das richtige Lösemittel

Materialien: 12 Reagenzgläser, Reagenzglasständer, Gummistopfen, Filterpapier, Schere, Spatel, Pipette; Brennspiritus (**2, 7**), Waschbenzin (**2, 7, 8, 9**), Natriumchlorid, demineralisiertes Wasser, Grashalme oder grüne Blätter, farbiges Kerzenwachs, blauer Filzschreiber (permanent)

Durchführung:

1. Reiben Sie mit dem Kerzenwachs und den Grashalmen oder den Blättern so auf dem Filterpapier, dass ein 2 cm großer Fleck entsteht. Malen Sie mit dem Filzschreiber einen entsprechend großen Fleck auf ein weiteres Filterpapier.
2. Schneiden Sie die Flecken grob aus. Die 3 Papiere sollten in ein Reagenzglas passen.
3. Geben Sie in drei Reagenzgläser mit einer Pipette jeweils 2 ml Brennspiritus und fügen Sie jeweils ein verschmutztes Filterpapier zu, so dass der Fleck vollständig mit dem Lösemittel benetzt ist.
4. Verschließen Sie die Reagenzgläser mit den Gummistopfen und schütteln Sie vorsichtig.
5. Wiederholen Sie den Versuch mit Waschbenzin und Wasser anstelle von Brennspiritus (**B3**).
6. Geben Sie mit dem Spatel jeweils einige Salzkristalle in drei Reagenzgläser.
7. Fügen Sie zum ersten Reagenzglas mit der Pipette 2 ml Brennspiritus, zum zweiten 2 ml Waschbenzin und zum dritten 2 ml Wasser hinzu.
8. Verschließen Sie die Reagenzgläser mit einem Stopfen und schütteln Sie kurz.

Aufgaben:

a) Notieren Sie Ihre Beobachtungen in einer Tabelle.
b) Beurteilen Sie, welches Lösemittel für welchen Fleck am besten geeignet ist.
c) Der grüne Farbstoff des Grases ist Chlorophyll. Stellen eine begründete Hypothese darüber auf, ob der Stoff eher hydrophil oder hydrophob ist.
d) Erklären Sie am Beispiel der Fleckentfernung den Merksatz: Ähnliches löst sich in Ähnlichem.

Hinweis: Hauptbestandteil von Waschbenzin ist *n*-Heptan, von Brennspiritus Ethanol.

Versuch 2: Herstellung einer Fleckenpaste

Materialien: Porzellanschale, farbiges Papier, Papiertaschentuch, Glasstab, Spatel, Handbürste; Speisestärke, Waschbenzin (**2, 7, 8, 9**), Speiseöl

Durchführung:

1. Legen Sie ein farbiges Papier auf ein saugfähiges Papiertaschentuch und tropfen Sie mit dem Glasstab zwei Tropfen Speiseöl in einigem Abstand voneinander auf das farbige Papier. Das Öl muss von dem Papier aufgenommen werden.
2. Verrühren Sie in der Porzellanschale eine Spatelspitze Speisestärke mit etwas Waschbenzin, bis eine streichfähige Paste entsteht.
3. Tragen Sie die Paste auf einen der Fettflecke auf.
4. Klopfen oder bürsten Sie nach eingen Minuten die getrocknete Fleckenpaste ab.
5. Vergleichen Sie mit dem unbehandelten Fettfleck.

Aufgaben:

a) Notieren Sie Ihre Beobachtungen.
b) Vergleichen Sie Ihr Vorgehen mit der recherchierten Gebrauchsanweisung einer Fleckenpaste.
c) Erläutern Sie die Wirkung des Waschbenzins und der Speisestärke.
Hinweis: Nehmen Sie als Hauptbestandteil von Waschbenzin *n*-Heptan an.

Verdünnung

enthält Xylol, Ethylbenzol, Essigsäurebutylester, Propanon

Gefahr

Gefahrenhinweise

H225 Flüssigkeit und Dampf leicht entzündbar.

H304 Kann bei Verschlucken und Eindringen in die Atemwege tödlich sein.

H315 Verursacht Hautreizungen.

H319 Verursacht schwere Augenreizung.

H332 Gesundheitsschädlich bei Einatmen.

H336 Kann Schläfrigkeit und Benommenheit verursachen.

H373 Kann die Organe schädigen bei längerer oder wiederholter Exposition.

H412 Schädlich für Wasserorganismen, mit langfristiger Wirkung.

Sicherheitshinweise

P210: Von Hitze, heißen Oberflächen, Funken, offenen Flammen sowie anderen Zündquellenarten fernhalten. Nicht rauchen.

P260: Staub/Rauch/Gas/Nebel/Dampf/Aerosol nicht einatmen.

P301+P310: BEI VERSCHLUCKEN: Sofort GIFTINFORMATIONSZENTRUM/Arzt anrufen.

P331: KEIN Erbrechen herbeiführen.

P370+P378: Bei Brand: Sand, Kohlenstoffdioxid oder Pulverlöschmittel zum Löschen verwenden.

P403+P233: An einem gut belüfteten Ort aufbewahren. Behälter dicht verschlossen halten.

P403+P235: An einem gut belüfteten Ort aufbewahren. Kühl halten.

2 *Etikettangaben zu einer Verdünnung für Lacke*

Nicht nur mit Hand- und Elektrowerkzeugen kann man sich im Haushalt verletzen und körperlich schädigen. Auch Farben und Lacke können gefährlich sein. Viele von ihnen enthalten Gefahrstoffe. Werden sie nicht korrekt gelagert und angewendet, geht von ihnen ein Gesundheitsrisiko aus.

Aber wie lässt sich erkennen, ob Farben oder Lacke gefährlich sein können? Lesen Sie dazu Informationstext 1 und bearbeiten Sie dann die Aufgaben.

Informationstext 1

Farben und Lacke sind lösemittelhaltige Produkte. Sie enthalten Stoffe wie Aceton, Benzin oder verschiedene Alkohole. Aus unverschlossenen Gefäßen verdampfen Lösemittel schnell in die Umgebungsluft. Entsprechend wichtig ist das gute Durchlüften des Arbeitsplatzes. In engen und wenig belüfteten Räumen kann es schnell zu Schwindelgefühl, Kopfschmerzen oder Übelkeit kommen. Bei dauerhafter Belastung sind auch Nervenschädigungen oder ein erhöhtes Krebsrisiko möglich.

Lösemittel werden nicht nur über die Atemwege in den Körper aufgenommen. Auch die Haut ist durchlässig. Neben Atemschutzmaßnahmen sind daher oft auch Schutzhandschuhe und Augenschutz nötig.

a) Eine Verdünnung ist ein Lösemittelgemisch zum Reinigen von Farb- und Lackrückständen oder zum Verdünnen der Stoffe selbst. Geben Sie an, wie Sie Lackflecken auf dem Fußboden eines Kellerraums mit der in Abb. 2 beschriebenen Verdünnung entfernen würden.

b) Begründen Sie die Sicherheitshinweise in Abb. 2 mit den Eigenschaften der Bestandteile.

c) Beschreiben Sie, wie Sie Reste der Verdünnung von Abb. 2 entsorgen würden. Recherchieren Sie gegebenenfalls die rechtlichen Vorgaben.

d) Gefährliche Lösemittel gibt es nicht nur beim Handwerken. Auch Haushaltsreiniger sollten mit Vorsicht benutzt werden. Recherchieren Sie flüssige Haushaltsreiniger. Geben Sie enthaltene Lösemittel und notwendige Schutzmaßnahmen an.

e) Viele Reiniger werden in Sprühflaschen angeboten. Bewerten Sie dies aus Sicht eines sicheren Umgangs mit dem Reiniger.

f) Im Zuge der Corona-Pandemie hat der Einsatz von Handdesinfektionsmitteln stark zugenommen. Recherchieren Sie die Inhaltsstoffe sowie die Gefahren- und Sicherheitshinweise der Mittel.

g) Erklären Sie, warum nach häufigem Desinfizieren der Hände eine fettende Handcreme empfohlen wird.

1.8 Vom Alkohol zum Aldehyd – Synthese von Aromastoffen

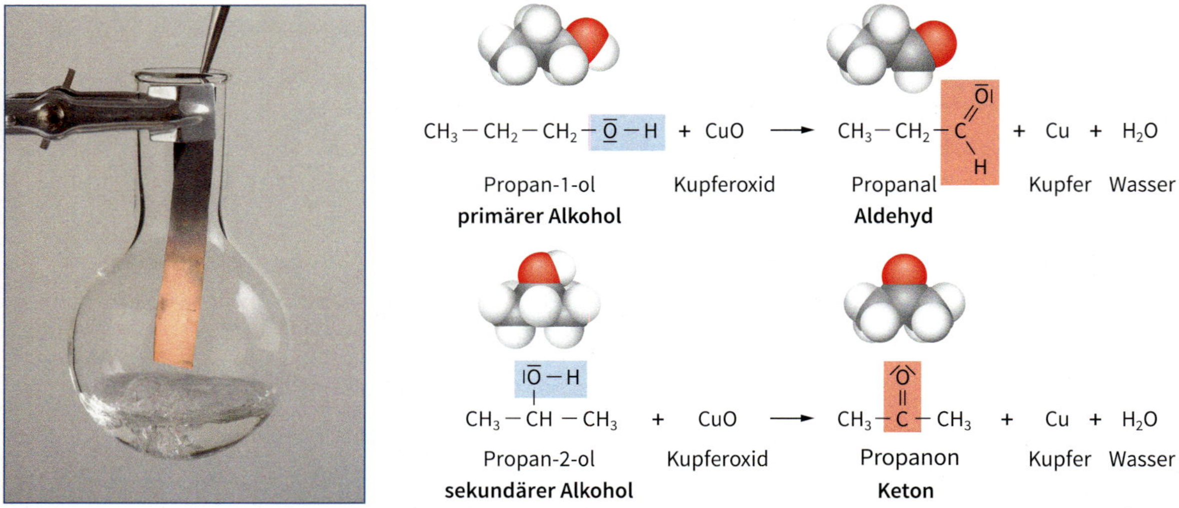

1 *Oxidation von Propanolen mit Kupfer(II)-oxid*

Ausgehend von Alkoholen wurden viele Synthesen und Rezepturen entwickelt, um künstliche Aromastoffe herzustellen. Sie ergänzen die Nachfrage nach natürlichen Aromastoffen, die nicht immer in ausreichender und preisgünstiger Menge zur Verfügung stehen. Das künstliche Erdbeeraroma ist ein fein abgestimmtes Gemisch von etwa 50 Aromastoffen. Für viele Verbraucher schmeckt es ähnlich wie das natürliche Gemisch aus fast 500 Verbindungen. Zu den wichtigen Aromastoffen im Erdbeeraroma gehören **Aldehyde.** Die Moleküle von Aldehyden und Alkoholen mit gleich langer C-Kette unterscheiden sich nur wenig. Das Alkohol-Molekül weist lediglich zwei weitere H-Atome auf. Diese Ähnlichkeit macht man sich bei der Synthese zunutze. Als Ausgangsstoffe für die Synthese von Aldehyden setzt man daher häufig die entsprechenden Alkohole ein.

Oxidation von Alkoholen. Erhitzt man ein Kupferblech bis zur Bildung von schwarzem Kupfer(I)-oxid und taucht es dann in Propan-1-ol, so wird das Blech rot glänzend. Es hat sich wieder metallisches Kupfer gebildet. Gleichzeitig entsteht Propanal als leicht flüchtiges Reaktionsprodukt, das sich durch einen süßlichen Geruch bemerkbar macht. Da das Kupfer(II)-oxid zu Kupfer reduziert wurde, handelt es sich bei der Bildung von Propanal aus Propan-1-ol um eine Oxidation (Abb. 1).

Aus primären Alkoholen entstehen bei der Oxidation Aldehyde. Sekundäre Alkohole werden unter den gleichen Bedingungen zu **Ketonen** oxidiert. Durch die Oxidation von Propan-2-ol erhält man Propanon. Tertiäre Alkohole können unter diesen Bedingungen nicht oxidiert werden. Ihnen fehlt am tertiären C-Atom ein H-Atom, das bei der Reaktion zur Ausbildung der C=O-Doppelbindung abgespalten werden kann.

Carbonyl-Gruppe. Ein gemeinsames Merkmal in der Molekülstruktur von Aldehyden und Ketonen ist die Carbonyl-Gruppe oder CO-Gruppe. Sie kann an verschiedenen Stellen in die Kohlenstoffkette organischer Moleküle integriert sein. Bei Aldehyd-Molekülen befindet sich die Carbonyl-Gruppe am Anfang der C-Kette und ist mit einem H-Atom verbunden (Aldehyd-Gruppe). Bei Keton-Molekülen ist das C-Atom der Carbonyl-Gruppe von zwei weiteren C-Atomen umgeben (Keto-Gruppe).

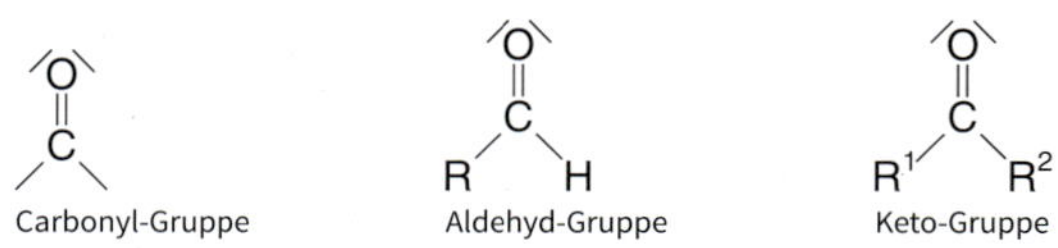

Bei der systematischen Benennung werden Aldehyde durch die Endsilbe **-al** und Ketone durch die Endsilbe **-on** gekennzeichnet. Aldehyde und Ketone, die sich formal von Alkanen ableiten lassen, nennt man daher auch **Alkanale** beziehungsweise **Alkanone.**

Eigenschaften. Aufgrund der Polarität der CO-Gruppe sind die zwischenmolekularen Wechselwirkungen stärker als bei Alkan-Molekülen. Die Siedetemperaturen der Aldehyde und Ketone liegen etwa um 50 °C höher als bei Alkanen mit ähnlich großen Molekülen. Vergleichbare Alkanole haben aufgrund von Wasserstoffbrücken zwischen den Molekülen noch höhere Siedetemperaturen. Zwischen den Molekülen von Aldehyden oder Ketonen treten keine Wasserstoffbrücken auf. Im Molekül fehlt ein H-Atom mit positiver Partialladung.

Mit H_2O-Molekülen können Carbonyl-Gruppen dagegen Wasserstoffbrücken ausbilden. Sie bilden sich zwischen dem positiv teilgeladenen H-Atom des Wasser-Moleküls und einem freien Elektronenpaar der Carbonyl-Gruppe aus. Kurzkettige Aldehyde und Ketone lösen sich deshalb gut in Wasser. Andererseits mischen sich Aldehyde und Ketone aufgrund der unpolaren Alkyl-Reste in den Molekülen auch gut mit lipophilen Lösemitteln.

Nachweisreaktionen. Mit der **Brady-Probe** ist ein Nachweis von Aldehyden und Ketonen möglich. Das Nachweisreagenz ist eine klare, gelbe Lösung von 2,4-Dinitrophenylhydrazin. Bei der Reaktion entsteht ein gelb-orangefarbender Niederschlag. Aldehyde und Ketone lassen sich mit der Brady-Probe nicht unterscheiden. Möchte man die Unterscheidung von Aldehyden und Ketonen treffen, benötigt man andere Nachweisreaktionen. Im Gegensatz zu Keto-Gruppen können Aldehyd-Gruppen oxidiert werden. Bei der **Fehling-Probe** und der **Tollens-Probe** macht man sich diese reduzierende Wirkung der Aldehyd-Gruppe zunutze. In beiden Fällen werden Metall-Ionen reduziert. Bei der Fehling-Probe werden Cu^{2+}-Ionen zu Cu^{+}-Ionen reduziert, sodass in alkalischer Lösung ein roter Niederschlag von Kupfer(I)-oxid (Cu_2O) entsteht. Bei der Tollens-Probe reagieren Ag^{+}-Ionen zu Ag-Atomen. Auf der Glaswand eines sauberen Reagenzglases bildet sich dabei ein Silberspiegel (Abb. 2).

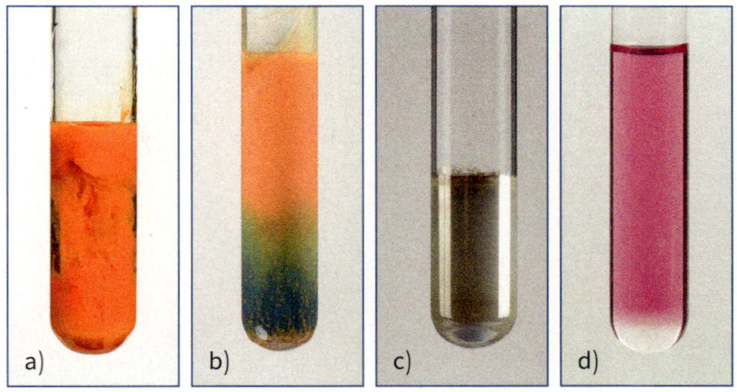

2 *Nachweisreaktionen für Aldehyde: a) Brady-Probe, b) Fehling-Probe, c) Tollens-Probe, d) Schiff-Probe*

Auch die **Schiff-Probe** ist ein spezifischer Nachweis für Aldehyde. Bei der Schiff-Probe reagiert ein farbloses Reagenz mit Aldehyden zu einem roten Farbstoff. Bei Ketonen verlaufen die Aldehyd-Nachweise negativ.

> Primäre Alkohole lassen sich zu Aldehyden oxidieren, sekundäre Alkohole zu Ketonen. Aldehyde wirken reduzierend. Die Moleküle der Aldehyde und Ketone enthalten Carbonyl-Gruppen.

1 a) Schreiben Sie eine Anleitung für die Benennung der angegebenen Verbindung. Orientieren Sie sich dabei an der Methode zur Benennung der Alkane (↗ S. 28) oder Alkanole (↗ S. 40). Stellen Sie sich im Anschluss gegenseitig Ihre Ergebnisse vor.

Partner A:

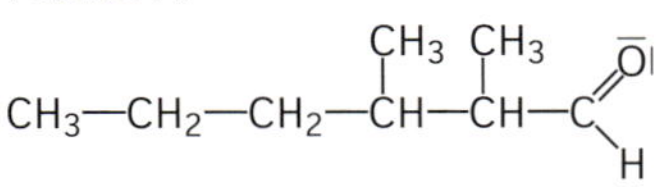

Partner B:

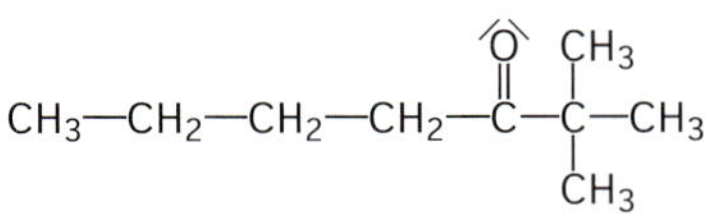

b) Zeichnen Sie die ersten fünf unverzweigten Moleküle der homologen Reihe der Aldehyde und Ketone.

c) Benennen Sie die Verbindungen.

2 Pentan-2-on hat die Formel CH_3–CO–CH_2–CH_2–CH_3.

a) Ermitteln Sie mögliche isomere Pentanone.

b) Zeichnen Sie die Strukturformeln und geben Sie die Namen der Verbindungen an.

3 Zeichnen Sie die Strukturformeln der folgenden Verbindungen und ordnen Sie die Verbindungen der entsprechenden Stoffklasse zu:
Hexan-3-on , Pentanal, 4-Methylpentanal, Methanal, Butan-2-on, 2-Methylbutan-2-ol

4 a) Zeichnen Sie Strukturformeln der Moleküle von Propanon, Propan, Propanal und Propan-1-ol.

b) Recherchieren Sie die Siedetemperaturen der Verbindungen und begründen Sie die Unterschiede.

5 Geben Sie jeweils begründet an, welche der Verbindungen nicht in die Dreiergruppe passt:

A Hexanon, Heptan, Butanon
B Ethanal, Propenal, Butanal
C 2-Methylpentan-2-ol, 3-Methylpentan-2-ol, 4-Methylpentan-2-ol

6 a) Benennen Sie die Verbindungen **A** bis **E**:

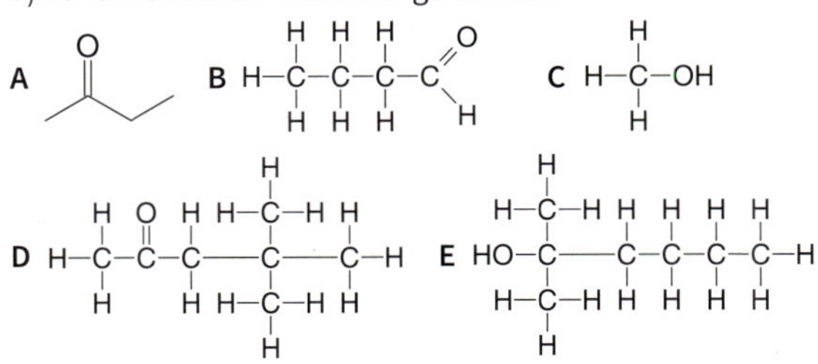

b) Ermitteln Sie die Alkohole, aus denen die Verbindungen **A, B** und **D** hergestellt werden können.

c) Geben Sie, wenn möglich, für die Verbindungen **C** und **E** je ein mögliches Oxidationsprodukt an.

Eigenschaften der Aldehyde und Ketone

Methanal (Formaldehyd)

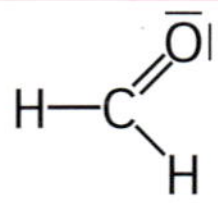

Eigenschaften:
giftiges, farbloses, stechend riechendes Gas, das wahrscheinlich Krebs erzeugen kann; gut wasserlöslich

Verwendung:
Aufbewahrung anatomischer Präparate in 37%iger Lösung (Formalin), Ausgangsstoff für Kunststoffharze, die als Lacke und als Bindemittel für Spanplatten verwendet werden

Ethanal (Acetaldehyd)

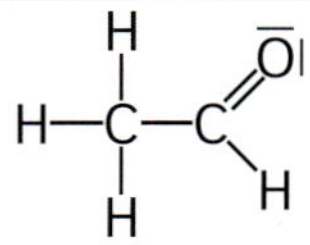

Eigenschaften:
farblose, flüchtige, leicht entzündliche Flüssigkeit, giftig, schädigt vor allem die Leber, vermutlich krebserzeugend; gut löslich in Wasser und Alkanen

Vorkommen/Verwendung:
Zwischenprodukt im Zellstoffwechsel (Abbau von Ethanol zu Ethanal in der Leber des Menschen) Ausgangsstoff für die industrielle Herstellung von Essigsäure

Propanon (Aceton)

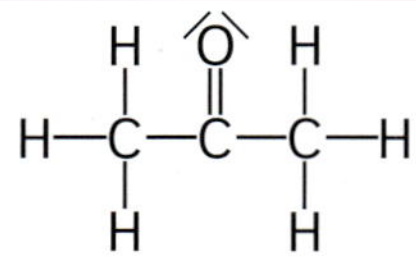

Eigenschaften:
farblose, flüchtige, leicht entzündliche Flüssigkeit, die bei 56 °C siedet. Gut löslich in Wasser und Alkanen

Verwendung:
universelles Lösemittel für hydrophile und besonders für hydrophobe Stoffe wie Lacke und Klebstoffe

1 *Technisch wichtige Aldehyde und Ketone*

Viele pflanzliche Aromastoffe gehören zur Stoffklasse der Aldehyde oder Ketone. Beispiele sind das Vanillin der Gewürzvanille oder Lockstoffe für Insekten. Auch in der Technik haben beide Stoffklassen eine große Bedeutung (Abb. 1). Erfahren Sie mehr darüber.

Informationstext 1
Viele Eigenschaften von Stoffen können bereits aus der Strukturformel ihrer Moleküle abgeleitet werden. Die Art und Stärke der Wechselwirkungen zwischen den Molekülen sind entscheidend für Eigenschaften wie die Siedetemperatur oder die Löslichkeit. Diesen Zusammenhang nennt man in der Chemie das **Struktur-Eigenschafts-Konzept**.

a) Erklären Sie, von welchen Alkoholen sich Butanal und Butanon ableiten lassen.
b) Zeichnen Sie die Strukturformeln der vier Verbindungen von a) und kennzeichnen Sie an den Atomen eventuelle Partialladungen.
c) Erstellen Sie eine Abbildung der ladungscodierten Elektronendichteoberfläche aller vier Moleküle (↗S. 38) von b). Prüfen Sie mithilfe Ihrer Abbildung die Zuordnung der Partialladungen im Molekül.

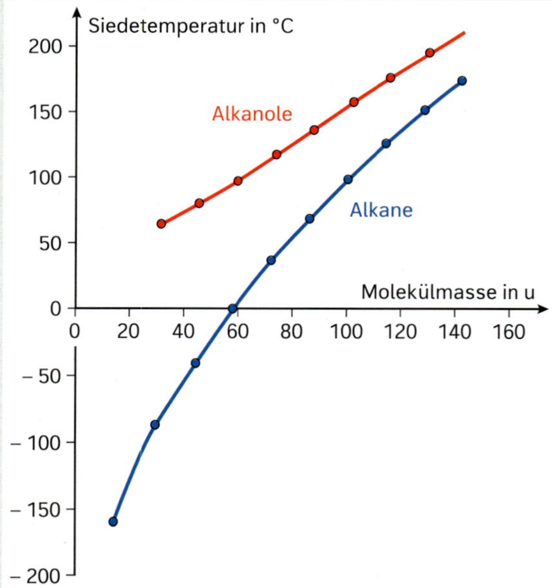

2 *Siedetemperaturen von Alkanen und Alkanolen*

d) Stellen Sie eine Hypothese zur Siedetemperatur auf und ordnen Sie die vier Verbindungen nach ihren Siedetemperaturen. Beginnen Sie mit der Verbindung, die die niedrigste Siedetemperatur hat. Begründen Sie Ihre Zuordnung über Art und Stärke der zwischenmolekularen Wechselwirkungen.

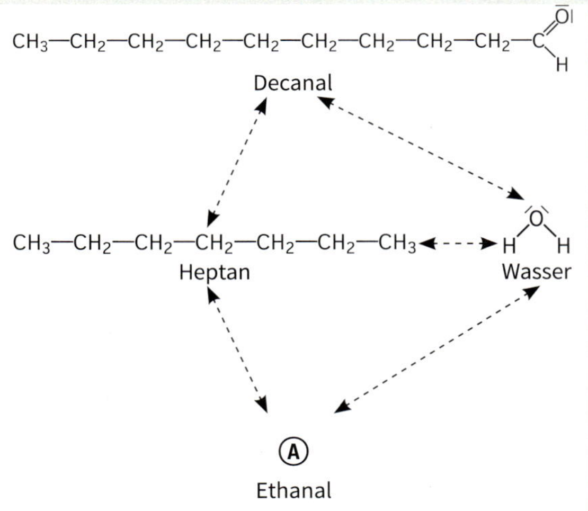

3 *Löslichkeit von Ethanal*

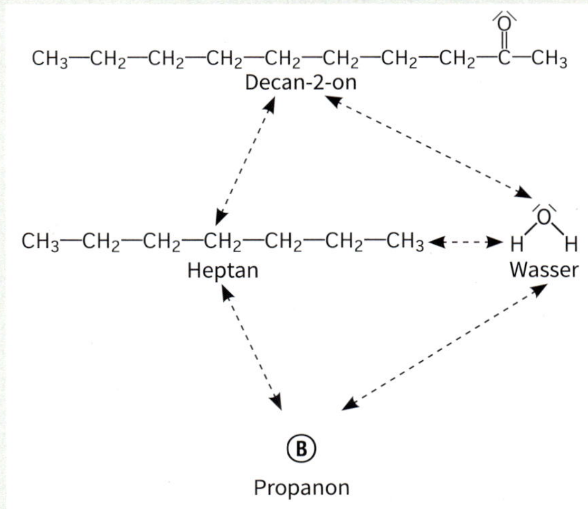

4 *Löslichkeit von Propanon*

e) Übertragen Sie Abb. 2 zu den Siedetemperaturen der Alkanole und Alkane in Ihr Heft. Recherchieren jeweils die Siedetemperaturen und die Molekülmassen der ersten vier Verbindungen der homologen Reihe der Alkanale und der Alkanone. Tragen Sie die Werte in das Diagramm ein.

f) Überprüfen Sie Ihre Hypothese zur Reihung der Siedetemperaturen von d) mit den recherchierten Werten aus e). Diskutieren Sie gemeinsam Ihre Ergebnisse

g) Übertragen Sie die Abbildung 3 (Partner A) oder Abbildung 4 (Partner B) in Ihr Heft. Vervollständigen Sie Ihre Abbildung mithilfe der Angaben in Abbildung 1. Nutzen Sie Abbildung 2 auf S. 43 als Vorbild:
- Zeichnen Sie die Halbstrukturformel für Ethanal Ⓐ oder Propanon Ⓑ in Ihre Abbildung ein.
- Kennzeichnen Sie die Partialladungen im jeweiligen Molekül.
- Geben Sie an, ob die Verbindungen ineinander mischbar oder nicht mischbar sind. Färben Sie die gestrichelten Pfeile rot (nicht mischbar) oder schwarz (mischbar).
- Kontrollieren Sie sich im Anschluss gegenseitig und übernehmen Sie die Abbildung Ihres Partners oder Ihrer Partnerin.

h) Stellen Sie eine Hypothese für die Löslichkeit von Butanon und Butanal in Wasser und in Heptan auf. Nennen Sie mögliche Wechselwirkungen zwischen den verschiedenen Molekülen.

i) Überprüfen Sie Ihre Hypothese, indem Sie den folgenden Versuch nach Rücksprache mit der Lehrkraft durchführen.

Versuch:
Löslichkeit der Aldehyde und Ketone

Materialien: Reagenzgläser, Stopfen, Tropfpipetten; Butanal (**2, 7**), Butanon (**2, 7**), *n*-Heptan (**2, 7, 8, 9**), demineralisiertes Wasser

Durchführung:
1. Geben Sie in einem Reagenzglas zu 4 ml Wasser 1 ml Butanal und verschließen Sie das Reagenzglas mit einem Stopfen.
2. Geben Sie 4 ml Heptan unter dem Abzug in ein Reagenzglas und fügen Sie 1 ml Butanal hinzu. Verschließen Sie das Reagenzglas mit einem Stopfen.
3. Wiederholen Sie die Versuche mit Butanon.

Aufgaben:
a) Notieren Sie Ihre Beobachtungen.
b) Werten Sie Ihre Beobachtungen aus.

j) Nagellack soll von einem Fingernagel entfernt werden. Beurteilen Sie mithilfe der Angaben von Abb. 1 und des Ausschnitts aus der Strukturformel des Lacks, ob Methanal, Ethanal oder Propanon geeignete Lösemittel dafür sind.

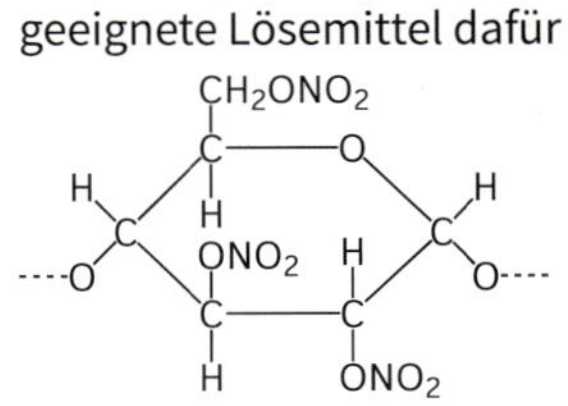

1.9 Redoxreaktionen und Oxidationszahlen

Im Laufe der Zeit wurden unterschiedliche Definitionen für die Begriffe *Oxidation* und *Reduktion* entwickelt. Heute versteht man unter einer Oxidation die *Abgabe von Elektronen*, unter einer Reduktion die *Aufnahme von Elektronen*. Das Teilchen, das Elektronen abgibt, ist dabei der *Elektronendonator*, das Elektronen aufnehmende Teilchen der *Elektronenakzeptor*. Redoxreaktionen sind also *Donator-Akzeptor-Reaktionen*.

Oxidationszahl. Bei der Reaktion von Propan-1-ol zu Propanal bildet sich metallisches Kupfer (↗ S. 46). Die Cu^{2+}-Ionen im schwarzen Kupfer(II)-oxid sind dabei zu Cu-Atomen reduziert worden. Die Reduktion der Cu^{2+}-Ionen lässt sich einfach durch eine Teilgleichung beschreiben:

$$Cu^{2+} + 2\,e^- \dashrightarrow Cu$$

Die Oxidation des Propan-1-ols lässt sich jedoch nicht ohne weiteres in einer Gleichung erfassen. Es ist nicht zu erkennen, wo Elektronen übertragen wurden, da Propan-1-ol und Propanal aus Molekülen aufgebaut sind. Um auch solche Reaktionen als Redoxreaktionen beschreiben zu können, hat man als Hilfsmittel die *Oxidationszahl* eingeführt.

Ermittlung von Oxidationszahlen. Die Oxidationszahl eines Atoms ist in einem Molekül eine gedachte und damit *formale Ladungszahl*. Wäre das Molekül aus Ionen aufgebaut, dann entspräche die Oxidationszahl der Ionenladung der einzelnen Atome. Um Oxidationszahlen aufzustellen, ordnet man in den Molekülen die Bindungselektronen jeweils dem elektronegativeren Bindungspartner zu. Die Oxidationszahlen werden als römische Ziffern angegeben und über die Elementsymbole der Atome geschrieben. Negative Oxidationszahlen erhalten ein Minuszeichen. Bei positiven Oxidationszahlen lässt man das Pluszeichen meist weg.

Oxidationszahlen lassen sich vielfach mithilfe der nebenstehenden Regeln ermitteln. Im HCl-Molekül erhält das H-Atom so die Oxidationszahl I. Es hat formal ein Elektron abgegeben. Das Cl-Atom hat formal ein Elektron aufgenommen. Es erhält die Oxidationszahl –I. Die Summe der Oxidationszahlen ist null.

$$\overset{-I}{|\underline{\overline{Cl}}}\!-\!\overset{I}{H}$$

Oxidationszahlen in Molekülen. Anders als beim einatomigen Cu^{2+}-Ion oder dem kleinen HCl-Molekül sind die Oxidationszahlen im Propan-1-ol-Molekül nicht so einfach erkennbar. Eine Methode zur Bestimmung von Oxidationszahlen in größeren Molekülen ist das Ausklammern der Bindungselektronen. Dazu muss die Strukturformel des Moleküls bekannt sein.

Bestimmung von Oxidationszahlen

1. Bindungselektronen zwischen *gleichartigen Atomen* werden auf beide Atome aufgeteilt. Die Atome elementarer Stoffe haben daher die Oxidationszahl Null. Eine Oxidationszahl gilt immer für *alle* Atome, über denen sie steht.
2. In *Verbindungen* ist die Oxidationszahl von Metallen immer positiv. Bei Alkalimetallen ist sie immer I, bei Erdalkalimetallen immer II. Wasserstoff: immer I (außer in Metallhydriden –I), Sauerstoff: immer –II (außer in Peroxiden –I)
3. In einer *polaren Elektronenpaarbindung* werden die Bindungselektronen jeweils ganz dem elektronegativeren Atom zugeordnet.
4. In *neutralen Teilchen* ist die Summe der Oxidationszahlen aller Atome Null.
5. In *Ionen* entspricht die Summe der Oxidationszahlen aller Atome der Ionenladung.

Im Propan-1-ol-Molekül geht das O-Atom zwei Einfachbindungen ein, eine zum H-Atom und eine zum C-Atom. In beiden Fällen ist das O-Atom der elektronegativere Bindungspartner. Die bindenden Elektronenpaare werden daher dem O-Atom zugerechnet. Das O-Atom erhält in diesem Fall acht Außenelektronen. Dies sind somit zwei Elektronen mehr als beim ungeladene O-Atom, das als Element der VI. Hauptgruppe sechs Außenelektronen aufweist. Damit ist das O-Atom in diesem Beispiel formal zweifach negativ geladen und erhält die Oxidationszahl –II. Das H-Atom hat formal sein Elektron abgegeben, die Oxidationszahl ist dementsprechend I (Abb. 1)

Die drei C-Atome haben jeweils unterschiedliche Bindungspartner und müssen daher bei der Ermittlung der Oxidationszahl getrennt betrachtet werden. Das C1-Atom geht eine Bindung zum O-Atom, zwei zu den H-Atomen und eine zum C2-Atom ein. Bei der C–C-Bindung wird jedem C-Atom ein Elektron zugerechnet. Die Bindungselektronen der C–H-Bindungen werden aufgrund der höheren Elektronegativität dem C-Atom zugeordnet. Das Elektronenpaar der C–O-Bindung fällt dagegen dem O-Atom zu. Das C1-Atom verfügt damit über fünf Außenelektronen. Es ist formal einfach negativ geladen und hat die Oxidationszahl –I.

Das C2-Atom hat die Oxidationszahl –II. Die Bindungselektronen der zwei C–H-Bindungen werden vollständig dem C2-Atom zugerechnet. Jeweils ein Bindungselekt-

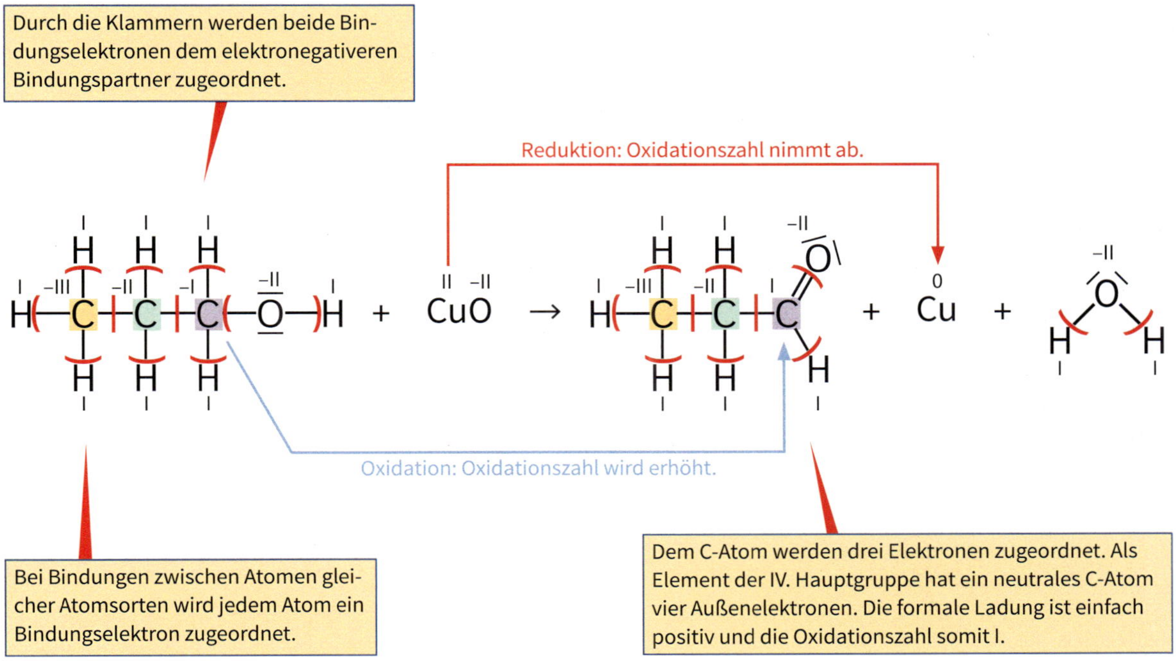

1 *Die Oxidationszahlen zeigen Oxidation und Reduktion an.*

ron der beiden C–C-Bindung zum C1-Atom und zum C3-Atom werden auch dem C2-Atom zugeteilt. Entsprechend hat das C2-Atom formal sechs Außenelektronen und wäre zweifach negativ geladen.

Das C3-Atom bekommt nach gleicher Verfahrensweise die sechs Elektronen der drei C–H-Bindungen und ein Elektron aus der C–C-Bindung zum C2-Atom zugeordnet. Es ergeben sich formal sieben Außenelektronen und die Oxidationszahl –III. Mit der Methode lassen sich auch die Oxidationszahlen im Propanal-Molekül bestimmen. Doppelbindungen werden wie Einfachbindungen dem elektronegativeren Bindungspartner zugeordnet.

Redoxreaktionen. Mit der Oxidationszahl lassen sich Redoxreaktionen identifizieren und beschreiben. Unter Oxidation versteht man die Teilreaktion einer Redoxreaktion, bei der sich die Oxidationszahl *erhöht*. Dabei gibt ein Atom tatsächlich oder formal Elektronen ab. Die Teilreaktion, bei der die Oxidationszahl *kleiner* wird, ist die Reduktion. Hier nimmt ein Atom tatsächlich oder formal Elektronen auf (Abb. 1).

Die Oxidationszahl gibt die tatsächliche oder formale Ladung eines Atoms in einer Verbindung an.
Eine Erhöhung der Oxidationszahl während einer Reaktion entspricht der Oxidation, eine Verringerung der Reduktion eines Atoms..

1 a) Ermitteln Sie die Oxidationszahlen der Atome in folgenden Molekülen und Ionen. Geben Sie an, welche Regeln Sie dabei angewandt haben:
Partner A: HBr, NO_3^-, NaH, H_2SO_4, $NaHCO_3$
Partner B: Al^{3+}, PbO, $Al_2(SO_4)_3$, H_3PO_4, $KMnO_4$
b) Stellen Sie sich Ihre Ergebnisse gegenseitig vor.

2 Ermitteln Sie die Oxidationszahlen aller C-Atome:

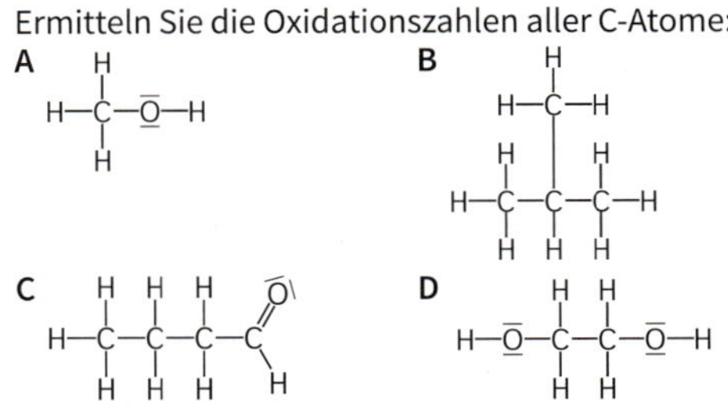

3 Oxidationszahlen werden auch zur eindeutigen Benennung von Verbindungen verwendet. So kann MnO_2 als Mangan(IV)-oxid bezeichnet werden. Die Oxidationszahl des Kations wird in Klammern eingefügt. Geben Sie die Oxidationszahlen für alle Atome der folgenden Oxide an und benennen Sie die Verbindungen: Mn_2O_3, MnO, Mn_2O_7, CuO, Cu_2O

4 a) Bestimmen Sie die Oxidationszahlen aller Atome für die Oxidation von Propan-2-ol mit Kupfer(II)-oxid durch Ausklammern.
b) Zeichnen Sie wie bei Abb. 1 Pfeile für die Oxidation und Reduktion ein.
c) Kontrollieren Sie Ihre Ergebnisse gegenseitig.

Redoxgleichungen aufstellen

Ein Nachweis für die Aldehyde ist die *Silberspiegelprobe* oder auch *Tollensprobe*. Etwas vereinfacht dargestellt reagieren dabei Ag^+-Ionen mit der funktionellen Gruppe der Aldehyd-Moleküle. Ag^+-Ionen werden zu Ag-Atomen reduziert und die Aldehyd-Moleküle zu Carbonsäure-Molekülen oxidiert.
Möchte man die Redoxgleichung aufstellen, geht man Schritt für Schritt vor. Als erstes bestimmt man die Oxidationszahlen. Daraus lassen sich die Teilgleichungen und die Anzahl der übertragenen Elektronen ableiten. Durch Addition und Multiplikation müssen im Anschluss die Anzahl der übertragenen Elektronen und die Atomanzahlen ausgeglichen werden.

Beobachtung: Bei der positiven Tollensprobe von Ethanal scheidet sich eine silbrig glänzende Schicht an der Innenwand des Gefäßes ab. In der Schicht kann man sich spiegeln. Der Geruch der Lösung verändert sich.

1. Zuordnung von Oxidation und Reduktion

Durch den Vergleich der Oxidationszahlen aller Atome lassen sich auch in einer unvollständigen Reaktionsgleichung die Teilchen ermitteln, die oxidiert oder reduziert werden.

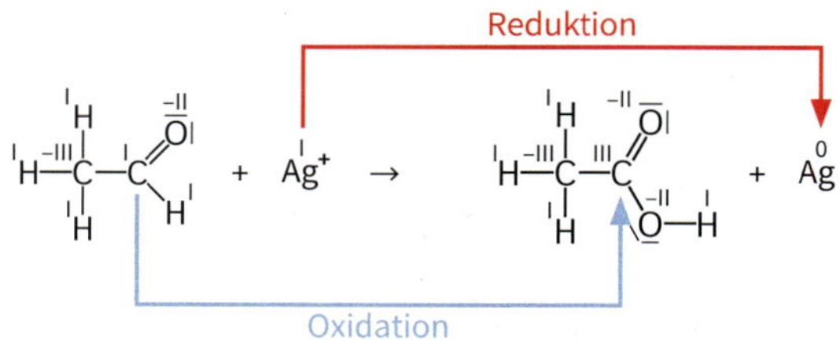

2. Aufstellen der Teilgleichungen

Reduktion: $\overset{I}{Ag^+} + e^- \dashrightarrow \overset{0}{Ag}$

Oxidation: $CH_3\overset{I}{C}HO \dashrightarrow CH_3\overset{III}{C}OOH + 2\,e^-$

Abgegebene Elektronen stehen immer auf der Produktseite, aufgenommene auf der Eduktseite. Die Anzahl der Elektronen wird durch die Änderung der Oxidationszahlen bestimmt.

3. Addition und Multiplikation der Teilgleichungen

In einer Redoxgleichung muss die Anzahl der abgegebenen Elektronen gleich der Anzahl der aufgenommenen Elektronen sein. Das kleinste gemeinsame Vielfache (kgV) der Elektronenanzahl beider Teilgleichungen liefert Faktoren, mit denen die Teilgleichungen multipliziert werden müssen. Die organischen Verbindungen können als Strukturformeln oder auch vereinfacht als Molekülformeln angegeben werden.

Reduktion: $Ag^+ + e^- \dashrightarrow Ag \quad | \cdot 2$

Oxidation: $CH_3CHO \dashrightarrow CH_3COOH + 2\,e^- \quad | \cdot 1$

Addieren: $2\,Ag^+ + \; + CH_3CHO + 2\,e^- \rightarrow 2\,Ag + CH_3COOH + 2\,e^-$

Unter der Berücksichtigung der Faktoren des kgV werden die Teilgleichungen addiert. Die Elektronenanzahl ist gleich und kann gestrichen werden.

4. Ausgleich der Ladungen

In einer alkalischen Lösung erfolgt der Ladungsausgleich mit OH^--Ionen.

$2\,Ag^+ + CH_3CHO + 2\,OH^- \rightarrow 2\,Ag + CH_3COOH$

Auf der Seite der Edukte überwiegt die positive Ladung. Sie muss durch OH^--Ionen ausgeglichen werden.

5. Ausgleich der Atomanzahlen

Für den Ausgleich der Atomanzahlen wird zunächst die möglichst vollständige Reaktionsgleichung notiert. Dann erfolgt der letzte Ausgleich mit Wasser-Molekülen.

$2\,Ag^+ + CH_3CHO + 2\,OH^- \rightarrow 2\,Ag + CH_3COOH + H_2O$

Mithilfe von H_2O-Molekülen wird die Anzahl der O-Atome und H-Atome auf beiden Seiten der Reaktionsgleichung ausgeglichen.

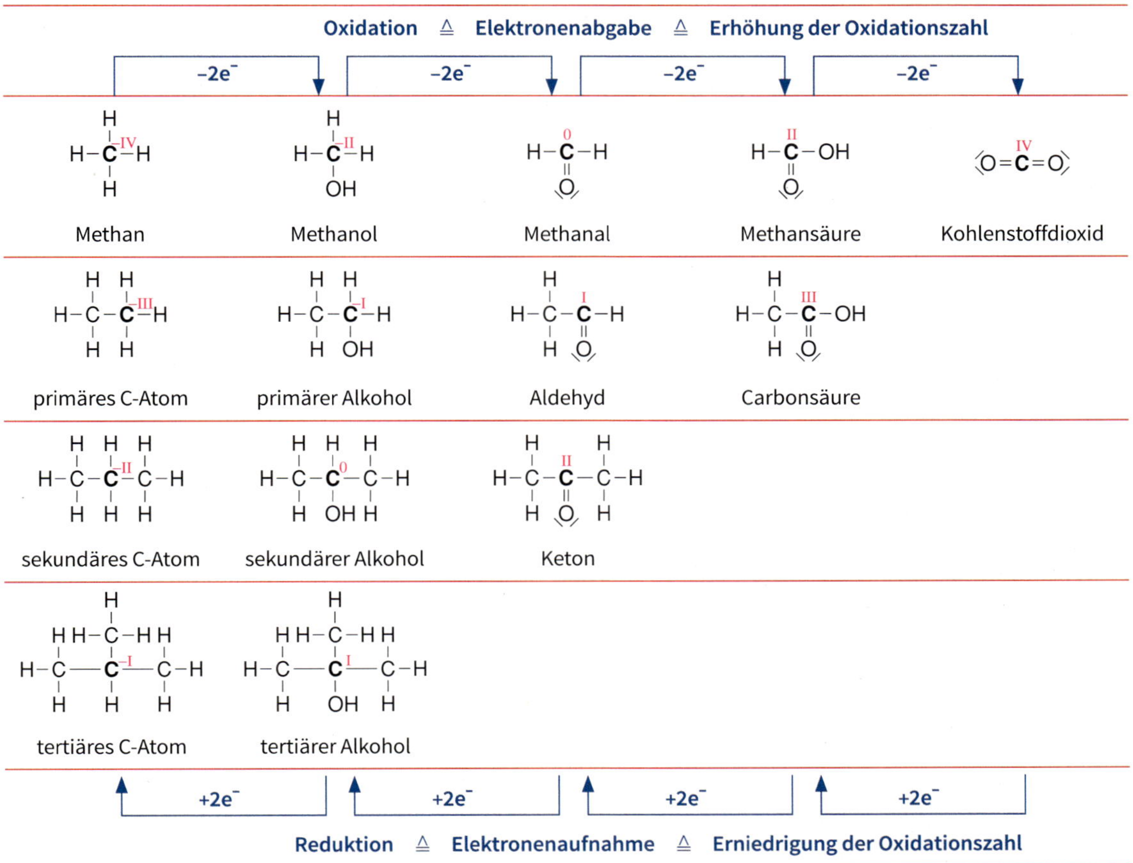

1 a) Beschreiben Sie am Beispiel der Oxidation von Propan-1-ol mit Kupfer(II)-oxid (CuO) die Schrittfolge zum Aufstellen von Redoxgleichungen. Formulieren Sie entsprechende Sprechblasentexte.
b) Stellen Sie im Vergleich zur Oxidation von Ethanal Unterschiede in der Schrittfolge zum Aufstellen der Reaktionsgleichung heraus.

2 Ethanol lässt sich mit Dichromat ($Cr_2O_7^{2-}$) in saurer Lösung zu Ethanal oxidieren. Es bilden sich Chrom(III)-Ionen (Cr^{3+}).
a) Stellen Sie die Teilgleichungen auf.
b) Richten Sie die Redoxgleichung ein. Nutzen Sie zum Ladungsausgleich in saurer Lösung H_3O^+-Ionen.

3 Eine alkalische Kaliumpermanganatlösung ($KMnO_4$) ist violett gefärbt und enthält Permanganat-Ionen (MnO_4^-). Primäre und sekundäre Alkohole reagieren mit dieser alkalischen Lösung zu den entsprechenden Aldehyden oder Ketonen. Bei primären Alkoholen entsteht nach kurzer Zeit der braune Feststoff Mangandioxid (MnO_2), bei sekundären Alkoholen entsteht eine grüne Lösung, die Manganat-Ionen (MnO_4^{2-}) enthält.
Bei tertiären Alkoholen bleibt die alkalische Kaliumpermanganatlösung unverändert violett.
a) Stellen Sie die Teilgleichungen und die Redoxgleichung für die Reaktion von Butan-1-ol und Butan-2-ol mit Kaliumpermanganat auf.
b) Begründen Sie, warum 2-Methylpropan-2-ol nicht mit Kaliumpermanganat reagiert.

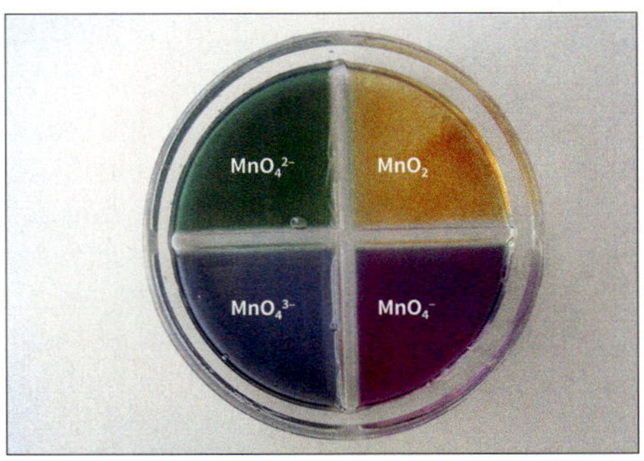

Oxidationsprodukte der Alkohole

Versuch 1:
Nachweis von Wasser

Materialien: Schnappdeckelglas (7,5 cm · 2,7 cm), Tiegelzange, Pinzette, Spritze (10 ml), Gasbrenner, Stoppuhr, Kupfernetzrolle, Watesmo-Papier; Ethanol (**2**, **7**)

Durchführung:
1. Geben Sie mit der Spritze 10 ml Ethanol in das Schnappdeckelglas.
2. Legen Sie zwei gleich lange Streifen des Watesmo-Papiers übereinander und tauchen Sie sie mit der Pinzette in das Ethanol ein.
3. Legen Sie beide Streifen beiseite.
4. Halten Sie die Kupfernetzrolle mit der Tiegelzange in die rauschende Brennerflamme, bis sie mit einer schwarzen Oxidschicht überzogen ist.
5. Tauchen Sie die Kupfernetzrolle sofort in das Ethanol im Schnappdeckelglas und halten Sie mit der Pinzette einen Streifen Watesmo-Papier direkt über die Öffnung des Schnappdeckelglases.

Aufgaben:
a) Notieren Sie Ihre Beobachtungen.
b) Vergleichen Sie die beiden Watesmo-Papiere.
c) Begründen Sie mögliche Unterschiede in der Farbgebung der Watesmo-Papiere.

Versuch 2:
Reaktion von Alkanolen mit Kupfer(II)-oxid

Materialien: Tropfpipetten, Reagenzgläser, Reagenzglasständer, 5 Bechergläser (50 ml), Tiegelzange, Kunststoffspritze mit stumpfer Kanüle, Gasbrenner, Wasserbad (Becherglas mit heißem Wasser auf einer Heizplatte), Kupferdrahtwendel; *Proben*: Propan-1-ol (**2**, **5**, **7**), Propan-2-ol (**2**, **7**), 2-Methylpropan-2-ol (*tert*-Butanol, **2**, **7**), Propanal (**2**, **5**, **7**), Propanon (Aceton, **2**, **7**), Fehling-Lösung I (**9**), Fehling-Lösung II (**5**), Bromthymolblaulösung (**2**, **7**), Schwefelsäure (1 mol · l^{-1}, **5**)

Durchführung:
1. Teilen Sie sich in Gruppen ein. Jede Gruppe sollte zwei der aufgeführten Proben untersuchen.
2. Geben Sie 1 ml einer Probe in ein Reagenzglas.
3. Mischen Sie in einem zweiten Reagenzglas etwa je 1 ml der beiden Fehling-Lösungen. Füllen Sie in ein Becherglas 1 ml Bromthymolblaulösung.
4. Halten Sie die Kupferdrahtwendel mit der Tiegelzange in die Brennerflamme. Erhitzen Sie die Kupferdrahtwendel so, dass sie mit einer schwarzen Oxidschicht überzogen wird. Tauchen Sie sie dann sofort in die Flüssigkeit im ersten Reagenzglas. *Wichtig:* Die Kupferdrahtwendel muss noch heiß sein. Wiederholen Sie diesen Vorgang mindestens drei Mal.
5. Entnehmen Sie mit der Kunststoffspritze Gas aus dem Gasraum über der Flüssigkeit und drücken Sie das Gas in die Flüssigkeiten im Becherglas sowie im zweiten Reagenzglas. Erwärmen Sie das Reagenzglas im siedenden Wasser. Säuern Sie das Reaktionsgemisch im Reagenzglas mit Schwefelsäure an und prüfen Sie den Geruch.
6. Wiederholen Sie den Versuch mit der anderen Probe.

Aufgaben:
a) Notieren Sie Ihre Beobachtungen.
b) Stellen Sie eine Reaktionsgleichungen auf, sofern eine erkennbare Reaktion stattgefunden hat und erläutern Sie Ihre Versuchsbeobachtungen.
c) Tauschen Sie Ihre Ergebnisse mit den anderen Gruppen aus. Leiten Sie aus den Ergebnissen Gesetzmäßigkeiten zur Reaktion von Alkanolen mit Kupfer(II)-oxid ab.

Versuch 3:
Propanal und Propanon im Vergleich

Materialien: Tropfpipetten, Wasserbad (Becherglas mit heißem Wasser auf einer Heizplatte oder erhitzt im Wasserkocher), zwei neue Reagenzgläser, Wasserkocher;
Propanal (**2**, **5**, **7**), Propanon (Aceton, **2**, **7**), Silbernitratlösung (0,05 mol · l^{-1}, **9**), Schwefelsäure (1 mol · l^{-1}, **5**), Ammoniaklösung (2 mol · l^{-1}, **5**), Fehling-Lösung I (**9**), Fehling-Lösung II (**5**)

Durchführung:

Tollens-Probe

1. Geben Sie etwa 1 ml Silbernitratlösung in ein neues Reagenzglas. Tropfen Sie so lange Ammoniaklösung zu, bis sich der Niederschlag gerade wieder auflöst.
2. Geben Sie einige Tropfen Propanal hinzu. Erwärmen Sie langsam im siedenden Wasserbad.
3. Wiederholen Sie das Experiment mit Propanon.

Fehling-Probe

4. Mischen Sie in einem Reagenzglas je 1 ml der beiden Fehling-Lösungen.
5. Geben Sie einige Tropfen Propanal zu und erwärmen Sie im siedenden Wasserbad.
6. Säuern Sie das Reaktionsgemisch mit Schwefelsäure an und prüfen Sie den Geruch.
7. Wiederholen Sie das Experiment mit Propanon.

Aufgaben:

a) Notieren Sie Ihre Beobachtungen und geben Sie an, wofür man die Proben im Labor nutzen kann.

b) Formulieren Sie für die Tollens-Probe mit Propanal eine Reaktionsgleichung.
Hinweis: Propanal-Moleküle (C_2H_5CHO) werden zu Propansäure-Molekülen (C_2H_5COOH) oxidiert. Das Tollens-Reagenz enthält Ag^+-Ionen.

c) Begründen Sie Ihre Beobachtungen bei den Versuchen mit Propanon.

Forschungsauftrag 1:

Who is who?

Materialien: Tropfpipetten, Tiegelzange, Kunststoffspritze, Gasbrenner Wasserbad (Becherglas mit heißem Wasser auf einer Heizplatte oder erhitzt im Wasserkocher), neues Reagenzglas, Wasserkocher, Kupferdrahtwendel; Silbernitratlösung (0,05 mol · $^{-1}$), Schwefelsäure (1 mol · l^{-1}, **5**), Ammoniaklösung (2 mol · l^{-1}, **5**), Fehling-Lösung I (**9**), Fehling-Lösung II (**5**), Cerammoniumreagenz (**3**, **5**, **7**),
Proben: Propan-1-ol (**2**, **5**, **7**), Propan-2-ol (**2**, **7**), 2-Methylpropan-2-ol (*tert*-Butanol, **2**, **7**), Propanal (**2**, **5**, **7**), Propanon (Aceton, **2**, **7**)

Arbeitsauftrag:

Sie sind Chemielaborantin oder Chemielaborant und erhalten im Fachpraxisunterricht eine der oben genannten Proben. Ihre Aufgabe ist es, die Probe mithilfe geeigneter Verfahren zu identifizieren.

Aufgabe:

Planen Sie Ihre Experimente und notieren Sie Ihre Planung. Kontrollieren Sie Ihre Planung mithilfe der Check-Karte. Führen Sie Ihre Experimente nach Rücksprache mit ihrer Lehrkraft und entsprechend der Planung durch. Notieren Sie Ihre Beobachtungen und fertigen Sie ein vollständiges Versuchsprotokoll an.

Versuch 4:

Essig – selbst hergestellt

Materialien: 2 Gläser mit Schraubdeckel (250 ml), Tropfpipette, Universalindikatorpapier; Weißwein (möglichst ungeschwefelt)

Durchführung:

1. Füllen Sie die Gläser jeweils zu einem Drittel mit Wein.
2. Prüfen Sie den Geruch und testen Sie den pH-Wert mit dem Universalindikatorpapier.
3. Verschließen Sie eines der Gläser und stellen Sie beide an einen warmen Ort im Schatten.
4. Schütteln Sie beide Versuchsansätze täglich und prüfen Sie beide Proben auf Geruch und pH-Wert.
5. Setzen Sie den Versuch fort, bis eine deutliche Änderung von Geruch und pH-Wert erkennbar wird.

Aufgaben:

a) Notieren Sie Ihre Versuchsbeobachtungen.

b) Erläutern Sie die Versuchsergebnisse. Recherchieren Sie dazu wie Wein in Essig umgewandelt werden kann. Übertragen Sie Ihre Erkenntnisse auf Ihre eigene Versuchsdurchführung.

c) Recherchieren Sie den Begriff *Essigmutter*.

d) Bewerten Sie den Nutzen einer Essigmutter zur Essigherstellung. Vergleichen Sie dazu einen Ansatz mit Essigmutter mit Ihrem selbst durchgeführten Versuchsansatz.

1.10 Carbonsäuren sind organische Säuren

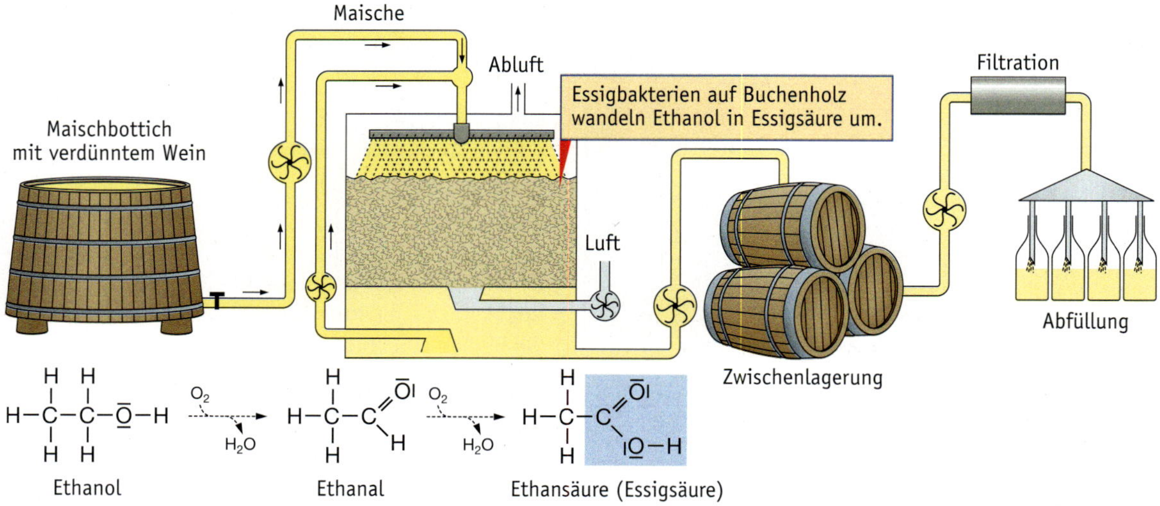

1 *Biotechnische Herstellung von Essig*

Schon im Altertum war bekannt, dass Wein in offenen Gefäßen nach einiger Zeit sauer wird und nach **Essig** riecht. Bei diesem Vorgang entsteht *Essigsäure*.

Herstellung von Essig. Beim Sauerwerden vermehren sich an der Oberfläche des Weines spezielle *Essigbakterien.* Ihre Enzyme katalysieren die Oxidation des im Wein enthaltenen Ethanols. Unter Verbrauch von Sauerstoff bildet sich erst Ethanal und in einem weiteren Oxidationsschritt *Essigsäure* (Ethansäure, Abb. 1). Der gesamte Prozess wird als *Essigsäuregärung* bezeichnet. Industriell nutzt man die Essigsäuregärung, um aus billigen Weinen große Mengen an Essig herzustellen. Der so gewonnene Essig ist etwa 15 %ig. Für Speise- oder Haushaltsessig wird die Lösung auf 5 % Essigsäure verdünnt. Die im Haushalt meist seltener vorkommende *Essigessenz* ist eine 25 %ige Essigsäurelösung. Reine Essigsäure, die auch *Eisessig* genannt wird, lässt sich nur synthetisch aus Ethanal oder durch Reaktion von Methanol mit Kohlenstoffmonooxid erhalten.

Systematischer Name	Trivialname	Formel
Methansäure	Ameisensäure	H–COOH
Ethansäure	Essigsäure	CH_3–COOH
Propansäure	Propionsäure	C_2H_5–COOH
Butansäure	Buttersäure	C_3H_7–COOH
Decansäure	Caprinsäure	C_9H_{19}–COOH
Hexadecansäure	Palmitinsäure	$C_{15}H_{31}$–COOH
Octadecansäure	Stearinsäure	$C_{17}H_{35}$–COOH

2 *Wichtige Alkansäuren*

Alkansäuren. Das Essigsäure-Molekül besitzt als funktionelle Gruppe eine **Carboxy-Gruppe** (COOH-Gruppe). Alle Moleküle mit einer Carboxy-Gruppe gehören zur Stoffklasse der **Carbonsäuren.** Man spricht von *Alkansäuren,* wenn die Carboxy-Gruppe mit einem Alkyl-Rest verknüpft ist. Zur Benennung von Alkansäuren wird dem Stammnamen des Alkans die Endung **-säure** angehängt. Essigsäure wird also systematisch als *Ethansäure* bezeichnet. Essigsäure ist der *Trivialname* der Verbindung und entspricht nicht der IUPAC-Nomenklatur. Viele Trivialnamen entstanden zu einer Zeit, in der es noch keine systematische Benennung gab. Dennoch sind Trivialnamen heute noch gebräuchlich (Abb. 2).

Alkansäuren bilden eine homologe Reihe (Abb. 2). Die einfachste Säure in der homologen Reihe der Alkansäuren ist *Methansäure* (HCOOH). Sie wurde erstmals im 17. Jahrhundert aus Ameisen gewonnen und erhielt so ihren heutigen Trivialnamen *Ameisensäure*. Ameisen, Brennnesseln und Quallen fügen Feinden zur Abwehr kleine Verwundungen zu und injizieren dabei die Säure in die Wunde. Die Folgen: brennender Schmerz und Hautrötung. Ameisensäure ist ätzend, riecht stechend und reizt die Schleimhäute. Sie wird zur Vorbehandlung von Leder und Textilien gebraucht. Im Haushalt ist Ameisensäure neben Essigsäure ein geeignetes Mittel, um Verkalkungen zu entfernen.

Längerkettige Alkansäuren sind in Fetten chemisch an Propan-1,2,3-triol (Glycerin) gebunden. Sie werden daher auch als *Fettsäuren* bezeichnet. Hexadecansäure (Palmitinsäure) und Octadecansäure (Stearinsäure) werden zur Herstellung von Kerzen sowie von kosmetischen und pharmazeutischen Präparaten verwendet (Abb. 2).

Saure Eigenschaften. Betrachtet man die Elektronendichteverteilung im Ethansäure-Molekül, erkennt man, dass die Carboxy-Gruppe stark polar ist (Abb. 3). Aufgrund der hohen Elektronegativität der O-Atome sind die beiden C–O-Bindungen polar. Das O-Atom der Carbonyl-Gruppe verringert die Elektronendichte am C-Atom, wodurch die O–H-Bindung deutlich stärker polar ist als die der Hydroxy-Gruppe bei Alkanol-Molekülen. Daraus folgt, dass das H-Atom der Carboxy-Gruppe als Proton ($H^+(aq)$) abgespalten werden kann. Wässrige Lösungen von Ethansäure und aller wasserlöslichen Carbonsäuren zeigen daher die typischen Eigenschaften einer *sauren Lösung*:

- Sie bewirken einen Farbumschlag des Universalindikators nach rot.
- Sie können durch alkalische Lösungen neutralisiert werden; dabei erhält man eine Salzlösung.
- Sie leiten den elektrischen Strom und enthalten demnach Ionen.
- Sie reagieren mit unedlen Metallen unter Bildung von Wasserstoff.

Die Carboxy-Gruppe fungiert bei der Reaktion mit Wasser-Molekülen als *Protonendonator*. Die Wasser-Moleküle nehmen als Protonenakzeptor jeweils ein Proton auf. Die Säure-Base-Reaktion ist eine *Protonenübertragungsreaktion*. Dabei bilden sich Oxonium-Ionen ($H_3O^+(aq)$) und die Anionen der Carbonsäuren, die **Carboxylat-Ionen** (R–COO⁻). Die Anionen der Alkansäuren heißen **Alkanoate.** Die Säurerest-Ionen der Ethansäure werden oft auch noch mit ihrem Trivialnamen als Acetat-Ionen (CH_3COO^-) bezeichnet.

$$\underset{\text{Ethansäure-Molekül}}{CH_3COOH(aq)} + H_2O(l) \rightleftarrows \underset{\text{Ethanoat-Ion}}{CH_3COO^-(aq)} + \underset{\text{Oxonium-Ion}}{H_3O^+(aq)}$$

Mehrere funktionelle Gruppen. Carbonsäuren, deren Moleküle mehrere Carboxy-Gruppen besitzen, erhalten bei der Benennung eine griechische Zählsilbe (*di, tri, tetra*) vor der Endung -säure. Treten aber verschiedene funktionelle Gruppen in einem Molekül auf, gilt es zu priorisieren. Die funktionelle Gruppe höchster Priorität bestimmt die Stoffklasse und die Endung am Stammnamen. Die funktionellen Gruppen geringerer Priorität erhalten eine Vorsilbe und werden wie die Alkyl-Reste alphabetisch geordnet dem Stammnamen vorangestellt. Die Priorität der funktionellen Gruppen nimmt von den Carbonsäuren zu den Alkanen hin ab (Abb. 4).

Die Carboxy-Gruppe (–COOH) ist die funktionelle Gruppe der Carbonsäure-Moleküle. Sie reagiert als Protonendonator. Die Carboxy-Gruppe hat bei der Benennung eine hohe Priorität.

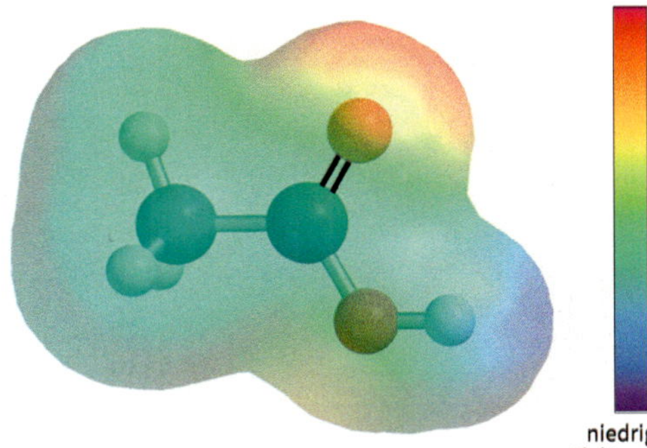

3 *Ladungscodierte Elektronendichteoberfläche im Ethansäure-Molekül*

1 Vergleichen Sie die fachliche Bedeutung der einzelnen Begriffe eines Paares: *Carbonsäure und Alkansäure; Carboxylat und Alkanoat; Ethanoat und Acetat, Essigsäure und Ethansäure*

2 a) Stellen Sie für die Säure-Base-Reaktion von Ethansäure-Molekülen mit Wasser-Molekülen die Reaktionsgleichung in Strukturformeln auf.
b) Begründen Sie mithilfe der Molekülstruktur die Säureeigenschaften der Carboxy-Gruppe (Abb. 3).
c) Vergleichen Sie mithilfe des Donator-Akzeptor-Konzepts die Protonenübertragungsreaktion mit der Elektronenübertragung bei einer Redoxreaktion.

3 a) Geben Sie für die Verbindungen **A** bis **C** den systematischen Namen an (Partner A) oder stellen Sie die Strukturformeln für **D** bis **F** auf (Partner B):

A $HOOC{-}CH_2{-}CH_2{-}COOH$

B
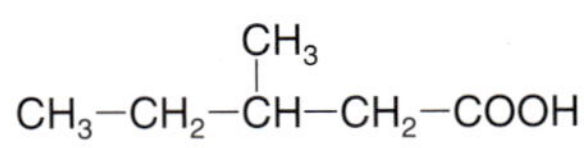

C
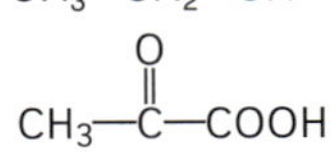

D Hexandisäure
E 2,2-Dimethyloctansäure
F 2-Methyl-6-oxohexansäure

b) Tauschen Sie Ihre Ergebnisse aus und kontrollieren Sie sich gegenseitig.

Stoffklasse		Endung	Vorsilbe
Carbonsäure	↑ Priorität nimmt zu	-säure	Carboxy-
Aldehyd		-al	Oxo-
Keton		-on	Oxo-
Alkohol		-ol	Hydroxy-
Alkan		keine	keine

4 *Priorität der funktionellen Gruppen*

1.11 Struktur und Eigenschaften von Alkansäuren

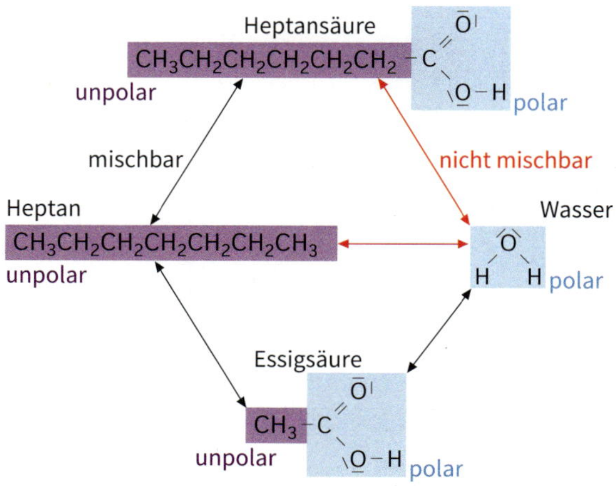

1 *Der Einfluss der Molekülstruktur auf die Löslichkeit*

Stoffeigenschaften wie Löslichkeit oder Schmelz- und Siedetemperaturen hängen von der Molekülstruktur ab. Reine Ethansäure (Eisessig) schmilzt bei 17 °C, Butan (C_4H_{10}) mit Molekülen ähnlicher Molekülmasse schmilzt dagegen bereits bei –138 °C. Allgemein hängt die Schmelztemperatur einer Molekülverbindung von den zwischenmolekularen Wechselwirkungen im Kristall ab. Dabei gelten folgende Regeln: Van-der-Waals-Wechselwirkungen sind schwächer als Wasserstoffbrücken. Mit steigender Kettenlänge eines Alkyl-Rests nimmt aber die Stärke der Van-der-Waals-Wechselwirkungen zu, da die Wahrscheinlichkeit für temporäre Dipole steigt. Strukturuntersuchungen haben ergeben, dass in den Kristallen von Alkansäuren stets **Doppelmoleküle** vorliegen. Zwei Moleküle lagern sich über zwei Wasserstoffbrücken zusammen. Als Ganzes sind die Doppelmoleküle insgesamt eher unpolar.

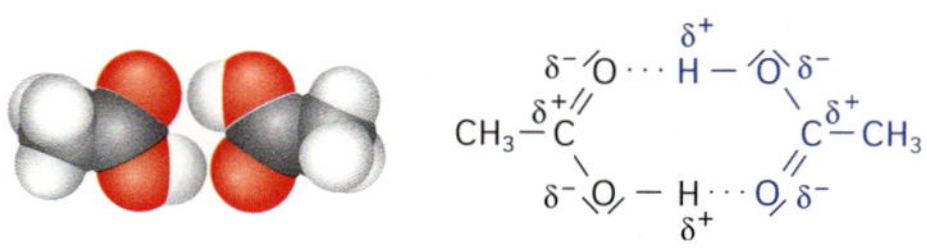

Die Doppelmoleküle in reiner Ethansäure haben also in etwa die doppelte Masse wie die Butan-Moleküle. Die Van-der-Waals-Wechselwirkungen in reiner Ethansäure sind daher stärker als die Van-der-Waals-Wechselwirkungen in Butankristallen. Dies erklärt die höhere Schmelztemperatur der Ethansäure. Auch in der Schmelze liegen Doppelmoleküle vor. Selbst im Dampf über siedender Ethansäure sind sie vorhanden. Vergleicht man die Molekülmassen von Ethansäure-Doppelmolekülen (120 u) mit *n*-Octan-Molekülen (114 u), so lässt sich leicht nachvollziehen, warum die Siedetemperaturen der beiden Verbindungen nahe beieinander liegen. Die Van-der-Waals-Wechselwirkungen sind ähnlich hoch. Ethansäure siedet bei 118 °C und *n*-Octan bei 114 °C.

Löslichkeit. Methansäure, Ethansäure, Propansäure und Butansäure mischen sich in jedem Verhältnis mit Wasser (Abb. 1). Sie sind aufgrund der polaren Carboxy-Gruppe im Molekül hydrophil. Im Prinzip lassen sich beim Mischen verschiedene Vorgänge unterscheiden:

- Wasser-Moleküle bilden mit COOH-Gruppen der Alkansäure-Moleküle Wasserstoffbrücken aus,
- Wasserstoffbrücken zwischen Wasser-Molekülen werden gelöst,
- die Wasserstoffbrücken in den Doppelmolekülen werden gespalten,
- die Säure-Moleküle werden hydratisiert.

Die genannten Alkansäuren lösen sich in Wasser, da sich zwischen den Alkansäure-Molekülen und den Wasser-Molekülen starke Wasserstoffbrücken ausbilden.

Mit steigender Kettenlänge des Alkyl-Rests lösen sich Alkansäuren zunehmend schlechter in Wasser. Bereits Hexansäure ist nahezu unlöslich. Ursache sind die großen unpolaren Alkyl-Reste, deren Einfluss nun überwiegt: Die Wechselwirkung der unpolaren Molekülteile mit Wasser-Molekülen ist nur schwach. Zwischen der Carboxy-Gruppe und den Wasser-Molekülen können sich zwar noch Wasserstoffbrücken ausbilden, diese reichen aber nicht aus, den Einfluss des unpolaren Alkyl-Rests auszugleichen.

Umgekehrt sind Ethansäure und die höheren Alkansäuren in lipophilen Lösemitteln wie *n*-Heptan sehr gut löslich. Zwischen den Doppelmolekülen der Alkansäuren mit ihren unpolaren Alkyl-Resten und den *n*-Heptan-Molekülen wirken Van-der-Waals-Wechselwirkungen (Abb. 1). Die Doppelmoleküle der Methansäure haben keinen Alkyl-Rest, Methansäure ist deshalb kaum in *n*-Heptan löslich.

Die Molekülstrukturen bestimmen die Schmelz- und Siedetemperaturen der Alkansäuren und ihre Löslichkeit in hydrophilen und lipophilen Lösemitteln.

1 Stellen Sie die Zusammenhänge in Abb. 1 mit eigenen Worten begründend dar.

2 Decansäure ist im Gegensatz zu Ethansäure bei Raumtemperatur fest. Erläutern Sie den Unterschied. Zeichnen Sie dazu die Strukturformeln der Moleküle.

3 Erklären Sie die Unterschiede in den Siedetemperaturen folgender Verbindungen mit ähnlich großen Molekülen: Pentan (36 °C), Propanal (48 °C), Propan-1-ol (97 °C), Propansäure (141 °C)

4 Beschreiben Sie, welche Vorgänge beim Lösen von Propansäure in Wasser und in *n*-Heptan ablaufen.

1.12 Chemie angewandt: Organische Säuren in Lebensmitteln

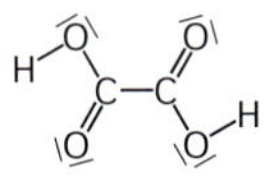

Oxalsäure
(Ethandisäure)

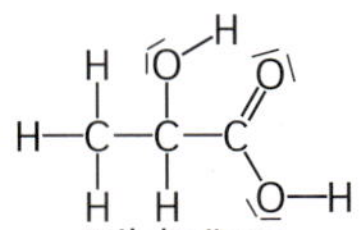

Milchsäure
(2-Hydroxypropansäure)

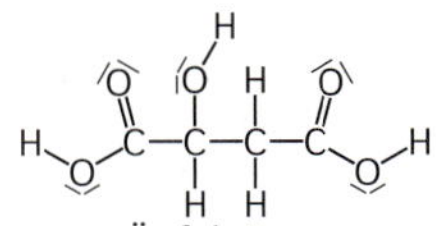

Äpfelsäure
(2-Hydroxybutandisäure)

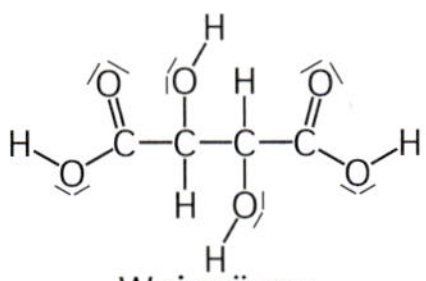

Weinsäure
(2,3-Dihydroxybutandisäure)

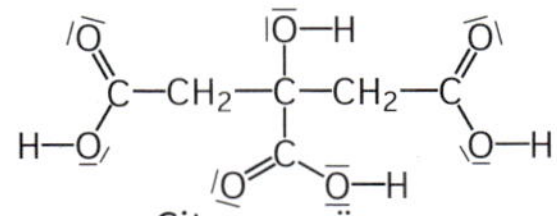

Citronensäure
(2-Hydroxypropan-1,2,3-tricarbonsäure)

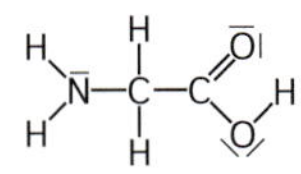

Glycin
(Aminoethansäure)

1 *Carbonsäuren mit mehreren funktionellen Gruppen im Molekül sind Bestandteil vieler Lebensmittel.*

Die Moleküle von Carbonsäuren können neben der COOH-Gruppe weitere funktionelle Gruppen aufweisen. Viele dieser Carbonsäuren kommen im Stoffwechsel unseres Körpers und auch in Lebensmitteln vor (Abb. 1).

Dicarbonsäuren. Carbonsäuren mit zwei oder mehr Carboxy-Gruppen im Molekül sind in der Natur weit verbreitet. Ethandisäure (Oxalsäure) ist die einfachste Dicarbonsäure. Sie ist gut wasserlöslich und reagiert aufgrund der beiden Carboxy-Gruppen stärker sauer als Ethansäure. Oxalsäure bewirkt auch den säuerlichen Geschmack von Rhabarber, Sauerklee und Spinat. Oxalsäure bildet mit Calcium-Ionen das schwerlösliche Salz Calciumoxalat, das bei Menschen, die dazu neigen, zu Nierensteinen führen kann. Der Verzehr von Rhabarber in normalen Mengen ist jedoch nicht problematisch.

Hydroxycarbonsäuren. Viele Carbonsäuren mit einer oder mehreren Hydroxy-Gruppen im Molekül sind Stoffwechselprodukte. So wird 2-Hydroxypropansäure (Milchsäure) beim bakteriellen Abbau von Milchzucker gebildet. Diese Milchsäuregärung ist Grundlage der Herstellung von Sauermilchprodukten, Sauerkraut, Silofutter und Salzgurken. Weinsäure und Äpfelsäure sind in vielen Früchten enthalten. Ein schwerlösliches Salz der Weinsäure, Kaliumhydrogentartrat, setzt sich in Weinfässern als Weinstein ab. Citronensäure kommt zum Beispiel in Zitronen oder Stachelbeeren vor.

Aminosäuren. Carbonsäuren mit einer oder mehreren Amino-Gruppen ($-NH_2$) im Molekül gehören zu den *Aminosäuren.* Alle lebenswichtigen Eiweiß-Moleküle entstehen durch die Verknüpfung vieler Aminosäure-Moleküle zu langen Molekülketten, den *Proteinen.*

Carbonsäuren mit weiteren funktionellen Gruppen im Molekül kommen vielfach im Stoffwechsel unserer Zellen und in Lebensmitteln vor.

1 a) Übernehmen Sie die Strukturformeln und Namen der Carbonsäuren aus Abb. 1 und kennzeichnen Sie die funktionellen Gruppen. Entscheiden Sie, ob es sich um Dicarbonsäuren, Hydroxycarbonsäuren oder Aminosäuren handelt.
b) Die in Abb. 1 genannten Carbonsäuren sind bei Raumtemperatur fest und lösen sich gut in Wasser. Begründen Sie diese Eigenschaften.

2 Die systematische Bezeichnung von Milchsäure ist 2-Hydroxypropansäure. Erläutern Sie die IUPAC-Benennung von Weinsäure und Citronensäure.

3 Lebensmitteln werden gelegentlich weitere Carbonsäuren als Konservierungsmittel oder Antioxidationsmittel zugesetzt. Beispiele sind Benzoesäure, Sorbinsäure oder Ascorbinsäure.
a) Recherchieren Sie die Begriffe *Konservierungsmittel* und *Antioxidationsmittel* und beschreiben Sie die Funktion dieser Lebensmittelzusatzstoffe.
b) Erstellen Sie Steckbriefe zu den genannten Stoffen und recherchieren Sie auch die E-Nummern der Stoffe. E-Nummern werden zur Bezeichnung von Lebensmittelzusatzstoffen vergeben.
c) Führen Sie eine Podiumsdiskussion zum Thema durch (↗S. 60).

4 Ethandisäure ist ein kristalliner Stoff. Bei starkem Erhitzen entstehen Kohlenstoffdioxid und Methansäure, die weiter zu Kohlenstoffmonooxid und Wasser zerfällt.
a) Formulieren Sie die Reaktionsgleichungen.
b) Eine alte Hausregel besagt, dass Spinat nur gekocht gegessen werden sollte. Diskutieren Sie, ob diese Regel sinnvoll ist.

5 Glycin ist eine kristalline Aminosäure. Als Feststoff und in wässriger Lösung liegt Glycin als Zwitterion ($CH_2(NH_3^+)(COO^-)$) vor.
a) Erklären Sie am Beispiel Glycin den Begriff *Aminosäure.*
b) Zeichnen Sie die Struktur des Glycin-Zwitterions und erklären Sie, wie sich das Zwitterion bildet.

Podiumsdiskussion: Aroma- und Konservierungsstoffe

1 *Beispielhafte Beiträge in den Sozialen Medien. Sie tragen immer stärker zur Meinungsbildung bei.*

Sie haben aus den Sozialen Medien (Abb. 1), im Freundeskreis oder aus der Zeitung etwas erfahren und fragen sich, ob es stimmt? Oder Sie möchten wissen, wie etwas wirklich ist oder funktioniert? Dann gibt es einige wichtige Regeln, wie man Informationen und Antworten recherchieren kann.

Vom Allgemeinen zum Speziellen. Verschaffen Sie sich zunächst einen Überblick über das Thema. Notieren Sie Fragen und Themenbereiche, die Sie besonders interessieren. Danach können Sie sehr viel gezielter suchen. Nutzen Sie dazu die Namen, Fachbegriffe oder Literaturhinweise, die Sie bei Ihrer Recherche finden. Passen Sie Ihre Recherche immer wieder an. Aus jeder neuen Information können neue Suchbegriffe abgeleitet werden.

Gute und seriöse Quellen. Eine gute Quelle muss zunächst einmal zum Thema der Recherche passen und wichtige Informationen enthalten. Dabei ist kaum ein Text wirklich objektiv geschrieben. Ein Autor oder eine Autorin sind immer von ihrem Beruf, ihrem Umfeld und gegebenenfalls von bestimmten Interessen geprägt. Deshalb enthalten seriöse Quellen Informationen zum Autor oder der Autorin. Es ist wichtig zu wissen, warum sie den Text geschrieben haben:

- Möchten sie Wissen vermitteln und begründen sie ihre Aussagen ausführlich?
- Möchten sie nur ihre Meinung mitteilen oder sollen Leser und Leserin in eine bestimmte Richtung beeinflusst werden?
- Haben der Autor oder die Autorin selbst alle Fakten nachvollziehbar überprüft oder sind die Aussagen aus anderen Quellen übernommen?
- Sind die verwendeten Quellen durch außenstehende Personen überprüft worden, wie es bei den meisten wissenschaftlichen Veröffentlichungen, Fachbüchern und Schulbüchern üblich ist?
- Wie aktuell sind die Informationen?

Verschiedene Quellen vergleichen. Nutzen Sie verschiedene Quellen. Achten Sie dabei darauf, dass Autorinnen und Autoren verschiedenen Interessensgruppen angehören und das Thema aus unterschiedlichen Blickwinkel betrachtet haben. Werden in den Artikeln trotz verschiedener Blickwinkel ähnliche Aussagen getroffen, können Sie diese meist als gut überprüft annehmen.

Internetquellen. Verschiedene Suchmaschinen führen zu einer anderen Reihung der aufgelisteten Treffer. Wechseln Sie daher die Suchmaschinen, um eine unterschiedliche Auswahl an Treffern zu erhalten. Die Suche ist dann weniger abhängig von den Vorgaben eines Suchmaschinenbetreibers.

a) Recherchieren Sie folgende Optionen für eine Suche im Internet und erstellen Sie jeweils eine Liste oder Beschreibung:
   - verschiedene Suchmaschinen
   - Suchoption für mehrere Begriffe
   - Ausschließen bestimmter Begriffe
   - Suchen eines exakten Begriffs oder Ausdruck
   - Suchen von Begriffen in der URL einer Webseitenadresse
   - Suche nach Veröffentlichungszeitraum
   - Suche nach Bildern und Videos

b) Recherchieren Sie zu Aromastoffen und Konservierungsstoffen in Alltagsprodukten:
   - Nutzungsbeispiele
   - Wirkungsweise
   - künstliche, natürliche und naturidentische Aromastoffe
   - Künstliche und natürliche Konservierungsstoffe
   - gesundheitliche Auswirkungen für Verbraucherinnen und Verbraucher
   - ökonomische Bedeutung für die Industrie

c) Setzen Sie Ihre Recherche selbstständig zu weiteren wichtigen Inhalten fort.

d) Überprüfen Sie die Quellen Ihrer Recherche. Geben Sie, wenn möglich, ein Beispiel für eine seriöse Quelle und eine unseriöse Quelle an. Bewerten Sie Ihre Auswahl gegenseitig.

e) Diskutieren Sie die Quellenbewertung zu zweit und bewerten Sie ihre Zuordnung gegenseitig.

Planungsaspekt	Erläuterung
Zielstellung	Bei einer Podiumsdiskussion erleben alle Teilnehmenden anhand verschiedener Positionen von Fachleuten die Vor- und Nachteile eines Themas, beispielsweise der Einsatz von künstlichen Aromastoffen. Die unterschiedlichen thematischen Zugänge und Argumentationsweisen der Fachleute ermöglichen vielfältige Einblicke in die Thematik und tragen aktiv zur eigenen Meinungsbildung bei.
Rollenplanung	Zwei Moderierende werden bestimmt. Außerdem müssen vielfältige und gegensätzliche Positionen für die Diskussion ausgewählt werden. Die Positionen sollten alle wichtigen Aspekte des Themenbereiches abdecken und werden durch Fachleute in der Diskussion vertreten (Fachleute aus Wissenschaft, Politik, Verbraucher, Wirtschaft, Umweltschutz…).
Zeitplanung	Festlegung einer Zeitplanung, beispielsweise: - 15 Minuten inhaltliche Vorbereitungszeit der Gruppen - 20 Minuten Diskussion - 20 Minuten Auswertung im Plenum
Materialplanung	Namens- und Funktionskarten für alle Fachleute der Podiumsdiskussion, Präsentationsmedien mit Titel der Veranstaltung, Tische und Stühle für das Podium und die Zuhörenden.

2 *Vorbereitung einer Podiumsdiskussion*

Bei einer Podiumsdiskussion (Abb. 1) werden unterschiedliche Sichtweisen zu einem zuvor festgelegten Thema vor Publikum diskutiert. Die Diskussion wird von ein oder zwei Moderierenden geleitet. Fachleute verschiedener Interessengruppen vertreten auf dem Podium ihre Position. Die Zuhörenden können sich im Laufe der Diskussion eine eigene Meinung bilden und durch Zwischenfragen auch aktiv die Diskussion beeinflussen. Eine Podiumsdiskussion unterteilt sich in eine *Vorbereitungsphase*, die *Durchführung* und die *Auswertung*.

Vorbereitungsphase. Die ausgewählten Fachleute bereiten sich auf ihre Rolle vor. Dabei stellen sie Argumente für ihre Position zusammen und bereiten sich auf Gegenargumente vor. Die Moderierenden erarbeiten einen Zeitplan für die Diskussion und überlegen sich Fragen, die die Diskussion lenken und interessant machen können. Dabei müssen sie gleichmäßig alle Positionen der Fachleute berücksichtigen. Die Zuhörenden verdeutlichen sich im Voraus ihre eigene Position.

3 *Beispiel für eine Folie zum Eingangsstatement*

Durchführung. Die Moderierenden führen in das Thema ein und lassen die Fachleute ihre Standpunkte in einem ersten Eingangsstatement darlegen. Im Anschluss moderieren sie die Diskussion der Fachleute untereinander und lassen gezielt Fragen der Zuhörenden zu. Alle Fachleute sollten möglichst die gleiche Redezeit erhalten.

Auswertung. Gemeinsam sollten alle Fragen besprochen werden, wie beispielsweise: Wer hat seine Position besonderes gut vertreten? Wie wurde dies erreicht? Welche Argumente haben eure Meinung beeinflusst? Hat sich eure Meinung durch die Diskussion verändert?

f) Führen Sie eine Podiumsdiskussion zum Thema: „Aroma- und Konservierungsstoffen - Fluch oder Segen der Industrie“ durch.

g) Verlängern Sie die Vorbereitungszeit und recherchieren Sie in Kleingruppen ausführlich das zugewiesene Thema. Jede Kleingruppe bestimmt eine Person als Fachmann oder Fachfrau für die spätere Diskussion. Bereiten Sie eine einzelne Folie oder eine digitale Präsentationsseite für das Eingangsstatement vor. Nutzen Sie dazu eine aussagekräftige Grafik, ein Foto oder ein Diagramm, das eine Aussage unterstützen kann (Abb. 3). Wählen Sie für die Abbildung eventuell auch eine passende Überschrift oder Fragestellung aus.

1.13 Ester – Aromastoffe aus dem Labor

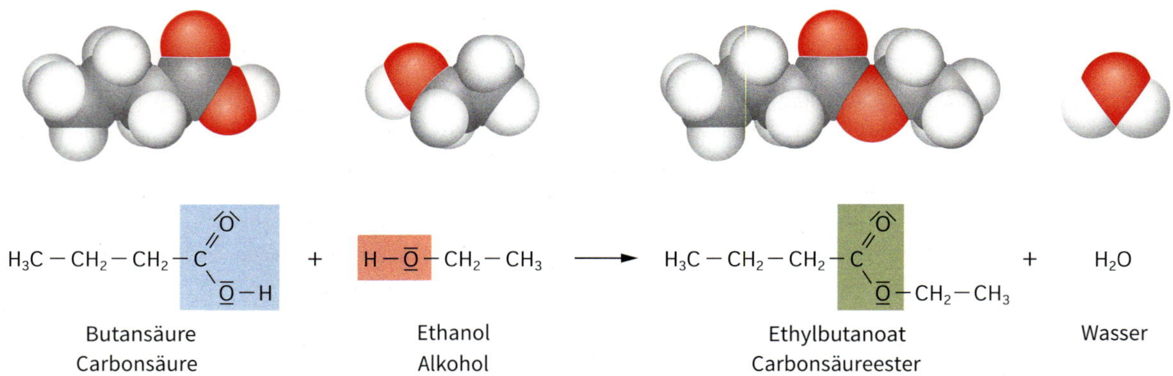

1 *Bildung von Ethylbutanoat*

Butansäure (Buttersäure) zeichnet sich durch einen stechenden Geruch nach frisch Erbrochenem aus und kommt in ranziger Butter und Schweiß vor. Gibt man in einem Reagenzglas etwas Butansäure mit Ethanol zusammen, lässt sich nach einigen Tagen ein fruchtiger Geruch nach Pfirsichen wahrnehmen. Verantwortlich dafür ist Ethylbutanoat, das sich bei der Reaktion gebildet hat (Abb. 1). Die Verbindung zählt zur Stoffklasse der **Carbonsäureester.** Die funktionelle Gruppe ist die **Ester-Gruppe** –COO–R:

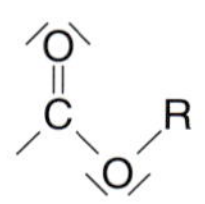

Veresterung. Wie der Name bereits andeutet, bilden sich Carbonsäureester bei der Reaktion von Carbonsäuren mit Alkoholen. Die *Veresterung* zählt zu einer wichtigen Gruppe von Reaktionen in der Chemie. Allgemein bezeichnet man Reaktionen, bei denen ein Wasser-Molekül abgespalten wird, als **Kondensationsreaktionen.** Dieser Reaktionstyp spielt in der Natur bei vielen Prozessen eine Rolle.

Veresterungsreaktionen sind in der Regel umkehrbar. So lassen sich Ester durch Zugabe von Wasser wieder in die entsprechenden Alkohole und Carbonsäuren spalten. Man spricht dabei von einer **Esterspaltung** oder auch **Hydrolyse** (griech. *lysis:* Zerfall, Auflösung).

Veresterungen laufen meist vergleichsweise langsam ab. Sie lassen sich aber durch Erwärmen und Zugabe konzentrierter Säuren wie Salzsäure oder Schwefelsäure beschleunigen. Im eingangs beschriebenen Experiment kann man bei Zugabe von Salzsäure bereits nach wenigen Stunden den charakteristischen Geruch nach Ester wahrnehmen.

Säure Formel	IUPAC-Name Trivialname	Alkohol Formel	IUPAC-Name	Ester Formel	IUPAC-Name Trivialname	Geruch nach
CH_3COOH	Ethansäure Essigsäure	HOC_2H_5	Ethanol	$CH_3COOC_2H_5$	Ethylethanoat Essigsäureethylester	Lösemitteln
CH_3COOH	Ethansäure Essigsäure	HOC_5H_{11}	Pentan-1-ol	$CH_3COOC_5H_{11}$	Pentylethanoat Essigsäurepentylester	Ananas
C_2H_5COOH	Propansäure Propionsäure	HOC_2H_5	Ethanol	$C_2H_5COOC_2H_5$	Ethylpropanoat Propionsäureethylester	Rum
C_3H_7COOH	Butansäure Buttersäure	$HOCH_3$	Methanol	$C_3H_7COOCH_3$	Methylbutanoat Buttersäuremethylester	Banane
C_3H_7COOH	Butansäure Buttersäure	HOC_2H_5	Ethanol	$C_3H_7COOC_2H_5$	Ethylbutanoat Buttersäureethyleester	Pfirsich
C_4H_9COOH	Pentansäure Valeriansäure	HOC_5H_{11}	Pentan-1-ol	$C_4H_9COOC_5H_{11}$	Pentylpentanoat Valeriansäurepentylester	Apfel

2 *Benennung von Estern*

Benennung von Estern. Bei der systematischen Benennung von Estern stellt man den Namen des Alkyl-Rests vom Alkohol voran. Den zweiten Wortteil bildet der Name des Säurerest-Ions (Alkanoat-Ions). Der Ester aus Butansäure und Ethanol wird daher als Ethylbutanoat bezeichnet. Daneben ist noch eine weitere Variante der Namensgebung gebräuchlich: Dem Namen der Säure wird die Bezeichnung des Alkyl-Rests vom Alkohols angehängt gefolgt von der Endung **-ester** (Abb. 2).

Vorkommen und Verwendung. Ester sind unter den Aromastoffen weit verbreitet. Sie kommen in der Natur vor, werden mittlerweile aber auch im großen Maßstab künstlich hergestellt. Die in Fruchtaromen enthaltenen Ester müssen flüchtig sein. Ihre Moleküle enthalten jeweils weniger als acht C-Atome in der Alkohol- und in der Säurekomponente. Die Anzahl an Ausgangsverbindungen ist damit recht begrenzt. Trotzdem ergibt sich durch die Kombination der Edukte eine große Vielzahl möglicher Ester.

Eine weitere Gruppe wichtiger Ester, die in der Natur vorkommen, sind *Fette* und *Öle*. Hierbei handelt es sich um Triester des dreiwertigen Alkohols Propan-1,2,3-triol (Glycerin) mit langkettigen Fettsäuren. Neben den gesättigten Fettsäuren treten auch einfach oder mehrfach ungesättigte Fettsäuren auf.

Verwendung finden Ester zudem als Lösemittel beispielsweise in Klebstoffen. Ester sind meist leichtflüchtig und lösen sich gut in unpolaren Stoffen. Daneben werden Ester mit größeren Molekülen häufig Kunststoffen als Weichmacher zugesetzt. Harte und spröde Kunststoffe werden so verformbar und können zu Folien und Schläuchen verarbeitet werden.

Carbonsäuren reagieren mit Alkoholen unter Wasserabspaltung zu Estern. Starke Säuren beschleunigt die Reaktion. Die funktionelle Gruppe der Carbonsäureester ist die Ester-Gruppe (COOR-Gruppe).

Verbindung	molare Masse in $g \cdot mol^{-1}$	Siedetemperatur in °C
Ethylpropanoat	102	99
Pentansäure	102	186
Propansäure	74	141
Propan-1-ol	60	97
Ethanol	46	78
n-Heptan	100	98

3 *Siedetemperaturen ausgewählter Verbindungen*

1 Geben Sie die Namen und die Strukturformeln aller Ester mit der Molekülformel $C_4H_8O_2$ an.

2 Schreiben Sie in Zweiergruppen die Namen der ersten fünf Glieder der homologen Reihe der Alkanole auf Karteikarten. Mischen Sie die Karteikarten und legen Sie diese verdeckt auf einen Stapel. Notieren Sie auf weiteren Karteikarten die Namen der ersten fünf Alkansäuren und bilden Sie aus den gemischten Karten ebenfalls einen Stapel. Decken Sie nun abwechselnd mit Ihrem Partner oder Ihrer Partnerin von jedem Stapel jeweils die oberste Karte auf. Geben Sie dabei den Namen und die Strukturformel des Esters an, der aus den genannten Edukten gebildet werden kann.

3 Weinessig enthält mindestens 6 % Ethansäure und bis zu einem Prozent restliches Ethanol. Weinessig wird häufig lange gelagert, um seinen Geschmack abzurunden. Erklären Sie die Geschmacksänderung.

4 Vergleichen Sie die Siedetemperaturen der in Abb. 3 genannten Verbindungen. Erklären Sie die Unterschiede anhand der zwischenmolekularen Kräfte.

5 Erklären Sie das Löslichkeitsverhalten von Estern.

6 Zwei 2-Hydroxypropansäure-Moleküle können zu einem ringförmigen Molekül, dem Dilactid, reagieren. Es ist ein ringförmiger Diester.
a) Geben Sie die Strukturformel von 2-Hydroxypropansäure an.
b) Formulieren Sie eine Reaktionsgleichung für die Bildung von Dilactid.

7 Ein Hersteller rät dazu, Methylbutanoat trocken zu lagern. Begründen Sie diese Empfehlung.

8 Salicylsäure kann sowohl mit Ethansäure als auch mit Methanol Ester bilden. Für Salicylsäure lässt sich folgende Strukturformel angeben:

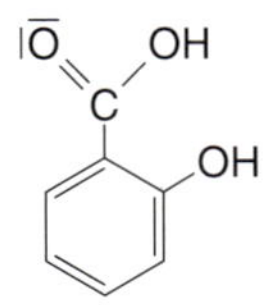

a) Zeichnen Sie die Strukturformeln der beiden Ester.
b) Der Methylester der Salicylsäure wird auch als Wintergrünöl bezeichnet. Recherchieren Sie Vorkommen und Verwendung von Wintergrünöl.
c) Der Ethansäureester der Salicylsäure ist unter der Bezeichnung Acetylsalicylsäure bekannt. Recherchieren Sie die Verwendung dieser Verbindung.

9 Entwickeln Sie eine Syntheseroute, mit der Methylmethanoat ausgehend von Methanol hergestellt werden kann.

10 Recherchieren Sie die Strukturen von Bienenwachs und Skiwachs. Ordnen Sie die Verbindungen ihren Stoffklassen zu.

Versuch 1:
Synthese von Ethylethanoat

Materialien: Destillationsapparatur, Heizhaube, Thermometer, Siedesteinchen, Erlenmeyerkolben (100 ml), Messzylinder (10 ml), Tropfpipette; Ethansäure (**2, 5**), Ethanol (**2, 7**), Schwefelsäure (konz.; **5**), *n*-Heptan (**2, 7, 8, 9**)

Durchführung:

1. Mischen Sie im Destillationskolben vorsichtig 10 ml Ethansäure, 10 ml Ethanol und etwa 2 ml konzentrierte Schwefelsäure. Fügen Sie einige Siedesteinchen hinzu.
2. Bauen Sie die Destillationsapparatur auf und destillieren Sie etwa 6 ml Flüssigkeit in die wassergekühlte Vorlage. Beobachten Sie dabei den Temperaturverlauf.
3. Teilen Sie das Destillat auf zwei Reagenzgläser auf. Geben Sie zu einer Probe etwa 3 ml Wasser, zur anderen etwa 3 ml *n*-Heptan. Prüfen Sie vorsichtig den Geruch der wässrigen Mischung.

Aufgaben:

a) Notieren Sie Ihre Beobachtungen.
b) Formulieren Sie die Reaktionsgleichung.
c) Vergleichen Sie die gemessene Siedetemperatur des Ethylethanoats mit dem Literaturwert von 77 °C. Erklären Sie eventuelle Abweichungen.
d) Begründen Sie das Mischungsverhalten des Esters.

Versuch 2:
Synthese von Aromastoffen

Materialien: Tropfpipetten, Bechergläser (100 ml); Ethansäure (**2, 5**), Butansäure (**5, 7**), Ethanol (**2, 7**), 2-Methylpropan-1-ol (**2, 5, 7**), Pentan-1-ol (**2, 5, 7**), Schwefelsäure (konz.; **5**), Natronlauge (verd.; **5**)

Durchführung:

1. Mischen Sie in Reagenzgläsern jeweils 2 ml Alkansäure mit der gleichen Menge Alkanol: Ethansäure/2-Methylpropan-1-ol, Ethansäure/Pentan-1-ol, Butansäure/Ethanol.
2. Fügen Sie anschließend vorsichtig jeweils etwa zehn Tropfen konzentrierte Schwefelsäure hinzu.
3. Verschließen Sie die Gläser mit einem Stopfen und erwärmen Sie sie für 30 bis 40 Minuten in einem Wasserbad auf 40 bis 60 °C.
4. Füllen Sie jeweils etwa 20 ml Natronlauge in ein Becherglas. Gießen Sie dann die jeweilige Reaktionsmischung langsam hinzu. Prüfen Sie vorsichtig den Geruch durch Zufächeln.

Aufgaben:

a) Beschreiben Sie den Geruch der verschiedenen Ester.
b) Formulieren Sie die Reaktionsgleichungen für die Bildung der verschiedenen Ester.

Versuch 3:
Synthese von Aromastoffen mit einem sauren Ionenaustauscher

Materialien: Pipetten (2 ml), Bechergläser (100 ml), Wasserbad, Trichter, Filterpapier, Waage; Ethansäure (**2, 5**), Benzoesäure (**7, 8**), Propansäure (**5, 7**), Ethanol (**2, 7**), Propan-1-ol (**2, 5, 7**), Pentan-1-ol (**2, 5, 7**), stark saurer Kationenaustauscher.

Durchführung:

1. Mischen Sie jeweils in einem Reagenzglas folgende Säuren und Alkohole:

	Säure		Alkohol	
1.	Ethansäure	2 ml	Ethanol	2 ml
2.	Ethansäure	2 ml	Pentan-1-ol	4 ml
3.	Propansäure	3 ml	Ethanol	2 ml
4.	Benzoesäure	4 g	Propan1-ol	3 ml

2. Setzen Sie etwa 1 g des noch feuchten Ionenaustauschers zu und erhitzen Sie das Gemisch im Wasserbad 15 Minuten lang zum Sieden.
3. Filtrieren Sie nach dem Abkühlen den Ionenaustauscher ab. Geben Sie jeweils das Filtrat in ein Becherglas mit etwa 50 ml warmem Wasser und prüfen Sie vorsichtig den Geruch.

Aufgaben:

a) Benennen Sie die hergestellten Ester und beschreiben Sie ihren Geruch.
b) Entwickeln Sie eine detaillierte Versuchsanleitung, mit der man die Menge des entstandenen Esters durch Titration der verbliebenen Säure bestimmen könnte.

1.14 Von der Einwaage zur Ausbeute

Bei der Planung einer chemischen Synthese müssen die Mengen der Edukte festgelegt werden. Meist geht man dabei von der vorgegebenen Masse eines Edukts aus. Die erforderliche Einwaage des Reaktionspartners lässt sich über das aus der Reaktionsgleichung zu erkennende Stoffmengenverhältnis berechnen. Die Massen der Reaktionspartner werden als **Einwaage** bezeichnet. Bei Flüssigkeiten ist es sinnvoll, statt einer Einwaage das entsprechende Volumen anzugeben.

Der Erfolg einer chemischen Synthese wird nach der Ausbeute bemessen. Diese gibt an, wie viel man von dem geforderten Produkt relativ zu einem vollständigen Umsatz erhalten hat. Die maximal mögliche Menge an Produkt ergibt sich durch das Stoffmengenverhältnis aus der Einwaage.

Nach einer Reaktion muss das erhaltene Produkt häufig noch gereinigt werden, bevor die Masse des Produkts durch Auswiegen bestimmt werden kann. Bei einer Reaktion wird die **Ausbeute** oft durch eine unvollständige Reaktion, durch Nebenreaktionen oder durch Verluste bei der Reinigung verringert.

Die Ausbeute einer Synthese ist der Quotient aus der erhaltenen Stoffmenge des Produkts und der maximal möglichen Stoffmenge, die durch die Stoffmengen der Edukte bestimmt ist.

1 Geben Sie Faktoren an, die die Ausbeute bei chemischen Reaktionen beeinflussen können.

2 5 g Oxalsäure (Ethandisäure) sollen mit Ethanol verestert werden.
a) Berechnen Sie die Stoffmenge und die Masse an Ethanol, die für die Reaktion benötigt wird.
b) Berechnen Sie die Ausbeute, wenn man 5 g Diethylethandioat (Oxalsäurediethylester) erhält.

Rechenbeispiel

Aus Propandisäure (Malonsäure) und Propan-1-ol soll Dipropylpropandioat (Malonsäuredipropylester) hergestellt werden. Es stehen 10 g Propandisäure zur Verfügung. Nach der Reaktion wurden durch Destillation 9,3 g Dipropylpropandioat als Reinstoff erhalten (ρ(Propan-1-ol) = 0,80 g · ml^{-1}).

1. Bestimmung der Menge des Reaktionspartners. Da Propan-1-ol flüssig ist, wird hier das Volumen berechnet.

$$HOOC-CH_2-COOH + 2\ CH_3-CH_2-CH_2-OH \rightarrow CH_3-CH_2-CH_2-OOC-CH_2-COO-CH_2-CH_2-CH_3 + 2\ H_2O$$

a) Stoffmenge Propandisäure: $n(\text{Propandisäure}) = \frac{m(\text{Propandisäure})}{M(\text{Propandisäure})} = \frac{10\ \text{g}}{104{,}1\ \text{g} \cdot \text{mol}^{-1}} = \mathbf{0{,}096\ mol}$

b) Stoffmenge Propan-1-ol: $\frac{n(\text{Propan-1-ol})}{n(\text{Propandisäure})} = \frac{2}{1} \Rightarrow n(\text{Propan-1-ol}) = 2 \cdot 0{,}096\ \text{mol} = \mathbf{0{,}192\ mol}$

c) Masse Propan-1-ol: $m(\text{Propan-1-ol}) = n(\text{Propan-1-ol}) \cdot M(\text{Propan-1-ol}) = 0{,}192\ \text{mol} \cdot 60{,}1\ \text{g} \cdot \text{mol}^{-1} = \mathbf{11{,}5\ g}$

d) Volumen Propan-1-ol: $V(\text{Propan-1-ol}) = \frac{m(\text{Propan-1-ol})}{\rho(\text{Propan-1-ol})} = \frac{11{,}5\ \text{g}}{0{,}80\ \text{g} \cdot \text{ml}^{-1}} = \mathbf{14{,}4\ ml}$

2. Berechnung der Stoffmenge des Produkts:

$$n(\text{Dipropylpropandioat}) = \frac{m(\text{Dipropylpropandioat})}{M(\text{Dipropylpropandioat})} = \frac{9{,}3\ \text{g}}{188\ \text{g} \cdot \text{mol}^{-1}} = \mathbf{49\ mmol}$$

3. Berechnung der maximal möglichen Stoffmenge des Produkts

$$\frac{n_{max}(\text{Dipropylpropandioat})}{n(\text{Propandisäure})} = \frac{1}{1} \Rightarrow n_{max}(\text{Dipropylpropandioat}) = \mathbf{96\ mmol}$$

4. Berechnung der Ausbeute

$$\frac{n(\text{Dipropylpropandioat})}{n_{max}(\text{Dipropylpropandioat})} = \frac{49\ \text{mmol}}{96\ \text{mmol}} = 0{,}51 = \mathbf{51\ \%}$$

1. Molekülverbindungen

Die Außenelektronen eines Atoms halten sich in Elektronenwolken auf, die maximal zwei Elektronen enthalten können. Zwei einfach besetzte Elektronenwolken verschiedener Atome können eine gemeinsame Elektronenwolke bilden. Zwischen den Atomen liegt dann eine Elektronenpaarbindung vor. Doppelt besetzte Elektronenwolken, die einem einzelnen Atom zugeordnet werden, nennt man freie Elektronenpaare.

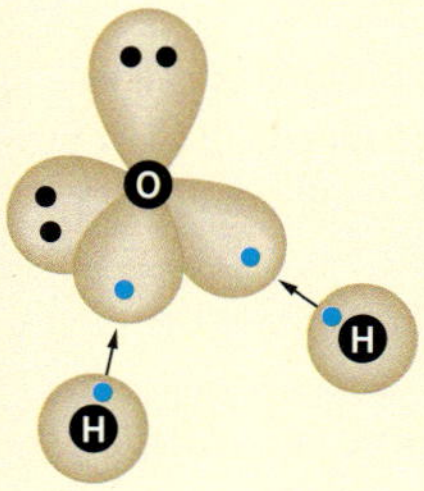

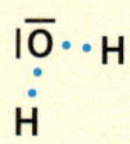

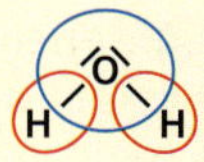

In Molekülen werden den Nichtmetall-Atomen in der Regel vier Elektronenpaare, also acht Elektronen zugeordnet. Die Atome erreichen somit die energetisch besonders günstige *Edelgaskonfiguration*. Man spricht allgemein von der **Edelgasregel** oder im Speziellen auch von der **Oktettregel**, wenn acht Außenelektronen zugeordnet werden. Für die H-Atome gilt die Oktettregel nicht.

Das **Elektronenpaarabstoßungsmodell** erklärt die räumliche Struktur von Molekülen durch die gegenseitige Abstoßung von Elektronenpaaren. Bei vier Elektronenpaaren ergibt sich eine tetraedrische Anordnung der Elektronenwolken. Freie Elektronenpaare stauchen den Bindungswinkel zwischen den bindenden Elektronenpaaren.

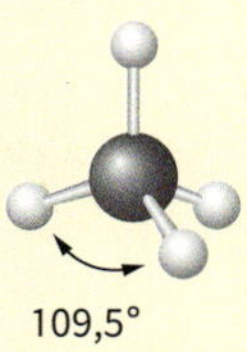

Methan-Molekül
tetraedrisch

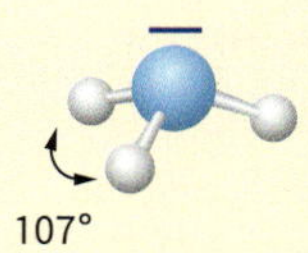

Ammoniak-Molekül
trigonal-pyramidal

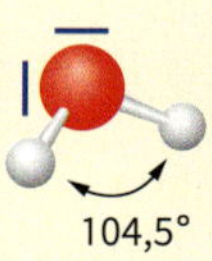

Wasser-Molekül
gewinkelt

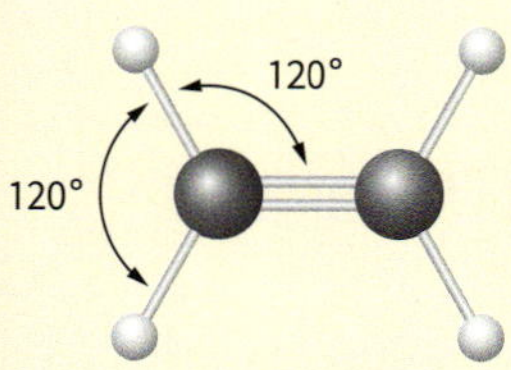

Ethen-Molekül
trigonal-planar

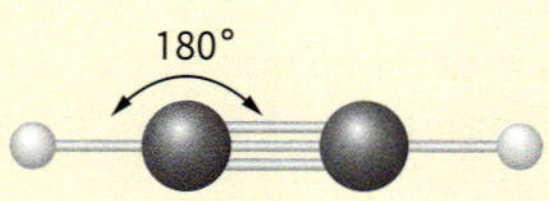

Ethin-Molekül
linear

2. Stoffklassen und funktionelle Gruppen

Die Moleküle organischer Verbindungen besitzen ein Gerüst, das aus C-Atomen und H-Atomen besteht. Liegen zwischen den C-Atomen nur Einfachbindungen vor, spricht man von **gesättigten Kohlenwasserstoffen.** Moleküle **ungesättigter Kohlenwassserstoffe** besitzen darüber hinaus auch noch C=C-Doppelbindungen oder C≡C-Dreifachbindungen. Organische Verbindungen mit unverzweigten Molekülen bilden häufig eine **homologe Reihe.** Moleküle in dieser Reihe besitzen jeweils eine CH_2-Gruppe mehr als das vorangehende Molekül.

Als weiteres Strukturmerkmal können Moleküle zudem **funktionelle Gruppen** tragen. Anhand der funktionelle Gruppen lassen sich organische Verbindungen **Stoffklassen** zuordnen.

Stoffklasse	funktionelle Gruppe	Nomenklatur
Alkan	keine	Endung: -an
Alken	C=C-Doppelbindung 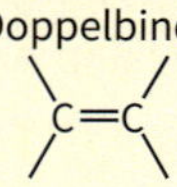	Endung: -en
Alkin	C≡C-Dreifachbindung —C≡C—	Endung: -in
Alkohol	Hydroxy-Gruppe —O—H	Endung: -ol
Aldehyd	Aldehyd-Gruppe 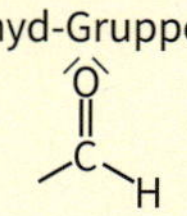	Endung: -al
Keton	Keto-Gruppe 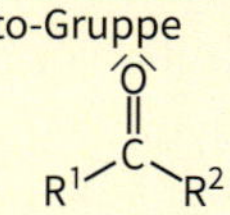	Endung: -on
Carbonsäure	Carboxy-Gruppe 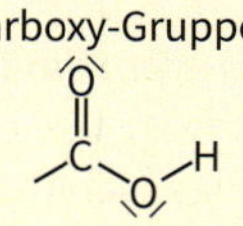	Endung: -säure
Carbonsäureester	Ester-Gruppe 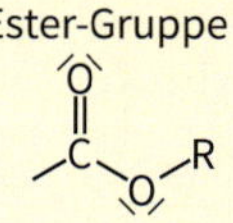	Endung: -oat oder -ester

3. Benennung organischer Verbindungen

Organische Verbindungen werden nach international gültigen Regeln systematisch benannt werden:

1. Die längste Kette von C-Atomen, die die funktionelle Gruppe trägt, ergibt den Stammnamen.
2. Für die Kennzeichnung der namensgebenden Stoffklasse wird die entsprechende Endung angefügt.
3. Die C-Atome in der Kette werden so durchnummeriert, dass die C-Atome, die die funktionellen Gruppen tragen, möglichst kleine Zahlen erhalten. Die Zahlen werden vor die spezifische Endung geschrieben.
4. Bei mehr als einer funktionellen Gruppe wird für die Anzahl die entsprechende griechische Vorsilbe eingefügt.
5. Die Seitenketten werden benannt und alphabetisch geordnet.
6. Für die Anzahl der gleichen Seitenketten stellt man die entsprechende griechische Vorsilbe voran. Die Vorsilbe bleibt bei der alphabetischen Reihenfolge der Seitenketten unberücksichtigt.
7. Die Verknüpfungsstellen von Haupt- und Seitenketten werden ermittelt und die Zahlen vorangestellt.

Beispiel: 4-Ethyl-2,3-dimethylhexan-3,4-diol

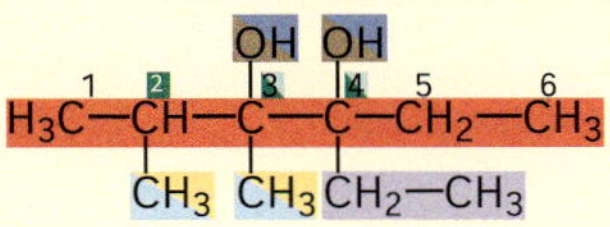

Treten verschiedenen funktionelle Gruppen im Molekül auf, wird für die Benennung der Stoffklasse priorisiert. Die **Priorität** nimmt in folgender Reihenfolge ab:
Carbonsäure > Aldehyd > Keton > Alkohol > Alkan
Beispiel: 2,3-Dihydroxybutan-1,4-disäure (Weinsäure)

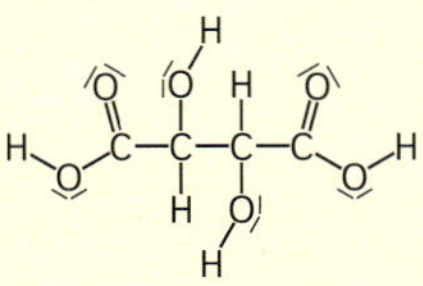

4. Isomerie

Verbindungen, deren Moleküle bei gleicher Molekülformel unterschiedliche Strukturen aufweisen, bezeichnet man als **Isomere.** Unterscheiden sich die Moleküle in der Verzweigung ihrer C-Ketten liegt eine **Gerüstisomerie** vor. Isomere unterscheiden sich in ihren physikalischen und chemischen Eigenschaften.
Beispiel:

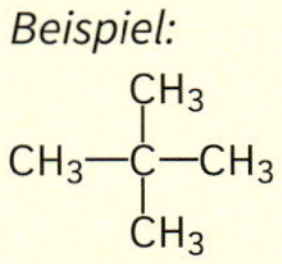

2,2-Dimethylpropan
Sdt.: 9,6 °C

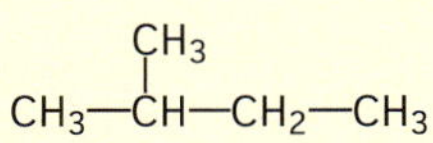

2-Methylbutan
Sdt.: 28 °C

Positionsisomere unterscheiden sich in der Position von Mehrfachbindungen oder funktionellen Gruppen in der C-Kette.
Beispiele:

$\overset{1}{H_2C}=\overset{2}{CH}-\overset{3}{CH_2}-\overset{4}{CH_3}$
But-1-en

$\overset{1}{H_3C}-\overset{2}{CH}=\overset{3}{CH}-\overset{4}{CH_3}$
But-1-en

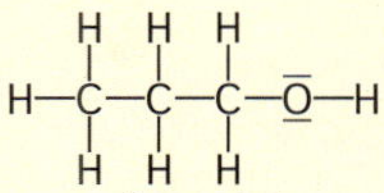

Propan-1-ol

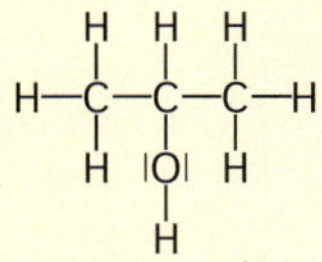

Propan-2-ol

Alken-Moleküle können zudem noch eine ***E*-/*Z*-Isomerie** aufweisen.

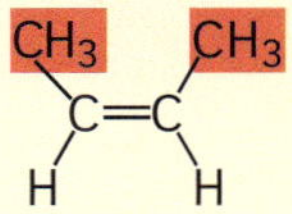

Z-But-2-en (Sdt.: 4 °C)

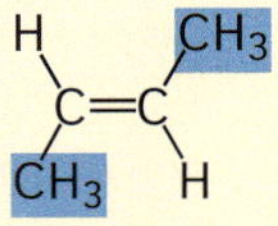

E-But-2-en (Sdt.: 1 °C)

5. Zwischenmolekulare Wechselwirkungen

Van-der-Waals-Wechselwirkungen

Zwischen den *unpolaren* C-Ketten organischer Moleküle wirken **Van-der-Waals-Wechselwirkungen.** Sie sind relativ schwach, nehmen aber mit wachsender Kettenlänge in den Molekülen zu.

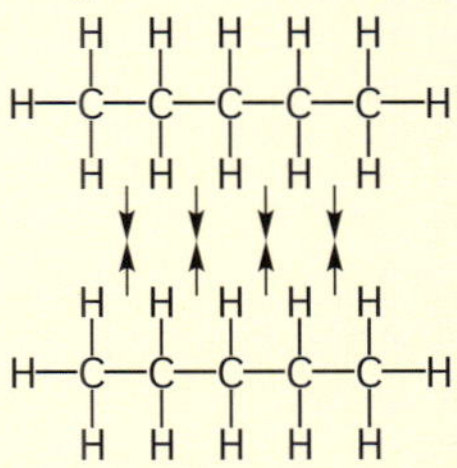

Dipol-Dipol-Wechselwirkungen

Sauerstoff besitzt eine höhere Elektronegativität als Kohlenstoff und Wasserstoff. Daher sind C-O-Bindungen und H-O-Bindungen polar und es können Partialladungen ausgebildet werden. Ist die Molekülstruktur so beschaffen, dass die Ladungsschwerpunkte nicht zusammenfallen, bilden sich dadurch zwei Pole im Molekül aus.

Wasserstoffbrücken

Zwischen den positiv teilgeladenen H-Atomen und den freien Elektronenpaaren der stark negativ teilgeladenen O-, N- und F-Atomen anderer Moleküle können sich Wassserstoffbrücken ausbilden.

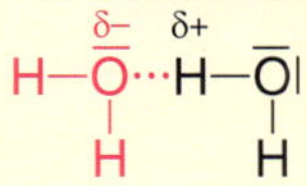

funktionelle Gruppe	mögliche Wechselwirkungen
Hydroxy-Gruppe	Dipol-Dipol-Wirkungen Wasserstoffbrücken
Aldehyd-Gruppe	Dipol-Dipol-Wirkungen darüber hinaus Wasserstoffbrücken zu Wasser-Molekülen
Keto-Gruppe	Dipol-Dipol-Wirkungen darüber hinaus Wasserstoffbrücken zu Wasser-Molekülen
Carboxy-Gruppe	Dipol-Dipol-Wirkungen Wasserstoffbrücken darüber hinaus Bildung von Doppelmolekülen zwischen Carbonsäure-Molekülen
Ester-Gruppe	Dipol-Dipol-Wirkungen darüber hinaus Wasserstoffbrücken zu Wasser-Molekülen

6. Struktur-Eigenschafts-Beziehungen

Ist der Aufbau bekannt, lassen sich viele Eigenschaften vorhersagen. Umgekehrt kann auch von den Eigenschaften auf den Aufbau eines Stoffes geschlossen werden. Das Struktur-Eigenschafts-Konzept der Chemie beschreibt diesen Zusammenhang.

Siedetemperaturen

Carbonsäuren und Alkohole zeigen die höchsten Siedetemperaturen. Zwischen den funktionellen Gruppen ihrer Molekülen wirken starke Wasserstoffbrücken. Die Siedetemperaturen von Aldehyden und Ketonen vergleichbarer Molekülmasse sind geringer. Bei ihnen treten nur Van-der-Waals- und Dipol-Dipol-Wechselwirkungen auf. Die geringsten Siedetemperaturen haben die Alkane. Ihre Moleküle sind unpolar. Dipol-Dipol-Wechselwirkungen und Wasserstoffbrücken gibt es nicht. Je länger die C-Ketten der Moleküle werden, desto mehr nähern sich die Siedetemperaturen aneinander an, da der unpolare Molekülteil die Stoffeigenschaften zunehmend bestimmt.

Löslichkeit

Ähnlich aufgebaute Moleküle zeigen ähnliche Eigenschaften. Die ähnlichen Eigenschaften sind das Resultat gleichartiger Wechselwirkungen zwischen den Molekülen. Abgleitet aus dieser Beobachtung gilt der Merksatz: *Ähnliches löst sich in Ähnlichem.*

Die Moleküle *amphiphiler* Stoffe haben polare und unpolare Molekülanteile. Je größer der polare Anteil, desto besser ist die Löslichkeit mit *hydrophilen* Stoffen wie Wasser. Ein größerer unpolarer Anteil verbessert die Löslichkeit in *hydrophoben* Stoffen

Eine Methode die Ladungsverteilung in einem Molekül sichtbar zu machen ist die **ladungscodierte Elektronendichteoberfläche.** Bereiche mit hoher Elektronendichte werden dabei meist rot dargestellt, Bereiche mit einer niedrigen Elektronendichte blau.

7. Nachweisreaktionen

Für die Zuordnung von Stoffen zu bestimmten Stoffklassen nutzt man Nachweisreaktionen.

funktionelle Gruppe	Nachweisreagenz *Beobachtung*
C/C-Mehrfachbindung	Bromwasser *Entfärbung*
Hydroxy-Gruppe	Cerammoniumreagenz *Rotfärbung*
Aldehyd-Gruppe	Schiff-Reagenz *Violettfärbung* Fehling-Reagenz *orangefarbener Niederschlag* Tollens-Reagenz *Silberspiegel*
Carbonyl-Gruppe	Brady-Reagenz *gelb orangefarbener Niederschlag*
Carboxy-Gruppe	Universalindikator *Gelb- bis Rotfärbung*

8. Redoxreaktionen

Die Oxidationszahl gibt die tatsächliche oder formale Ladung eines Atoms in einer Verbindung an. Eine Erhöhung der **Oxidationszahl** während einer Reaktion entspricht der *Oxidation*, eine Verringerung der *Reduktion* eines Atoms.

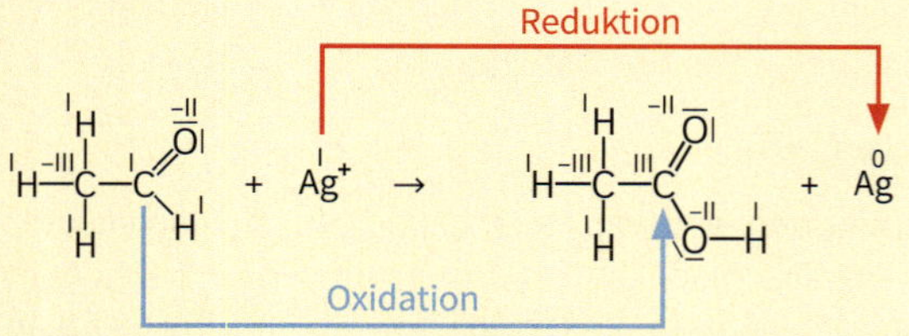

Alkohole können zu Aldehyden und Ketonen oxidiert werden. Primäre Alkohole führen zu Aldehyden, sekundäre Alkohole zu Ketonen. Tertiäre Alkohole sind so nicht oxidierbar. Mit geeigneten Oxidationsmitteln lassen sich Aldehyde weiter zu Carbonsäuren oxidieren.

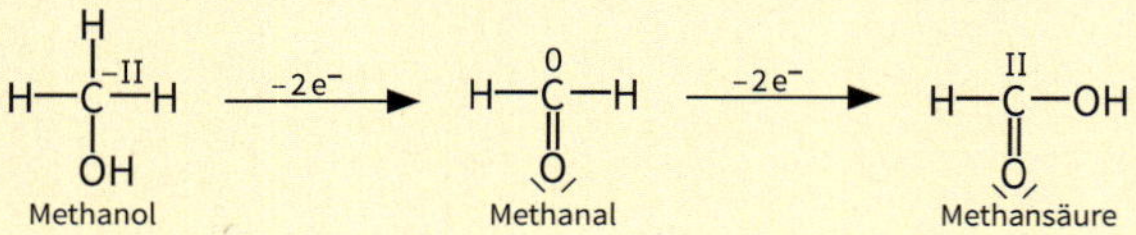

Testen Sie sich

A1 Zeichnen Sie Halbstrukturformeln beziehungsweise nennen Sie den Namen für die folgenden Verbindungen. Ordnen Sie den Verbindungen die jeweiligen Stoffklassen zu. Begründen Sie.

A Butan-2,3-diol
B 2-Methylpentan-3-on
C 2-Methylheptanal
D Ethandisäure
E *E*-Pent-2-en
F 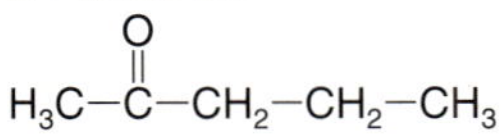
G 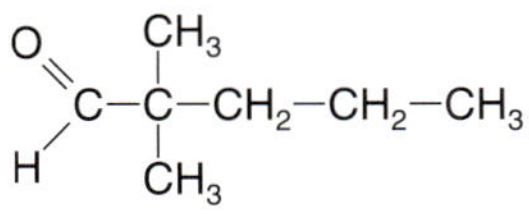

A2 a) Zeichnen Sie die Strukturformeln der isomeren Butanole.
b) Benennen Sie die Verbindungen und erläutern Sie die Nomenklaturregeln, die Sie angewendet haben. Identifizieren Sie primäre, sekundäre und tertiäre Alkanole.
c) Stellen Sie die Teilgleichungen für die Oxidation der Butanol-Moleküle zu Alkanalen und Alkanonen auf und geben Sie an, welche dieser Verbindungen weiter zu Alkansäure oxidiert werden können.

A3 *n*-Heptan und Heptan-1-ol sind in Laborflaschen kaum voneinander zu unterscheiden. Die Schmelz- und Siedetemperaturen unterscheiden sich jedoch.
a) Ordnen Sie die folgenden Werte den Verbindungen zu und begründen Sie Ihre Zuordnung.
Schmelztemperaturen: –34 °C; –91 °C
Siedetemperaturen: 175 °C; 98 °C
b) Erklären Sie, weshalb sich Heptan-1-ol gut in *n*-Heptan, aber nur äußerst gering in Wasser löst.

A4 Methansäure kann mit verschiedenen Stoffen reagieren. Beschreiben Sie, welche Beobachtungen bei den einzelnen Reaktionen gemacht werden können, und formulieren Sie jeweils eine Reaktionsgleichung:
A Reaktion mit Wasser
B Reaktion mit Methanol
C Reaktion mit Natronlauge

A5 Geben Sie die Oxidationszahlen für alle Atome in den folgenden Verbindungen an. Beschreiben Sie Ihr Vorgehen: CH_3-COOH, $CH_2=CH-CH_2OH$, SO_3, CO, NH_4^+, CO_3^{2-}

Lösungen finden Sie unter www.westermann.de/chemie-heute-152072
Nutzen Sie zur Anmeldung den Online-Schlüssel auf der vorderen Umschlagsinnenseite.

Die wichtigsten Begriffe

- Alkane, Alkene, Alkine, funktionelle Gruppe
- gesättigte und ungesättigte Kohlenwasserstoffe
- Nachweisreaktionen
- Gerüstisomere, Positionsisomere, *E*-/*Z*-Isomere
- IUPAC-Nomenklatur
- EPA-Modell, Bindigkeit, Edelgaskonfiguration
- Alkohole, Alkanole, Hydroxy-Gruppe, homologe Reihe
- mehrwertige Alkohole
- Aldehyde, Alkanale, Ketone, Alkanone
- Aldehyd-Gruppe, Keto-Gruppe, Carbonyl-Gruppe
- Carbonsäuren, Alkansäuren, Carboxy-Gruppe
- Doppelmoleküle
- Carbonsäureester, Ester-Gruppe, Hydrolyse
- ladungscodierte Elektronendichteoberfläche
- Oxidationszahl, formale Ladung
- Einrichten von Redoxgleichungen
- Einwaage, Ausbeute

B1 a) Erklären Sie die oben stehenden Begriffe.
b) Verknüpfen Sie die Begriffe zu einer Conceptmap.
c) Übertragen Sie die Begriffe und Ihre Erklärungen in digitale Karteikarten.

B2 Bei einer Veresterung wurden 30 g Methansäure und 20 g Methanol eingesetzt. Bei der anschließenden Destillation erhielt man 22 g Methylmethanoat.
a) Berechnen Sie die Stoffmengen an Säure, Alkohol und Ester.
b) Ermitteln Sie die Ausbeute an Ester. Entscheiden Sie, auf welches Edukt sich die Ausbeuteberechnung bezieht. Begründen Sie Ihre Entscheidung.
c) Bewerten Sie die Höhe der Ausbeute.
d) Nennen Sie Gründe, die zu einer verminderten Ausbeute geführt haben könnten.

B3 Lösemitteleigenschaft und Siedetemperatur eines Stoffes werden durch zwischenmolekulare Wechselwirkungen bestimmt.
a) Erklären Sie, warum sich Ethanol sowohl mit Wasser als auch mit Heptan mischt.
b) Erläutern Sie die vielfältigen Einsatzmöglichkeiten von Ethanol als Lösemittel.

B4 Abgebildet ist ein Stoff mit verschiedenen funktionellen Gruppen. Er ist Bestandteil von Lösemitteln.

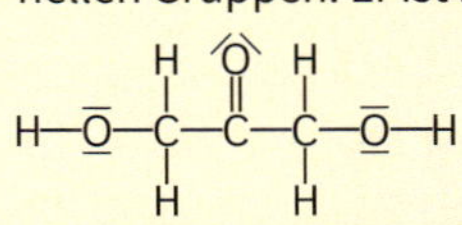

a) Benennen Sie die Verbindung.
b) Zeichnen Sie die Verbindung als Skelettformel

B5 Geben Sie an, ob es sich bei den folgenden Teilreaktionen um eine Oxidation oder um eine Reduktion handelt:

a) $H_2O_2 \dashrightarrow H_2O$
b) $CH_3-CH_2-OH \dashrightarrow CO_2$
c) $Ag_2O \dashrightarrow Ag$
d) $CH_2Br-CH_2Br \dashrightarrow CH_2=CH_2$
e) $MnO_4^- \dashrightarrow Mn^{2+}$
f) $CH_3-CHO \dashrightarrow CH_3-COOH$

B6 Fumarsäure (*E*-Butendisäure) reagiert mit Methanol zu Fumarsäuredimethylester. Dieser Ester wird als Arzneimittel unter anderem zur gezielten Behandlung der Schuppenflechte (Psoriasis) eingesetzt. Stellen Sie für die Synthese des Esters die Reaktionsgleichung mit Strukturformeln auf.

B7 Es gibt sechs isomere Verbindungen der Molekülformel C_5H_{10}. Berücksichtigen Sie dabei Gerüstisomerie, Stellungsisomerie und *E-/Z*-Isomerie.

a) Geben Sie alle Strukturen in Skelettschreibweise an.
b) Benennen Sie die Verbindungen.

B8 Im Schwefelsäure Molekül (H_2SO_4) haben alle Atome Edelgaskonfiguration.

a) Geben Sie die Oxidationszahlen der Atome an.
b) Stellen Sie die Strukturformel des Schwefelsäure-Moleküls auf.
c) Überprüfen Sie, ob für alle Atome die Edelgasregel erfüllt ist. Umkreisen Sie dazu in der Strukturformel jeweils alle Elektronen, die einem Atom zugeordnet werden.
d) Statt von der Edelgasregel wird häufig auch von der Oktettregel gesprochen. Ermitteln Sie, ob bei der Schwefelsäure auch die Oktettregel bei allen Atomen erfüllt wird. Begründen Sie eventuelle Abweichungen.

B9 Reine Essigsäure siedet bei 118°C. Die Dämpfe sind entzündlich und verbrennen zu Kohlenstoffdioxid und Wasser.

a) Zeichnen Sie die Strukturformeln aller beteiligten Moleküle.
b) Ermitteln Sie die Oxidationszahlen aller Atome und kennzeichnen Sie mit Pfeilen Oxidation und Reduktion.
c) Geben Sie die Teilgleichungen für die Oxidation und die Reduktion auf und stellen Sie die vollständig eingerichtete Reaktionsgleichung auf.

B10 Ordnen Sie die Stoffe nach ihrer Siedetemperatur und begründen Sie Ihre Zuordnung: Propan-1-ol, Propan, Propansäure, Propanal

C1 Alkoholische Gärung

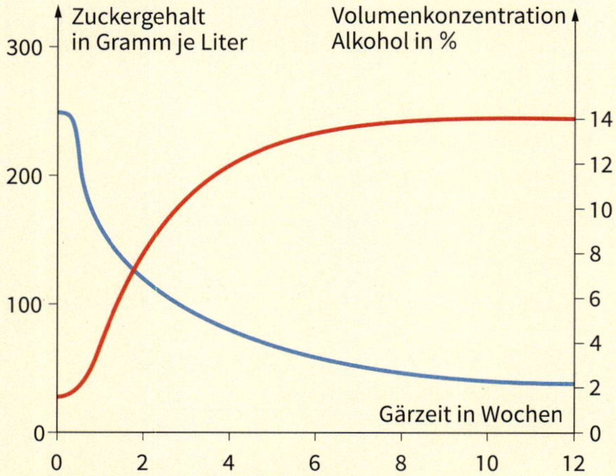

1 *Zuckergehalt und Alkoholgehalt bei der Gärung*

Bei der alkoholischen Gärung werden unter Ausschluss von Luft zuckerhaltige Lösungen wie Traubensaft mit speziellen Hefepilzen versetzt. Diese Mikroorganismen wandeln den Zucker in Ethanol um.

a) Stellen Sie die Reaktionsgleichung für die alkoholische Gärung auf, bei der Hefepilze Glucose zu Ethanol und Kohlenstoffdioxid umsetzen.
b) Geben Sie eine Definition für den Begriff *Gärung* an.
c) Erläutern Sie das oben abgebildete Diagramm. Begründen Sie, warum der Alkoholgehalt nach einigen Wochen nicht mehr deutlich zunimmt.
d) 50 ml Wein wurden destilliert. Dabei wurden 17 ml Destillat mit einer Massen von 15,98 g erhalten. Berechnen Sie aus diesen Angaben die Dichte des Destillats. Ermitteln Sie anhand des Diagramms das Volumenprozent des Destillats und das Volumenprozent des Weins.

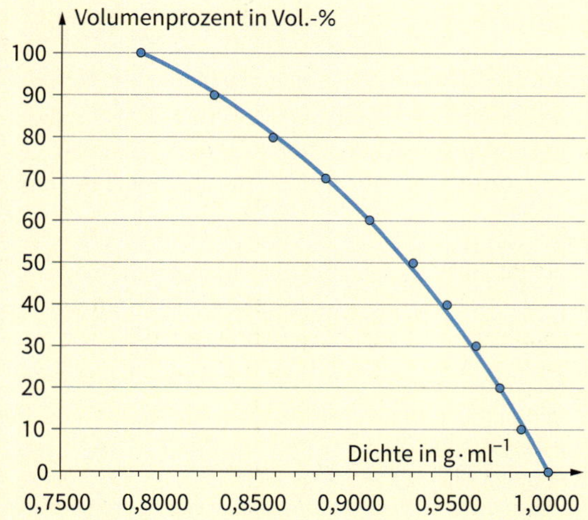

C2 Organische Stoffe im Vergleich

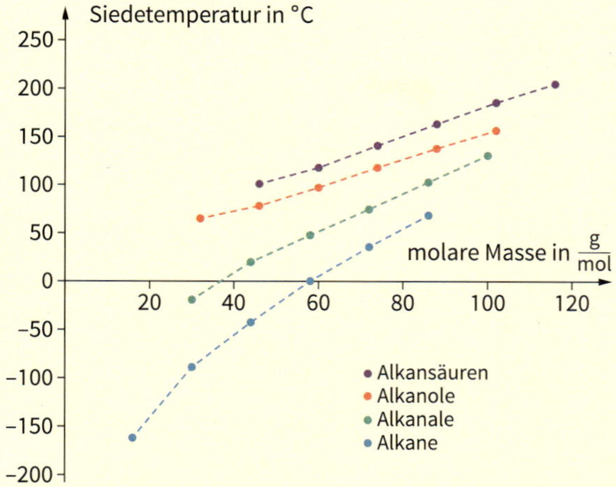

2 *Siedetemperaturen von Alkanen, Alkanalen, Alkanolen und Alkansäuren*

In der Abbildung sind die Siedetemperaturen der ersten fünf bis sieben Vertreter der homologen Reihen der Alkane, Alkanale, Alkanole und Alkansäuren gegen die molaren Massen dieser Verbindungen aufgetragen. Der Verlauf der Kurven kann auf den unterschiedlichen Molekülbau der Stoffe zurückgeführt werden.

a) Ermitteln und nennen Sie die Namen der jeweils ersten und letzten Verbindungen in den vier Kurven des Diagramms.
b) Geben Sie von mindestens dreien dieser Stoffe einen Trivialnamen an.
c) Zeichnen Sie die Strukturformeln der acht Verbindungen.
d) Berechnen Sie die Molekülmassen und die molaren Massen der acht Stoffe und überprüfen Sie die Richtigkeit deiner Ergebnisse anhand des Diagramms mit den Siedetemperaturen.
e) Gen Sie an, welche der acht Stoffe sich in Wasser und welche sich in Heptan lösen. Begründen Sie die Löslichkeiten mit den Wechselwirkungen zwischen den Molekülen dieser Stoffe und den Molekülen des Lösemittels.
f) Geben Sie von mindestens zweien dieser Stoffe ein Vorkommen in der Natur und von mindestens vieren dieser Stoffe eine Verwendung im Alltag oder in der Technik an.
g) Interpretieren Sie Abb. 1 ausführlich. Erläuteren Sie dabei den unterschiedlichen Verlauf der vier Kurven. Begründen Sie den Verlauf mit den unterschiedlichen zwischenmolekularen Wechselwirkungen der Moleküle der einzelnen Stoffklassen.
h) Überprüfen Sie Ihre Antwort mit dem Struktur-Eigenschafts-Konzept .

C3 Farblosen Flüssigkeiten auf der Spur

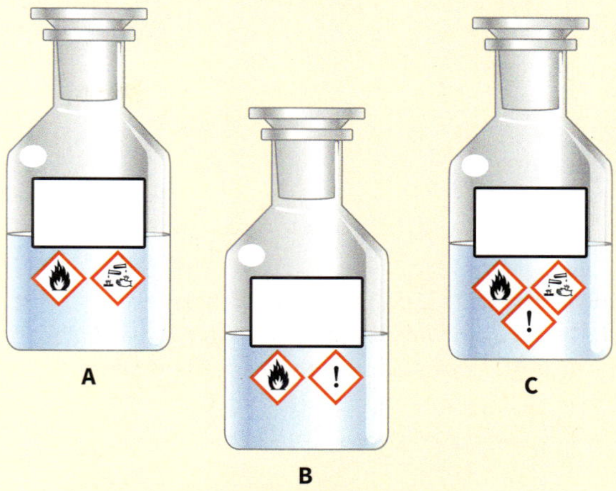

3 *Rätselhafter Fund im Chemikalienschrank*

Auf drei Chemikalienflaschen mit farblosen Flüssigkeiten (Verbindungen A, B und C) sind nur noch die Gefahrenpiktogramme vorhanden. Untersuchungen der Flüssigkeiten ergaben folgende Ergebnisse:

- In den Molekülen aller drei Flüssigkeiten wurden C-Atome, H-Atome und O-Atome nachgewiesen.
- Die molare Masse ist bei allen Verbindungen gleich: $M = 60\ g \cdot mol^{-1}$
- Fehling-Proben verlaufen bei allen Proben negativ.
- Die Verbindungen reagieren nicht mit Brom.
- Die drei Flüssigkeiten sind mit Wasser und mit *n*-Heptan mischbar.
- Nur die wässrige Lösung von A färbt den Indikator Bromthymolblaulösung gelb.
- Die Flüssigkeiten B und C reagieren positiv, wenn man ein erhitztes oxidiertes Kupferblech in sie eintaucht. Nur mit Flüssigkeit C entsteht dabei ein stechender Geruch. Diese neue Verbindung reagiert positiv mit Tollens-Reagenz und mit Schiff-Reagenz.

a) Zeichnen Sie die Strukturformeln von fünf isomeren Verbindungen mit der molaren Masse $M = 60\ g \cdot mol^{-1}$ und benennen Sie die Verbindungen.
b) Ermitteln Sie die Namen der drei Flüssigkeiten. Beschreiben Sie genau Ihren Lösungsweg.
c) Stellen Sie für die Reaktion, die beim Erhitzen des Kupferblechs an der Luft abläuft, eine Reaktionsgleichung mit Oxidationszahlen auf.
d) Geben Sie für die Reaktion der Flüssigkeit A mit Wasser die Reaktionsgleichung und den Reaktionstyp an.
e) Stellen Sie für die Reaktion der Flüssigkeit B mit Kupferoxid eine Gleichung mit Oxidationszahlen auf.
f) Geben Sie für die Reaktion des Oxidationsprodukts der Flüssigkeit C mit Tollens-Reagenz eine Reaktionsgleichung mit Oxidationszahlen an.

Kapitel 2

Steuerung chemischer Reaktionen

Im Labor werden Stoffe meist in kleinen Mengen hergestellt. Die Apparaturen, die man dazu verwendet, sind überschaubar und vielseitig anwendbar. In der chemischen Industrie produziert man Stoffe großtechnisch. Obwohl die Chemie häufig dieselbe ist, sind die Bedingungen im Reagenzglas nicht einfach auf den Maßstab einer Industrieanlage zu übertragen. In der industriellen Produktion geht es vor allem um die optimale Steuerung und Regelung von Reaktionen, damit die Produkte möglichst rein und in hoher Ausbeute vorliegen. Auch die Reaktionen in der Natur unterliegen äußeren Einwirkungen. Natürliche und menschliche Einflüsse verändern so die Welt, die wir kennen.

Was Sie schon kennen:

- wie Sie Stoffumsätze mithilfe der Größen Stoffmenge, molarem Volumen und der molaren Masse berechnen,
- Unterscheidung von exothermen und endothermen Reaktionen,
- Umwandlungen zwischen verschiedenen Energieformen,
- Erstellen und Interpretieren von Energiediagrammen,
- Auswertung von Diagrammen,
- wie in der Physik die Geschwindigkeit definiert ist,
- Esterbildung und Esterhydrolyse als Beispiel einer umkehrbaren Reaktion,
- Bildung von Kalkablagerungen und Mörtelherstellung.

In diesem Kapitel lernen Sie:

- **wie** die Reaktionsgeschwindigkeit definiert ist,
- **wie** man Reaktionsgeschwindigkeiten bestimmen und vergleichen kann,
- **wie** man Reaktionsgeschwindigkeiten beeinflussen kann,
- **was** man unter einem chemischen Gleichgewicht versteht,
- **welche** Rolle chemische Gleichgewichte bei der Steuerung von chemischen Reaktionen spielen.
- **wie** man bei einer chemischen Reaktion die Ausbeute erhöhen kann,
- **warum** Kohlenstoffverbindungen durch natürliche und menschlich beeinflusste Prozesse das Klima der Erde verändern können.

Sind Sie fit für dieses Kapitel?

1 Magnesium reagiert mit Salzsäure. Stellen Sie die Reaktionsgleichung auf. Berechnen Sie die Masse an Magnesiumchlorid, die bei der Umsetzung von 2 g Magnesium gebildet wird. Berechnen Sie das Volumen des entstehenden Wasserstoffs.

2 Berechnen Sie die Masse an reiner Schwefelsäure, die in 100 ml Säurelösung der Konzentration $c(H_2SO_4) = 0{,}25\ mol \cdot l^{-1}$ enthalten ist.

3 Nennen Sie die Energieumwandlungen, die bei folgenden Vorgängen stattfinden:
A Brennende Kerze
B Leuchten einer Taschenlampe
C Aufladen einer Batterie

4 Für die Herstellung von Mörtel wird Calciumcarbonat beim Kalkbrennen stark erhitzt. Dabei entstehen Calciumoxid und Kohlenstoffdioxid. Das Calciumoxid reagiert beim Kalklöschen unter Erwärmung mit Wasser zu Calciumhydroxid. An der Luft reagiert dieser Löschkalk langsam wieder zu Calciumcarbonat und Wasser. Stellen Sie die Reaktionsgleichungen auf. Ordnen Sie das Kalkbrennen und das Kalklöschen je einem der rechtsstehenden Energiediagramme zu.

5 a) Geben Sie die Reaktionsgleichung für die Bildung des nebenstehenden Esters **A** an.
b) Zeichnen Sie die Strukturformeln der Edukte
c) Benennen Sie die Edukte und den Ester.

1	8	12	16	17
H	O	Mg	S	Cl
1,00	15,99	24,31	32,06	35,45

Diagramm A

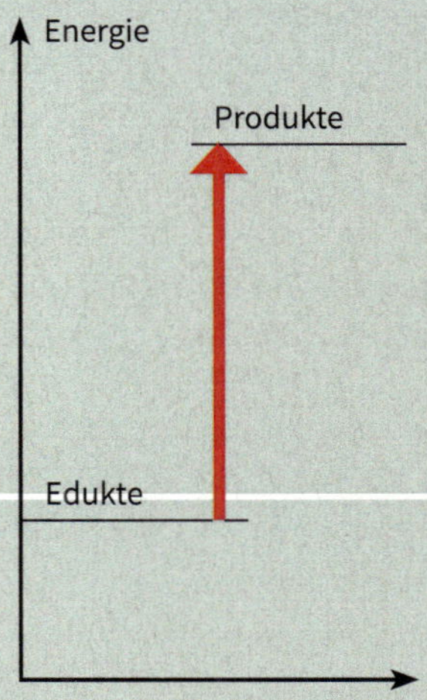

Diagramm B

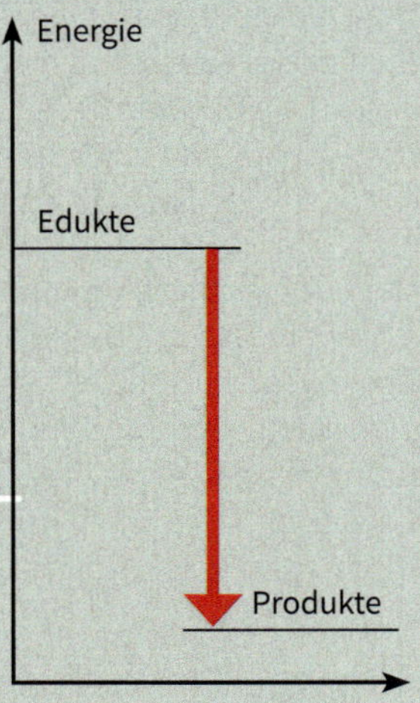

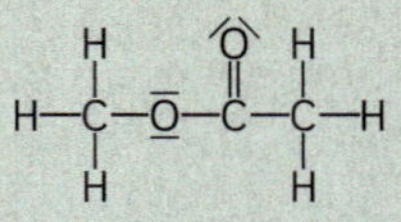

Ester **A**

Lösungen und weitere Aufgaben finden Sie unter www.westermann.de/chemie-heute-152072
Nutzen Sie zur Anmeldung den Online-Schlüssel auf der vorderen Umschlagsinnenseite.

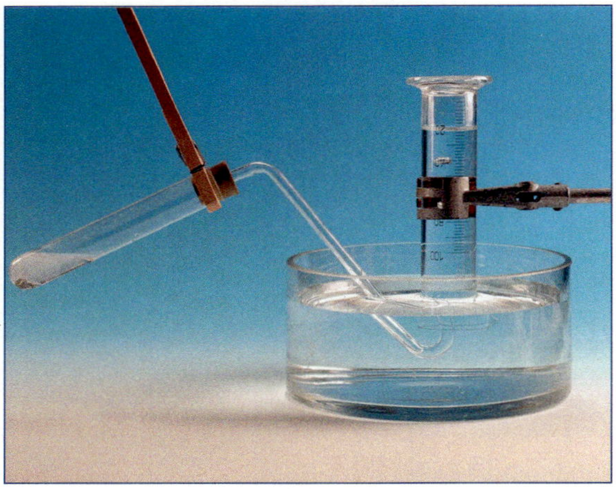

1 *Reaktion von Zink mit Salzsäure*

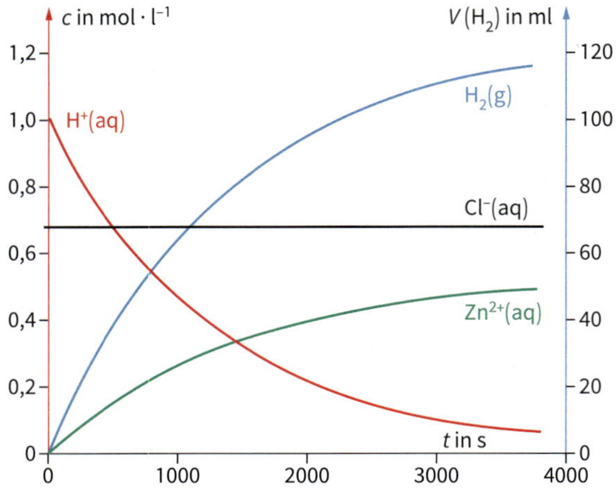

2 *Zeitlicher Verlauf der Reaktion von Zn (s) mit HCl (aq)*

Chemische Reaktionen verlaufen nicht alle gleich schnell. Beispielsweise ist der zeitliche Verlauf einer Explosion anders als der beim Rosten von Eisen. Möchte man in der Schule den zeitlichen Verlauf einer Reaktion untersuchen, dann ist die Umsetzung von Zink mit Salzsäure ein gut durchführbares Experiment (Abb. 1):

$$Zn(s) + 2\,H^+(aq) + 2\,Cl^-(aq) \rightarrow Zn^{2+}(aq) + H_2(g) + Cl^-(aq)$$

Zn-Atome gehen bei dieser Reaktion als Zn^{2+}-Ionen in Lösung. Das bei der Reaktion gebildete Wasserstoffgas kann mit dem in Abbildung 1 dargestellten Versuchsaufbau aufgefangen und quantitativ bestimmt werden. Die stärkste Entwicklung von Wasserstoff ist gleich zu Beginn zu verzeichnen. Im Reaktionsverlauf nimmt die Gasentwicklung dann ab. Um die Änderung besser zu verstehen, ist es zunächst notwendig, den Begriff der *Reaktionsgeschwindigkeit* zu klären.

Reaktionsgeschwindigkeit. Das Wort *Geschwindigkeit* kennt man beispielsweise vom Autofahren: Mathematisch betrachtet meint man den Quotienten aus einer zurückgelegten Strecke und der dafür benötigten Zeit, was auch an der Einheit km/h zu erkennen ist. Allgemein ist eine Geschwindigkeit ein Quotient aus einer Größenänderung und der zugehörigen Zeit.

Da sich bei chemischen Reaktionen die Konzentrationen der beteiligten Stoffe ändern, wird bei einer *Reaktionsgeschwindigkeit v* der Quotient aus der Konzentrationsdifferenz Δc und der dazugehörigen Reaktionsdauer Δt betrachtet. Dabei ist das Zeitintervall Δt stets positiv. Eine Konzentrationsänderung kann dagegen auch negativ sein, wenn die Abnahme einer Konzentration von Edukten einer Reaktion betrachtet wird. Ein Beispiel ist hier die abnehmende H^+-Ionenkonzentration bei der Reaktion von Salzsäure mit Zink (Abb. 2). Um stets positive Werte für die Geschwindigkeit v zu erhalten, wird zur Berechnung der Betrag der Konzentrationsänderung $|\Delta c|$ verwendet. Als Einheit von v ergibt sich damit $mol \cdot l^{-1} \cdot s^{-1}$:

$$v = \frac{|\Delta c|}{\Delta t} = \frac{|c_2 - c_1|}{t_2 - t_1}$$

Messen von Reaktionsgeschwindigkeiten. Bei der Reaktion von Zink mit Salzsäure kann in vorgegebenen Zeitintervallen kontinuierlich das entstandene Volumen an Wasserstoffgas gemessen werden. Im Anschluss lassen sich über das **molare Volumen V_m** von Gasen die entsprechenden Konzentrationsänderungen der H^+-Ionen und Zn^{2+}-Ionen in der Lösung berechnen (↗Rechenbeispiel). Cl^--Ionen werden bei der Reaktion nicht umgesetzt. Damit ist die Cl^--Ionenkonzentration über die ganze Reaktionsdauer hinweg konstant. Die Messergebnisse können in einem *Zeit-Konzentrations-Diagramm* dargestellt werden (Abb. 2).

Entsprechend der Reaktionsgleichung werden bei der Reaktion von Zink mit Salzsäure für die Bildung von einem Mol Zn^{2+}-Ionen zwei Mol H^+-Ionen umgesetzt. Die Konzentration der H^+-Ionen nimmt somit doppelt so schnell ab, wie die der Zn^{2+}-Ionen zunimmt. Bei der Angabe der Geschwindigkeit einer chemischen Reaktion muss deshalb für den eindeutigen Bezug das reagierende Teilchen angegeben werden.

$$v(H^+) = \frac{|\Delta c(H^+)|}{\Delta t} = \frac{2\,|\Delta c(Zn^{2+})|}{\Delta t|}$$

Die Steigungen aller Kurven in Abb. 2 nähern sich immer mehr einem waagerechten Verlauf an. Der Betrag der Steigung aller Kurven wird demnach kleiner. Er entspricht der Reaktionsgeschwindigkeit. Die abnehmende Reaktionsgeschwindigkeit passt zu der Beobachtung, dass die Reaktion immer langsamer wird.

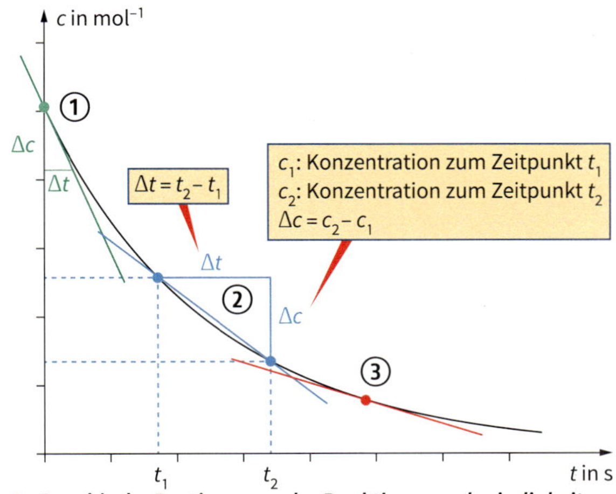

3 *Graphische Bestimmung der Reaktionsgeschwindigkeit*

Die Bestimmung der Kurvensteigung kann zu unterschiedlichen Zeitpunkten erfolgen. (Abb. 3). Ermittelt man über einen größeren Zeitbereich die Steigung der *Sekante* mit einem *Steigungsdreieck*, so erhält man die sogenannte **Durchschnittsgeschwindigkeit** ② für den betrachteten Zeitraum. Soll hingegen die Steigung zu einem beliebigen Zeitpunkt bestimmt werden, muss zunächst eine *Tangente* an die Kurve eingezeichnet werden. Die Steigung der Tangente entspricht der **Momentangeschwindigkeit** ③ der Reaktion zu dem Zeitpunkt, an dem die Tangente die Kurve berührt. Mathematisch gesehen handelt es sich dabei um die erste Ableitung der Konzentration nach der Zeit. Die **Anfangsgeschwindigkeit** ① ist hierbei die Momentangeschwindigkeit zu Beginn der Reaktion.

> Die Reaktionsgeschwindigkeit v ist definiert als Quotient aus dem Betrag der Konzentrationsänderung $|\Delta c|$ und der Reaktionsdauer Δt.

---

1 Bei einer Reaktion von 100 ml Salzsäure ($c = 1\ \text{mol} \cdot \text{l}^{-1}$) und Zink im Überschuss bilden sich in einer Minute 20 ml Wasserstoff.
a) Partner A: Berechnen Sie die Stoffmenge des entstandenen Wasserstoffs und die Konzentrationsänderung der H^+-Ionen.
Partner B: Berechnen Sie die Stoffmenge des entstandenen Wasserstoffs und die Konzentrationsänderung der Zn^{2+}-Ionen.
b) Überprüfen Sie Ihre Rechnungen gegenseitig.
c) Berechnen Sie gemeinsam die Reaktionsgeschwindigkeiten für die erste Minute in Bezug auf die H^+-Ionenkonzentration und die Zn^{2+}-Ionenkonzentration.

Rechenbeispiel

Berechnung der Konzentrationsänderung

30 ml Salzsäure werden mit Zinkgranalien versetzt. Die Salzsäure hat eine Konzentration von $c(\text{HCl}) = 0{,}5\ \text{mol} \cdot \text{l}^{-1}$. Nach einer Minute haben sich 25 ml Wasserstoff gebildet.

Aufgabe: *Bestimmen Sie die Konzentration der Salzsäure zum Zeitpunkt $t = 60$ s.*

1. Bestimmung der Stoffmenge $n_{60}(H_2)$

Mithilfe des **molaren Volumens V_m** kann die zum Zeitpunkt $t = 60$ s enthaltene Stoffmenge $n_{60}(H_2)$ im entstandenen Gasvolumen $V_{60}(H_2)$ berechnet werden. Das molare Volumen eines Gases ist bei Standardbedingungen immer $V_m = 24{,}46\ \text{l} \cdot \text{mol}^{-1}$.

$$V_m = \frac{V}{n} \Leftrightarrow n = \frac{V}{V_m}$$

$$n_{60}(H_2) = \frac{0{,}025}{24{,}46\ \text{l} \cdot \text{mol}^{-1}} \approx 0{,}001\ \text{mol}$$

2. Berechnung der Konzentration $c_{60}(\text{HCl})$

Für die Bildung von 0,001 mol H_2-Molekülen müssen gemäß Reaktionsgleichung 0,002 H^+-Ionen miteinander reagieren ($n_r(H^+) = 0{,}002$ mol). Zum Zeitpunkt $t = 60$ s sind also 0,002 mol H^+-Ionen weniger in der Lösung als zum Zeitpunkt $t = 0$.

Soll $n_{60}(\text{HCl})$ zum Zeitpunkt $t = 60$ s berechnet werden, muss zunächst die anfängliche Stoffmenge $n_0(H^+)$ zum Zeitpunkt $t = 0$ s bekannt sein:

$$c = \frac{n}{V} \Leftrightarrow n = c \cdot V$$

$$n_0(H^+) = 0{,}5\ \text{mol} \cdot \text{l}^{-1} \cdot 0{,}03\ \text{l} = 0{,}015\ \text{mol}$$

Von der anfänglichen Stoffmenge $n_0(H^+)$ wird die Stoffmenge $n_r(H^+)$subtrahiert, die zur Bildung der H_2-Moleküle notwendig war.

$$n_{60}(H^+) = n_0(H^+) - n_r(H^+)$$

$$n_{60}(H^+) = 0{,}015\ \text{mol} - 0{,}002\ \text{mol} = 0{,}013\ \text{mol}$$

Mit der Stoffmenge $n_{60}(H^+)$ und dem konstanten Lösungsvolumen $V(\text{HCl})$ kann die Stoffmengenkonzentration $c_{60}(\text{HCl})$ berechnet werden. Sie entspricht der $c_{60}(H^+)$, da Salzsäure einprotonig ist.

$$c_{60}(\text{HCl}) = \frac{n_{60}(H^+)}{V(\text{HCl})} = \frac{0{,}013\ \text{mol}}{0{,}03\ \text{l}} \approx 0{,}43\ \text{mol} \cdot \text{l}^{-1}$$

3. Ergebnis

Zum Zeitpunkt $t = 60$ s beträgt die Konzentration $c_{60}(\text{HCl}) = 0{,}43\ \text{mol} \cdot \text{l}^{-1}$. Dieser Wert kann in das Zeit-Konzentrations-Diagramm eingetragen werden.

Reaktionsgeschwindigkeiten bestimmen

Chemische Reaktionen können unterschiedlich schnell verlaufen. In diesem Projekt sollen Sie an verschiedenen Beispielen eigenständige Verfahren entwickeln, mit denen Sie den Einfluss bestimmter Faktoren auf die Reaktionsgeschwindigkeit ermitteln können. Bilden Sie dazu Gruppen und bearbeiten Sie einen der Forschungsaufträge (1. Gruppenphase). Mischen Sie nach der Bearbeitung die Gruppen neu (2. Gruppenphase), sodass in jeder neuen Gruppe ein Experte für jeden der Forschungsaufträge ist. Präsentieren Sie Ihre Ergebnisse den übrigen Gruppenmitgliedern und diskutieren Sie sie.

a) Beginnen Sie die 1. Gruppenphase: Nennen Sie Beispiele, bei denen man im Alltag unterschiedliche Reaktionsgeschwindigkeiten beobachtet. Beschreiben Sie die Beobachtungen.
b) Stellen Sie Hypothesen auf, welche Faktoren die Reaktionsgeschwindigkeit beeinflussen.
c) Diskutieren Sie, ob zum Vergleich der Reaktionsgeschwindigkeiten die Anfangs-, Momentan- oder Durchschnittsgeschwindigkeit geeignet ist.
d) Bewerten Sie das Vorgehen der Schülergruppe anhand des angegebenen Protokolls. Erläutern Sie, welcher Fehler bei der Untersuchung gemacht wurde.
e) Führen Sie Ihren Forschungsauftrag durch und bereiten Sie sich auf die 2. Gruppenphase vor.

Forschungsauftrag 1:
Reaktion von Zink mit Salzsäure

Materialien: großes Becherglas, Messzylinder, Reagenzglas mit seitlichem Ansatz, Stopfen, Schlauch, Stoppuhr;
Salzsäure (0,01 mol · l^{-1}, 0,1 mol · l^{-1},**5** , 1 mol · l^{-1}, **5**), Zinkpulver (stabilisiert, **9**), Zinkgranalien, Zinkblech

Aufgaben:
a) Stellen Sie die Reaktionsgleichung auf.
b) Entwickeln Sie in der Gruppe eine Versuchsdurchführung, bei der in einer gegebenen Zeit das maximale Gasvolumen produziert wird.
c) Kontrollieren Sie Ihre Planung mithilfe der Check-Karte.
d) Protokollieren Sie den Versuch und die beobachteten Messergebnisse.
e) Stellen Sie die Ergebnisse grafisch dar und formulieren Sie gemeinsam ein Ergebnis.

Forschungsauftrag 2:
Reaktion von Kaliumpermanganat mit Ethandisäure unter Berücksichtigung der Ethandisäurekonzentration

Ethandisäure reagiert bei sauren Bedingungen mit einer Kaliumpermanganatlösung unter Bildung von Kohlenstoffdioxid und Mn^{2+}-Ionen. Das zuvor violette Reaktionsgemisch entfärbt sich bei dieser Reaktion.

Materialien: Reagenzgläser, Gummistopfen, Reagenzglasständer, Messpipetten, Stoppuhr; Ethandisäurelösung (0,05 mol · l^{-1}), Kaliumpermanganatlösung (0,02 mol · l^{-1}l; frisch zubereitet, **9**), Schwefelsäure (1,0 mol · $^{-1}$, **5**)

Aufgaben:
a) Planen Sie einen Versuch, mit dem Sie die Abhängigkeit der beschriebenen Reaktion von der Konzentration an Ethandisäure untersuchen können. Bestimmen Sie hierzu die Zeit bis zur vollständigen Entfärbung der Lösung. Ein Reagenzglas mit Ethandisäure und Schwefelsäure ohne weitere Reagenzien dient als Vergleichslösung, um die Entfärbung beurteilen zu können.
b) Kontrollieren Sie Ihre Planung mithilfe der Check-Karte.
c) Protokollieren Sie den Versuch und die erhaltenen Messergebnisse.
d) Werten Sie Ihre Messdaten aus und formulieren Sie Ihre Ergebnisse.

Forschungsauftrag 3:
Reaktion von Kaliumpermanganat mit Ethandisäure unter Berücksichtigung der Temperatur

Ethandisäure reagiert bei sauren Bedingungen mit einer Kaliumpermanganatlösung unter Bildung von Kohlenstoffdioxid und Mn^{2+}-Ionen. Das zuvor violette Reaktionsgemisch entfärbt sich bei dieser Reaktion.

Materialien: Reagenzgläser, Gummistopfen, Reagenzglasständer, Messpipetten, Stoppuhr, Thermometer; Ethandisäurelösung (0,05 mol · l^{-1}), Kaliumpermanganatlösung (0,02 mol · l^{-1}; frisch zubereitet, **9**), Schwefelsäure (1,0 mol · l^{-1}, **5**), Eiswasser, heißes Wasser

Arbeitsaufträge:

a) Planen Sie einen Versuch, mit dem Sie die Abhängigkeit der Reaktion von der Temperatur untersuchen können. Bestimmen Sie hierzu die Zeit bis zur vollständigen Entfärbung der Lösung. Ein Reagenzglas mit Ethandisäure und Schwefelsäure ohne weitere Reagenzien dient als Vergleichslösung, um die Entfärbung beurteilen zu können.
b) Kontrollieren Sie Ihre Planung mithilfe der Check-Karte.
c) Protokollieren Sie den Versuch und die beobachteten Messergebnisse.
d) Werten Sie Ihre Messdaten aus und formulieren Sie Ihre Ergebnisse.

Forschungsauftrag 4:
Reaktion von Kaliumpermanganat mit Ethandisäure unter Berücksichtigung der Mn^{2+}-Ionenkonzentration

Ethandisäure reagiert unter sauren Bedingungen mit einer Kaliumpermanganatlösung unter Bildung von Kohlenstoffdioxid und Mn^{2+}-Ionen. Das zuvor violette Reaktionsgemisch entfärbt sich bei dieser Reaktion.

Materialien: Reagenzgläser, Gummistopfen, Reagenzglasständer, Messpipetten, Stoppuhr; Ethandisäurelösung ($0{,}05\ mol \cdot l^{-1}$), Kaliumpermanganatlösung ($0{,}02\ mol \cdot l^{-1}$l; frisch zubereitet, **9**), Schwefelsäure ($1{,}0\ mol \cdot {}^{-1}$, **5**)

Aufgaben:

a) Entwickeln Sie eine Versuchsdurchführung, mit der Sie die Abhängigkeit der Reaktion von der Konzentration an Mn^{2+}-Ionen untersuchen können. Bestimmen Sie hierzu die Zeit bis zur vollständigen Entfärbung der Lösung. Ein Reagenzglas mit Ethandisäure und Schwefelsäure ohne weitere Reagenzien dient als Vergleichslösung, um die Entfärbung beurteilen zu können.
b) Kontrollieren Sie Ihre Planung mithilfe der Check-Karte.
c) Protokollieren Sie den Versuch und die beobachteten Messergebnisse.
d) Werten Sie Ihre Messdaten aus und formulieren Sie Ihre Ergebnisse.

Protokoll

Aufgabe: Untersuchung der Abhängigkeit der Reaktionsgeschwindigkeit von einem Faktor

Vorüberlegung und Hypothese: Entsprechend des Sprichworts „Viel hilft viel" sollte die Reaktionsgeschwindigkeit mit der Masse eines Edukts steigen.

Lösungserwartung: Die Reaktionsgeschwindigkeit ist proportional zur Masse eines Edukts.

Materialien: Reagenzglas, Stopfen, Spritze mit leichtgängigem Kolben; Zinkgrieß, Zinkgranalien, Salzsäure (verd.)

Durchführung:

1. Das Reagenzglas wurde mit 5 ml Salzsäure und 0,22 g Zinkgrieß gefüllt.
2. Das Reagenzglas wurde mit dem Stopfen und der Spritze verschlossen.
3. Es wurde die Reaktionsdauer, bis 10 ml Wasserstoff entstanden waren, gemessen (V1).
4. Der Versuch wurde mit 0,35 g Zinkgrieß (V2) und mit einer (V3; 0,63 g), zwei (V4; 0,88 g) und drei Zinkgranalien (V5; 1,34 g) wiederholt.

Auswertung: Da die Reaktionsgeschwindigkeit umgekehrt proportional zur Reaktionsdauer ist, wurde jeweils der Kehrwert der Reaktionsdauer berechnet. Diese Kehrwerte wurden im folgenden Diagramm gegen die Massen an Zink aufgetragen.

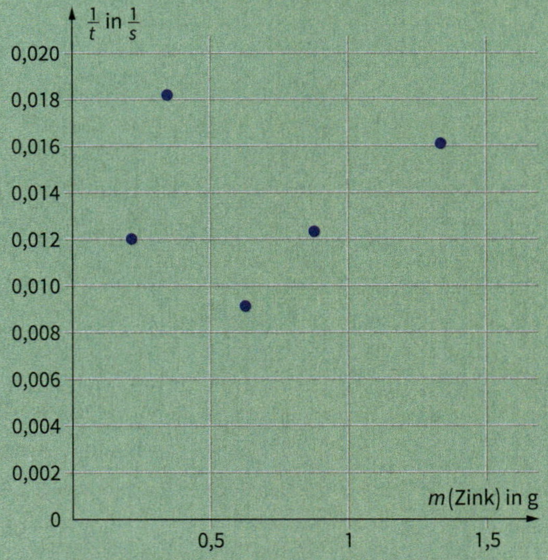

Ergebnis: Aus dem Diagramm kann man keine einfache Aussage über den Zusammenhang von Reaktionsgeschwindigkeit und der Masse der Edukte formulieren.

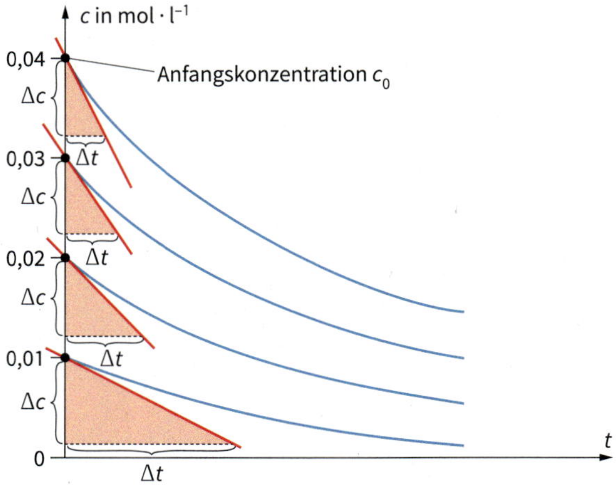

1 *Bestimmung der Anfangsgeschwindigkeit*

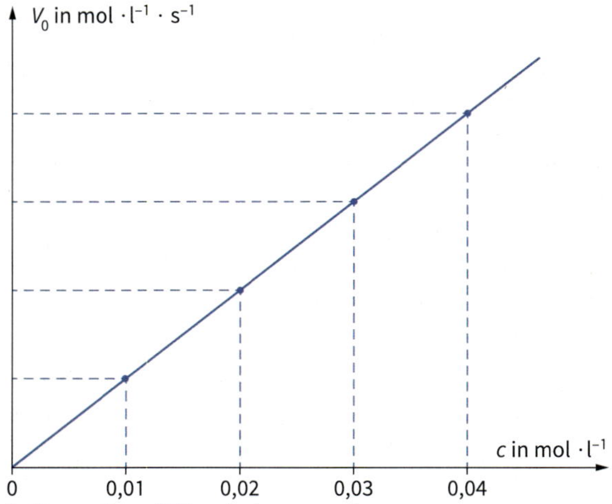

2 *Proportionalität zwischen v_0 und c*

Bei der Reaktion von Zink mit Salzsäure zeigt sich, dass die Reaktionsgeschwindigkeit im Verlauf der Reaktion abnimmt. Auch die Konzentrationen der Edukte nehmen im Verlauf der Reaktion ab. Damit liegt die Vermutung nahe, dass es einen Zusammenhang zwischen den Konzentrationen der Edukte und der Reaktionsgeschwindigkeit gibt. Diese Abhängigkeit der Reaktionsgeschwindigkeit von der Konzentration lässt sich experimentell an der bereits bekannten Reaktion von Zink mit Salzsäure untersuchen. Dazu variiert man nur einen Parameter, im vorliegenden Beispiel also nur die Konzentration der Salzsäure. Alle anderen Größen wie Stoffmenge und Zerteilungsgrad des Zinks oder die Temperatur bleiben konstant.

Methode der Anfangsgeschwindigkeit. Um den Zusammenhang zwischen Säurekonzentration und Reaktionsgeschwindigkeit zu untersuchen, werden vier verschieden konzentrierte Salzsäuren mit Zink versetzt. Die im Überschuss eingesetzte Menge an Zink ist für alle vier Versuchsansätze gleich und die Temperatur konstant. Der Verlauf der experimentell bestimmten H^+-Ionenkonzentration ist in Abb. 1 in Abhängigkeit von der Zeit aufgetragen. Mithilfe der **Methode der Anfangsgeschwindigkeit** wird jeweils die Tangentensteigung zum Zeitpunkt $t = 0$ s bestimmt und so die Reaktionsgeschwindigkeit ermittelt (Abb. 1).

Die Methode der Anfangsgeschwindigkeit betrachtet die Konzentrationsänderung eines der beteiligten Stoffe zu Beginn der Reaktion. Die Anfangskonzentration ist genau bekannt und störende Einflüsse wie zum Beispiel Temperaturänderungen sind noch minimal. Weiterhin verläuft die Kurve nahezu linear, sodass für kleine Zeitintervalle die Anfangsgeschwindigkeit durch Messung der Durchschnittsgeschwindigkeit bestimmt werden kann. Wichtig ist jedoch die Reaktionen so zu starten, dass der Beginn der Reaktion nicht verzögert wird.

Geschwindigkeitsgleichung. Zur weiteren Auswertung werden die Steigungen in einem neuen Diagramm gegen die zugehörige Konzentration aufgetragen (Abb. 2). Als Ergebnis ergibt sich eine Gerade, die im Ursprung des Koordinatensystems beginnt und einen linearen Verlauf aufweist. Mathematisch ist dies eine Proportionalität zwischen den entsprechenden Anfangsgeschwindigkeiten v_0 und den zugeordneten Anfangskonzentrationen c_0 der Salzsäuren:

$$v_0 \sim c_0(\text{HCl}) \text{ mit } c_0(\text{HCl}) = c_0(\text{H}^+)$$

Mit einem Proportionalitätsfaktor kann der Ausdruck in eine Gleichung umgewandelt werden. Dieser Proportionalitätsfaktor wird mit *k* abgekürzt und als **Geschwindigkeitskonstante** bezeichnet. Somit lautet die *Geschwindigkeitsgleichung* für die Reaktion:

$$v = k \cdot c(\text{HCl})$$

Die Stoffmenge des eingesetzten Zinks ist hier so groß gewählt, dass sie während der Reaktion als konstant angesehen werden kann und damit in die Konstante *k* eingeht. Weiterhin stellt *k* eine *reaktionsspezifische Konstante* dar, die nicht auf andere Reaktionen übertragen werden kann. Die Einheit von *k* ergibt sich für den vorliegenden Fall als $1 \cdot s^{-1}$. Somit erhält die Reaktionsgeschwindigkeit die Einheit von $mol \cdot l^{-1} \cdot s^{-1}$.

Reaktionen verlaufen häufig in mehreren Reaktionsschritten. Der langsamste Reaktionsschritt bestimmt hierbei die Reaktionsgeschwindigkeit und muss experimentell ermittelt werden.

Stoßhäufigkeit. Eine der wichtigsten Voraussetzungen für den Ablauf chemischer Reaktionen ist das Zusammenstoßen von Teilchen der verschiedenen Edukte. Zu Beginn der betrachteten Reaktion von Zink und Salzsäure liegt die größte Konzentration der Edukte vor. Die Wahrscheinlichkeit für ein Zusammenstoß von H^+-Ionen und Zn-Atomen ist am größten und damit auch die Reaktionsgeschwindigkeit. Im Verlauf der Reaktion werden immer mehr Teilchen der Edukte umgesetzt. Die Wahrscheinlichkeit eines Zusammenstoßens nimmt im Reaktionsverlauf ab.

Die Kollision der Edukt-Teilchen ist zwar eine Grundvoraussetzung für eine anschließende Reaktion, jedoch für sich genommen nicht ausreichend. So spielen die Bewegungsenergie und die Orientierung der Teilchen zueinander auch eine entscheidende Rolle. Treffen die Teilchen beispielsweise mit einer zu geringen Energie aufeinander, bleibt eine Reaktion trotz Zusammenstoß aus. Bei ausreichender Energie der Kollision ist dann auch die Orientierung der beteiligten Edukt-Teilchen entscheidend. Sie muss so sein, dass zwischen den Teilchen Bindungen gelöst und neu ausgebildet werden können. Nur dann liegt ein *wirksamer Stoß* vor und die Reaktion findet statt. Stimmt die Orientierung trotz ausreichender Kollisionsenergie hingegen nicht, bleibt die Reaktion aus.

Bei einer statistischen Betrachtung der Kollisionsmöglichkeiten aller Teilchen ergibt sich, dass die Anzahl N der zwischen A und B möglichen Zusammenstöße dem Produkt von A und B entspricht (Abb. 3). Zusammenstöße zwischen gleichen Teilchen kommen auch vor, bleiben jedoch unberücksichtigt, da sie keine Reaktion zur Folge haben. Allgemein ergibt sich damit für die Reaktionsgeschwindigkeit v bei zwei beteiligten Edukten A und B, die nicht im Überschuss vorliegen, folgender mathematischer Zusammenhang:

$$v \sim c(\text{A}) \cdot c(\text{B})$$

Durch den reaktionsspezifischen Faktor k werden die unwirksamen Stöße berücksichtigt. Dieser ist identisch mit der Geschwindigkeitskonstanten. Für die Reaktionsgeschwindigkeit gilt dann:

$$v = k \cdot c(\text{A}) \cdot c(\text{B})$$

Bei Gasreaktionen ist auch der Druck wichtig. Ein höherer Druck entspricht bei gleicher Temperatur einer höheren Anzahl von Teilchen bei gleichem Volumen. So sind Druck und Konzentration proportional. Die Auswirkung des Drucks auf die Reaktionsgeschwindigkeit wird damit genauso erklärt, wie die Auswirkung der Konzentration.

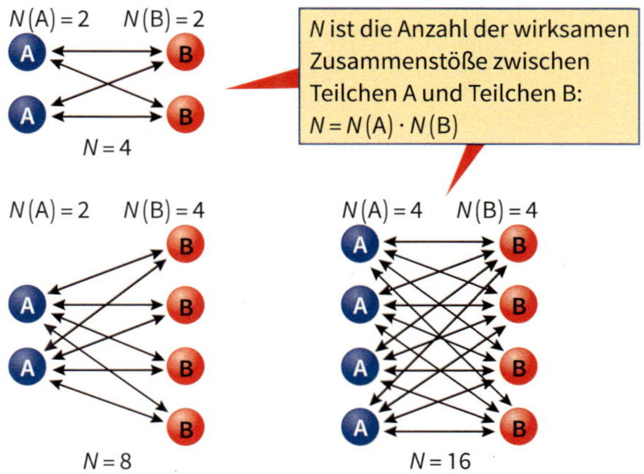

3 *Gedankenexperiment zur Häufigkeit von Stößen*

Mit der Häufigkeit von wirksamen Zusammenstößen zwischen reaktionsfähigen Teilchen steigt die Reaktionsgeschwindigkeit. Die Abhängigkeit der Reaktionsgeschwindigkeit von Konzentrationen wird durch die Geschwindigkeitsgleichung beschrieben.

---

1 Für die Durchführung der Reaktion von Zink mit Salzsäure wird Schütteln oder Rühren vorgeschlagen. Erläutern Sie den Einfluss dieser Maßnahmen auf die Reaktionsgeschwindigkeit.

2 Ein Kupferstück reagiert bei 30 °C mit Salpetersäure. Begründen Sie, welchen Einfluss folgende Maßnahmen auf die Reaktionsgeschwindigkeit haben:
A: Verdoppelung der Säurekonzentration
B: Verdoppelung des Volumens an Säure
C: Verdoppelung der Oberfläche des Kupferstücks

3 a) Stellen Sie für die folgenden Reaktionen die Geschwindigkeitsgleichungen auf:
Partner A: $H_2 + I_2 \rightarrow 2\,HI$
Partner B: $2\,NOCl \rightarrow 2\,NO + Cl_2$
Partner C: $2\,NO_2 \rightarrow N_2O_4$
b) Vergleichen Sie Ihre Ergebnisse untereinander.

4 Gegeben ist die Reaktion $A_2 + B_2 \rightarrow 2\,AB$.
a) Erläutern Sie an einer Skizze den Effekt der räumlichen Orientierung der Reaktionspartner in Bezug auf einen wirksamen und unwirksamen Zusammenstoß.
b) Stellen Sie für die Reaktion aus a) die Geschwindigkeitsgleichung auf und erläutern Sie die Bedeutung der Geschwindigkeitskonstanten k.

5 Als Reaktionsordnung bezeichnet man die Summe der Exponenten m, n, … der in der Geschwindigkeitsgleichung auftretenden Konzentrationen: $v = k \cdot c^m(\text{A}) \cdot c^n(\text{B})$…. Ermitteln Sie für die Reaktionen aus Aufgabe 3 die jeweilige Reaktionsordnung.

Projekt Prozesse simulieren

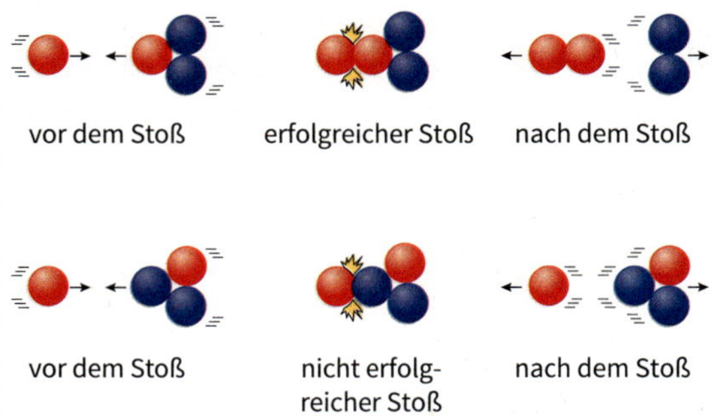

1 *Zusammenstöße von Teilchen bei chemischen Reaktionen*

Bei den folgenden Simulationen gehen wir davon aus, dass die Teilchen der Edukte aus kleinen, massiven Kügelchen bestehen. Jedes Teilchen hat eine bestimmte Masse, eine bestimmte Geschwindigkeit und eine bestimmte Bewegungsrichtung. Für einen erfolgreichen Zusammenstoß sind außer der Geschwindigkeit noch der Stoßwinkel und die Auftreffstelle im Molekül entscheidend. Alle Versuche sollen in Gruppen durchgeführt werden.

Versuch 1: Perlenversuch

In einer Simulation soll die Reaktion A + B $\rightarrow$ AB mit weißen (Lösemittel), blauen (Stoff A) und gelben (Stoff B) Perlen nachgestellt werden. Der Anteil der blauen beziehungsweise gelben Perlen entspricht damit deren Konzentration. Durch Ziehen von zwei Perlen aus dem Behälter wird ein Zusammenstoß simuliert. Ein erfolgreicher Zusammenstoß für eine Reaktion liegt immer dann vor, wenn bei einer Ziehung eine blaue Perle und eine gelbe Perle gezogen wurden. Die Perlen werden zurück in den Behälter gegeben, das Verfahren wird einhundert Mal durchgeführt und die Ergebnisse werden notiert. Die Zahl der Treffer entspricht der Reaktionsgeschwindigkeit. Sie benötigen Perlen in drei verschiedenen Farben und ein weites Gefäß für die Perlenmischung.

Aufgaben:

a) Führen Sie den Versuch arbeitsteilig mit den nachfolgenden Perlenverhältnissen durch. Tragen Sie die Ergebnisse der Gruppen dann in einem Diagramm zusammen. Wählen Sie die Ordinate für die Anzahl der wirksamen Zusammenstöße und die Abszisse für den Perlenanteil von Stoff A.

Gruppe	Perlenanteil in %		
	Stoff A	Stoff B	Lösemittel
1	50	50	0
2	40	50	10
3	30	50	20
4	20	50	30
5	10	50	40

b) Stellen Sie die Reaktionsgleichung und die Geschwindigkeitsgleichung für die simulierte Reaktion auf.

Versuch 2: Tabellenkalkulation

Der Perlenversuch kann auch mithilfe einer Tabellenkalkulation durchgeführt werden.

1. Mit der Funktion „Zufallszahl" füllt man die Zellen A1 und B1 mit zufällig gewählten Dezimalzahlen zwischen 0 und 1. Klicken Sie dazu auf die Zelle A1 und geben Sie die Funktion „=ZUFALLSZAHL()" ein. Wiederholen Sie entsprechend für die Zelle B1. Für 1000 Ziehungen werden diese Zelleninhalte bis A1000 und B1000 kopiert.
2. In die Zellen E2 und F2 trägt man den Perlenanteil von A und von B ein. In die Zelle E3 wird die Funktion „=E2" eingegeben, bei F3 entsprechend „=F2". Dadurch werden die prozentualen Anteile automatisch in die jeweilige Zeile übernommen. Kopieren Sie diese Funktion in beiden Spalten bis E1001 und F1001.
3. In der Zelle C1 überprüft man durch eine Wenn-Funktion, ob die Zufallszahlen in A1 und B1 dem Kriterium eines Treffers genügen, also kleiner als die Zahlen in E1 und F1 sind.
   Wenn die Zufallszahl im Teilchenanteil enthalten ist, erscheint in C1 eine 1; sonst eine 0. Die Und-Funktion erreicht, dass beide Zellen der Bedingung entsprechen müssen. Die Zelle C1 hat dann den folgenden Inhalt, den Sie als Funktion eingeben müssen: „=WENN(UND(A1<=E2;B1<=F2);1;O)"
   Nun kopiert man den Zelleninhalt aus C1 bis nach C1000.
4. In der Zelle D2 wird mit dem Befehl „=SUMME(C1:C1000)" die Summe von C1 bis C1000 gebildet. Hier wird im Gegensatz zur Perlensimulation die Zahl der Treffer bei 1000 Griffen angezeigt.
5. Mit der Taste F9 kann jeweils ein erneuter Simulationsdurchlauf gestartet werden. Führen Sie für

jedes Teilchenverhältnis 10 Simulationen durch und bilden Sie den Mittelwert der Trefferzahl.
6. Die Teilchenanteile in den Zellen E2 und F2 können genauso abgewandelt werden wie in der Perlensimulation.

Aufgaben:

a) Führen Sie die Simulation mit der Tabellenkalkulation durch und werten Sie diese mit den bestimmten Mittelwerten grafisch aus.
b) Stellen Sie die Reaktionsgleichung für die simulierte Reaktion auf.
c) Ermitteln Sie die Geschwindigkeitsgleichung für die simulierte Reaktion.
d) Ermitteln Sie die Geschwindigkeitsgleichung für die folgende Reaktion durch eine angepasste Tabellenkalkulation: 2 A → B.

C1 | fx =WENN(UND(A1<=$E$2;B1<=$E$2);1,0

	A	B	C	D	E	F	G
1	0,0585	0,0575	1	Treffersumme	Perlenanteil A	Perlenanteil B	
2	0,2146	0,4414	0	39	50 %	50 %	
3	0,4032	0,7025	0		50 %	50 %	
4	0,8855	0,6107	0		50 %	50 %	
5	0,9879	0,1891	0		50 %	50 %	
6	0,7401	0,1380	0		50 %	50 %	
7	0,3092	0,3580	0		50 %	50 %	
8	0,9812	0,3114	0		50 %	50 %	
9	0,9663	0,4542	0		50 %	50 %	
10	0,3806	0,1102	0		50 %	50 %	
11	0,8881	0,3536	0		50 %	50 %	
12	0,7454	0,9423	0		50 %	50 %	

Versuch 3:
Arbeiten mit einer Kugelbahn

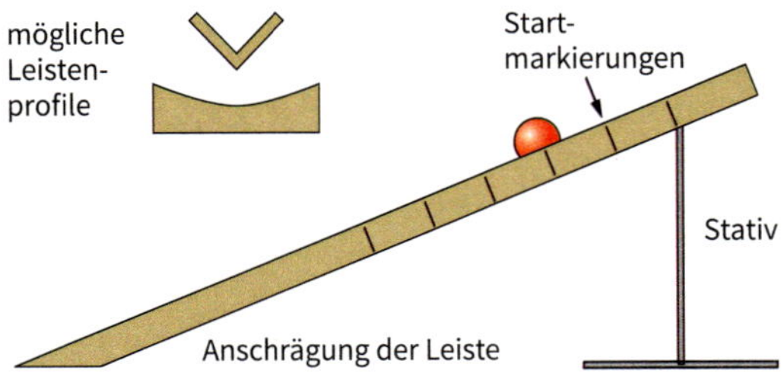

Nicht jeder Zusammenstoß von Edukt-Teilchen führt zur chemischen Reaktion. Die Teilchen müssen auch die nötige kinetische Energie haben, damit der Zusammenstoß erfolgreich werden kann. Diese Verhältnisse sollen mit einer Kugelbahn simuliert werden. Dazu lässt man eine Kugel eine schiefe Ebene herunterrollen. Bei einem Zusammenstoß mit einer zweiten Kugel erhält diese kinetische Energie. Die zweite Kugel rollt nun über den Tisch und trifft auf ein im Halbkreis ausgelegtes Hindernis. Ist die kinetische Energie der Kugel groß genug, kann sie das Hindernis überwinden.

Materialien: Hohlleiste oder Winkelleiste mit Startmarkierungen, 2 gleich große Stahlkugeln, Stativ, einadriges Kabel als Hindernis, Tuch, Winkelmesser

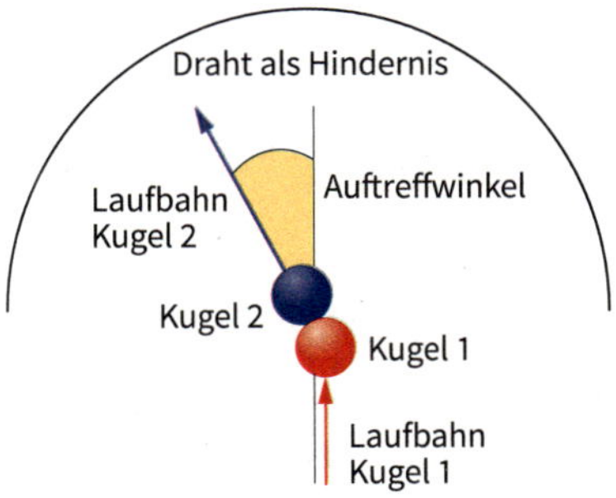

Aufgaben:

a) Bauen Sie sich eine Kugelbahn.
b) Legen Sie das Hindernis aus und überdecken Sie es mit einem Tuch. Stellen Sie die Kugelbahn mit auf das Tuch.
c) Planen Sie einen Versuch, mit dem der Erfolg eines Zusammenstoßes in Abhängigkeit vom Auftreffwinkel untersucht werden kann.
d) Überprüfen Sie Ihre Planung mithilfe der Check-Karte und führen Sie die Messreihe durch.
e) Erläutern Sie das Ergebnis Ihrer Untersuchung.
f) Planen und beschreiben Sie einen Versuch, mit dem man Reaktionen mit unterschiedlichen Mindestenergien beziehungsweise Aktivierungsenergien simulieren kann.

Versuch 4:
Arbeiten mit einer Kugelbahn

Die kinetische Energie der Teilchen wird bei einer exothermen Reaktion benötigt, um eine Reaktion zu starten. Dies kann mit dem Dominoeffekt simuliert werden.

Aufgaben:

a) Vergleichen Sie die Energieverhältnisse bei einer chemischen Reaktion mit dem dargestellten Dominoeffekt.
b) Erläutern Sie dies auf Teilchenebene und am Beispiel der nachfolgenden Abbildung.

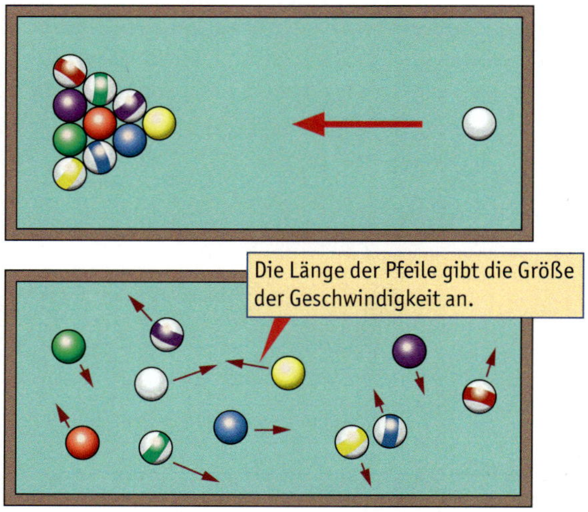

1 *Ein ideales Billardspiel*

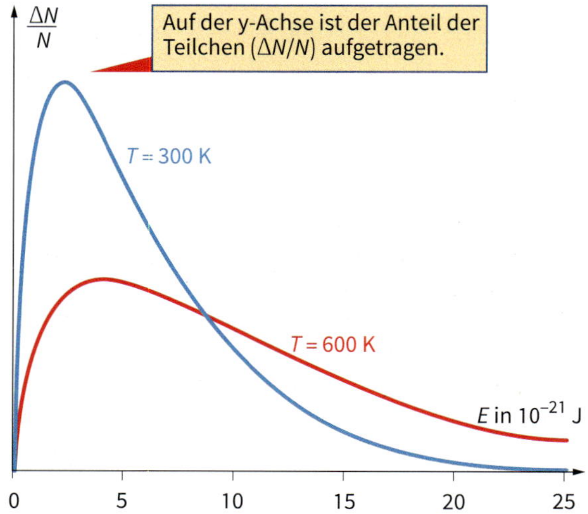

2 *Boltzmann-Verteilung in einer Stoffportion*

Bei einem Billardspiel werden die ruhenden, farbigen Kugeln durch den Anstoß mit der weißen Kugel in Bewegung versetzt. Die Energie der weißen Kugel überträgt sich mit dem Aufprall sehr unterschiedlich auf die farbigen Kugeln. Diese rollen mit verschiedenen Geschwindigkeiten über den Tisch (Abb. 1). Prallt die weiße Kugel mit sonst gleichen Startbedingungen schneller auf die ruhenden bunten Kugeln, rollen diese erneut mit unterschiedlicher Geschwindigkeit. Die mittlere Geschwindigkeit der farbigen Kugeln ist aber höher.

Geschwindigkeitsverteilung. Je nachdem wie viel Energie die weiße Billardkugel auf die farbigen Kugeln übertragen hat, ergibt sich eine andere *Geschwindigkeitsverteilung* der rollenden bunten Kugeln. Dieser Sachverhalt lässt sich modellhaft auf die Teilchenebene übertragen: Alle Teilchen befinden sich in permanenter Bewegung, haben bei einer bestimmten Temperatur aber niemals die gleiche Bewegungsenergie. Sie sind also unterschiedlich schnell. Die jeweilige Anzahl der Teilchen mit einer bestimmten Geschwindigkeit wird durch die Geschwindigkeitsgleichung beschrieben (↗ S. 78). Fügt man dem betrachteten System Energie durch Wärme hinzu, wird diese in Bewegungsenergie gewandelt und die Teilchen werden schneller. Es stellt sich eine andere Geschwindigkeitsverteilung ein.

Energieverteilung nach Boltzmann. Da Geschwindigkeit v und Energie E_{kin} bewegter Teilchen mit der Masse m über die Beziehung $E_{kin} = \frac{1}{2} m \cdot v^2$ miteinander verknüpft sind, kann das Muster der Geschwindigkeitsverteilung auch als *Energieverteilung* dargestellt werden. Trägt man den Anteil der Teilchen mit einer bestimmten Bewegungsenergie ($\Delta N/N$) in Abhängigkeit von der Energie auf, erhält man eine Energieverteilungskurve (Abb. 2).

Der österreichische Physiker und Philosoph Ludwig Boltzmann hat die nach ihm benannte Verteilung ermittelt. Die Gesamtzahl N der Teilchen entspricht der Fläche unter der Kurve. Sie ist natürlich für beide Kurven gleich. Am Verlauf der blauen Kurve erkennt man, dass bei 300 K nur sehr wenige Teilchen über eine hohe Bewegungsenergie verfügen. Ebenso ist auch der Anteil der Teilchen mit niedriger Bewegungsenergie sehr gering. Die Temperaturangabe in Kelvin entspricht der Angabe in °C, ist aber um 273,15° verschoben. Sie beginnt am absoluten Nullpunkt. 0 °C sind daher 273,15 K. Mit zunehmender Temperatur steigt der Anteil der Teilchen mit höherer Bewegungsenergie. Anschaulich wird dies am Verlauf der roten Kurve in Abb. 2. Das Maximum liegt gegenüber der blauen Kurve niedriger und ist leicht nach rechts verschoben. Außerdem fällt die rote Kurve weniger steil ab.

Stoßtheorie. Damit Teilchen miteinander reagieren können, müssen vorhandene chemische Bindungen gelöst und neue gebildet werden. Diese Prozesse benötigen eine bestimmten Energiebetrag, die sogenannte **Mindestenergie E_{min}**. Wird diese Mindestenergie nicht erreicht, findet keine Reaktion statt.

Die für einen wirksamen Zusammenstoß notwendige Mindestenergie wird durch die Bewegungsenergie, also die kinetische Energie der aufeinander prallenden Teilchen bereitgestellt. Typisch für viele Reaktionen sind Mindestenergien im Bereich von 10^{-19} J pro Teilchen (60 kJ · mol^{-1}). Da die mittlere kinetische Energie eines Teilchens bei Raumtemperatur jedoch nur ungefähr $6 \cdot 10^{-21}$ J (3,6 kJ · mol^{-1}) beträgt, können nur wenige Teilchen reagieren. Sie müssen die Mindestenergie oder mehr besitzen. Eine Erhöhung der Temperatur geht mit einer Erhöhung der kinetischen Energie der Teilchen einher, womit sich eine andere Energieverteilung einstellt. Damit nimmt die Anzahl der Teilchen mit $E \geq E_{min}$ exponentiell zu. Es besitzen mehr Teilchen die für eine Reaktion erforderliche Mindestenergie; die Reaktionsgeschwindigkeit steigt.

RGT-Regel. Experimentelle Ergebnisse zeigen, dass sich die Geschwindigkeit einer chemischen Reaktion um den Faktor zwei bis vier erhöht, wenn die Temperatur um 10 K steigt. Dieser Zusammenhang wird als Reaktionsgeschwindigkeit-Temperatur-Regel, kurz *RGT-Regel,* beschrieben. Zwar werden die Teilchen bei einer Temperaturerhöhung schneller, aber die exponentielle Zunahme der Reaktionsgeschwindigkeit lässt sich dadurch nicht erklären. Bei einer Temperaturerhöhung von 20 °C auf 30 °C nimmt die Zahl der Zusammenstöße nur um 2 % zu. Die Ursache des exponentiellen Anstieg der Reaktionsgeschwindigkeit liegt in der sehr starken Zunahme von Teilchen mit höherer Energie.

Aktivierungsenergie. Aus der Betrachtung des Ablaufs von chemischen Reaktionen ist bereits der Begriff der *Aktivierungsenergie* E_A bekannt (Abb. 3). Dieser beschreibt die Energiemenge, die notwendig ist, um die Reaktion einer Stoffportion zu starten. Die Aktivierungsenergie muss, wie der Name bereits sagt, nur zu Beginn der Reaktion aufgebracht werden. Danach laufen exotherme Reaktionen unter Freisetzung von Energie freiwillig weiter ab, bis die Edukte im Idealfall vollständig in Produkte umgewandelt sind.

Die Begriffe *Mindestenergie* und *Aktivierungsenergie* dürfen jedoch nicht synonym verwendet werden. Ausgehend von der theoretisch bestimmten Energieverteilung der Teilchen stellt E_{min} die Energiemenge dar, die die einzelnen Teilchen für eine Reaktion mindestens aufweisen müssen. Wird für die Reaktion einer Stoffportion die Aktivierungsenergie aufgebracht, müssen nicht zwingend alle Teilchen gleichzeitig E_{min} erreichen. Es reicht aus, wenn ein gewisser Anteil der Teilchen in der Stoffportion E_{min} erhält und es zur Reaktion kommt. Die im Falle der exothermen Reaktion freiwerdende Energie muss dann so groß sein, dass die Mindestenergie auch für weitere Teilchen aufgebracht wird und die Reaktion für die gesamte Stoffportion vollständig ablaufen kann.

Bei höheren Temperaturen nimmt der Anteil an schnelleren Teilchen exponentiell zu. Damit haben mehr Teilchen die Mindestenergie für einen wirksamen Stoß und die Reaktionsgeschwindigkeit steigt exponentiell.

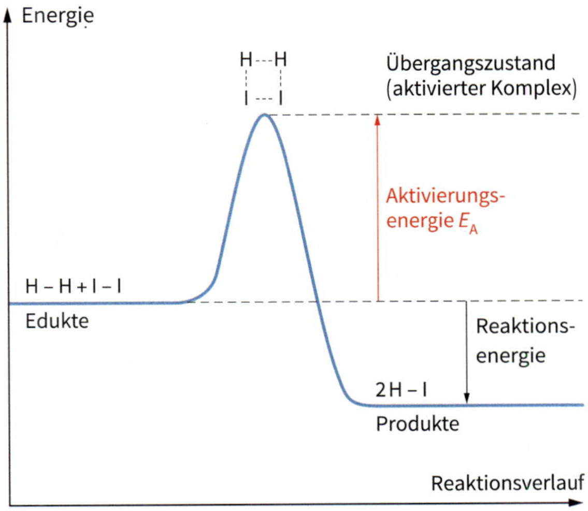

3 ***Energiediagramm der Bildung von Iodwasserstoff***

1 Bei der Knallgasreaktion reagieren Wasserstoff und Sauerstoff zu Wasser.
a) Formulieren Sie die Reaktionsgleichung.
b) Beschreiben Sie ein im Unterrichts übliches Experiment, um diese Reaktion ablaufen zu lassen.
c) Erläutern Sie auf Teilchenebene denkbare Prozesse, die für diese Reaktion die Mindestenergie bestimmen.
d) Vergleichen Sie die Bedeutung der Begriffe *Aktivierungsenergie* und *Mindestenergie.* Erklären Sie Gemeinsamkeiten und Unterschiede.

2 Zeigen Sie mithilfe der Energieverteilung in einer Stoffportion folgende Sachverhalte:
A: Flüssigkeiten verdampfen langsam auch weit unterhalb ihrer Siedetemperatur.
B: Bei Erreichen der Siedetemperatur, gehen nicht alle Teilchen gleichzeitig in die Gasphase über.

3 Im Knallgasmisch ist die mittlere kinetische Energie E_{kin} von O_2-Molekülen und H_2-Molekülen gleich, die mittlere Geschwindigkeit *v* aber unterschiedlich. O_2-Moleküle besitzen bei Raumtemperatur (T = 293 K) eine mittlere Geschwindigkeit von $v = 478 \text{ m} \cdot \text{s}^{-1}$.
a) Berechnen Sie über $E_{kin} = ½\, m \cdot v^2$ die mittlere Geschwindigkeit der H_2-Moleküle bei Raumtemperatur.
b) Ein mit Wasserstoff gefüllter und verschlossener Luftballon wird an einer Stelle mit Klebeband beklebt. Nach dem Anstechen mit einer Nadel verhindert das Klebeband das Platzen, nicht aber das schnelle Entleeren des Ballons. Wird das Experiment unter ansonsten gleichen Bedingungen mit Sauerstoff wiederholt, so ist zu beobachten, dass der Ballon etwa die vierfache Zeit zur Entleerung benötigt. Deuten Sie dies vor dem Hintergrund Ihrer Ergebnisse im Aufgabenteil a.
c) Formulieren Sie eine Hypothese zur relativen Ausströmzeit bei einer um 10 K höheren Temperatur.

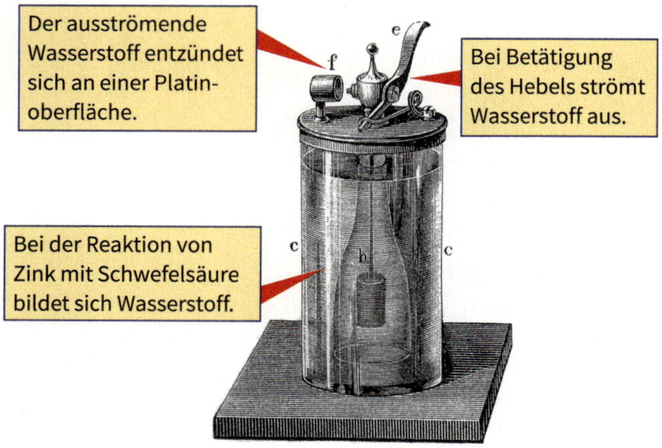

1 *Döbereiner-Feuerzeug*

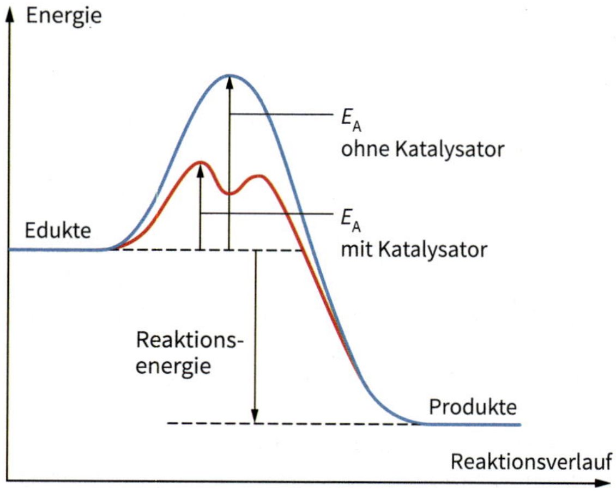

2 *Einfluss eines Katalysators auf die Aktivierungsenergie*

Johann Wolfgang DÖBEREINER entdeckte 1832, dass sich Wasserstoff in Gegenwart von Platin an der Luft selbstständig entzündet. Es war keine erkennbare Aktivierungsenergie notwendig, um diese exotherme Reaktion in Gang zu setzen. DÖBEREINER nutzte diese elegante Art Feuer ohne Zündhölzer zu erzeugen für die Konstruktion eines Feuerzeugs (Abb. 1). Den dafür notwendigen Wasserstoff ließ er durch die Reaktion von Zink mit Schwefelsäure entstehen.

Heterogene Katalyse. Inzwischen ist das ungewöhnliche Verhalten des Wasserstoffs an einer Platinoberfläche verstanden. An der Oberfläche dissoziieren zunächst H_2-Moleküle und O_2-Moleküle in einzelne Atome. Sie lagern sich an die Platinoberfläche an. Ein O-Atom reagiert dann zuerst mit einem H-Atom und später mit einem weiteren zu einem H_2O-Molekül (Abb. 3). Diese exothermen Reaktionen verlaufen sehr schnell und erwärmen die Platinoberfläche so stark, dass sie zu glühen beginnt und das Wasserstoff-Sauerstoff-Gemisch entzündet (Abb. 1).

Jöns Jacob BERZELIUS erkannte 1835, dass sich die Zunahme der Reaktionsgeschwindigkeit in derartigen Fällen auf die Wirkung bestimmter Stoffe zurückführen lässt. Er führte dazu den Begriff **Katalysator** ein. Ein solcher Stoff beschleunigt durch seine bloße Gegenwart Reaktionen, die ohne ihn nur sehr langsam ablaufen würden. In Gegenwart eines Katalysators ist die **Mindestenergie E_{min}** für die Teilchen und damit auch die **Aktivierungsenergie E_A** der Stoffportion geringer. Damit können auch Zusammenstöße zwischen Teilchen, deren kinetische Energien sonst unterhalb der Mindestenergie gelegen hätten zu einer Reaktion führen. Bei der Reaktion mit Katalysator bildet sich an der Katalysatoroberfläche zunächst eine reaktionsfähige *Zwischenstufe*. Wechselwirkungen zwischen der Katalysatoroberfläche und den Edukten führen zum Beispiel in den Molekülen der Edukte zu einer veränderten Elektronenverteilung. Bindungen werden gelockert oder zwischen Edukt und Katalysator neu gebildet. Die Zwischenstufe reagiert dann weiter zum Produkt. Der Katalysator begünstigt zwar den energetischen Verlauf der Reaktion (Abb. 2), wird selbst aber nicht verbraucht und liegt am Ende wieder unverändert vor. Bilden Edukte und Katalysator wie im vorliegenden Fall ein heterogenes Gemisch, so spricht man von einer *heterogenen Katalyse*.

Homogene Katalyse. Liegen Katalysator und Edukte in Lösung vor, spricht man von *homogener Katalyse*. Sehr wichtige Katalysatoren für die homogene Katalyse stellen Säuren oder Basen dar, die sich gemeinsam mit den Edukten in Lösung befinden. Ein bekanntes Beispiel ist die Reaktion eines Alkanols mit einer Alkansäure. Ohne Zugabe von H^+-Ionen verläuft die Veresterungsreaktion nur sehr langsam. Gibt man aber beispielsweise etwas Schwefelsäure hinzu, so erhöht sich die Reaktionsgeschwindigkeit um ein Vielfaches. Ursächlich dafür ist die Anlagerung des H^+-Ions an das O-Atom der Carbonyl-Gruppe. In Folge entsteht eines positiv geladenes Ion, das leichter mit einem Alkanol-Molekül reagieren kann:

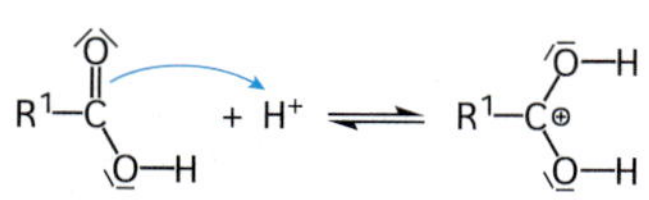

Im letzten Schritt der säurekatalysierten Veresterung wird das H^+-Ion wieder abgespalten und kann eine weitere Reaktion katalysieren:

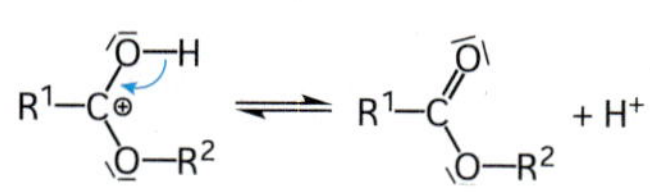

3 *Reaktion von Wasserstoff mit Sauerstoff an Platin*

Enzymatische Katalyse. Prozesse in den Organismen unserer Biosphäre bieten viele Beispiele, die ohne Katalysator nicht ablaufen würden. Schon lange ist bekannt, dass die Herstellung von Wein oder Essig, die Verarbeitung von Milch oder das Treiben von Sauerteig von der Anwesenheit bestimmter Bakterien oder Pilze abhängig sind. Diese produzieren **Biokatalysatoren**, sogenannte *Enzyme*, die einen gezielten Gärungsprozess in Gang setzen. Als Edukte dienen bei den genannten Vorgängen üblicherweise die Zucker wie Glucose und Lactose. Enzyme beschleunigen aber nicht nur die chemische Umwandlung der Zucker, sie steuern auch die Richtung der Reaktion. Ob aus einem Zucker im Wesentlichen Ethanol (Wein), Essigsäure (Essig), Milchsäure (Milch) oder Kohlenstoffdioxid (Sauerteig) entsteht, hängt von der Struktur der Enzyme ab.

Katalysatorgifte. Katalysatoren sind oft sehr empfindliche Stoffe. Sie können nicht nur mit den Edukten zu einer reaktionsfähigen Zwischenstufe reagieren sondern auch mit Fremdstoffen. Ist die so entstehende Bindung dauerhaft und die Zwischenstufe nicht mehr reaktionsfähig, ist ein Katalysator vergiftet. Die Katalyse der Reaktion ist nicht mehr möglich. Die Anwesenheit von Schwermetallverbindungen ist für biochemische Prozesse meistens problematisch, da Metall-Ionen als *Katalysatorgifte* wirken und Stoffwechselprozesse stören. Für den Menschen kann deshalb bereits die Aufnahme geringer Mengen dieser Stoffe lebensbedrohlich werden. Typische Schwermetallvergiftungen entstehen beispielsweise durch Wasserrohre aus Blei oder durch Amalgamfüllungen in Zähnen.

Katalysatoren beschleunigen Reaktionen, indem sie Reaktionswege mit niedrigerer Aktivierungsenergie ermöglichen. Sie gehen aus den Reaktionen unverändert hervor. Enzyme sind Biokatalysatoren. Katalysatorgifte reagieren irreversibel mit Katalysatoren und machen sie unwirksam.

1 Geben Sie an, welchen Einfluss ein Katalysator auf die Reaktionsenergie hat. Begründen Sie Ihre Antwort.

2 Zeichnen Sie je ein Energiediagramm für eine exotherme und eine endotherme Reaktion. Tragen Sie den Reaktionsverlauf mit Katalysator in die Diagramme ein. Erläutern Sie die Zeichnungen.

3 Zu den am häufigsten verwendeten Katalysatoren für Reaktionen in heterogenen Gemischen zählen die Edelmetalle Platin, Ruthenium und Palladium sowie das unedle Nickel. Recherchieren Sie die Verwendung der Metalle und benennen Sie Gemeinsamkeiten.

4 Abgaskatalysatoren vermindern den Schadstoffausstoß bei Kraftfahrzeugen.
a) Recherchieren Sie, um welche Schadstoffe es sich handelt.
b) Formulieren Sie die Reaktionsgleichungen für die katalytischen Reaktionen.
c) Geben Sie an, welche Stoffe als Katalysatoren in der Automobilindustrie eingesetzt werden.

5 Zu den einfachsten Katalysatoren zählen H^+-Ionen. Sie katalysieren zum Beispiel in wässriger Lösung die Aufspaltung von Saccharose in Glucose und Fructose.
a) Formulieren Sie die Reaktionsgleichung mithilfe von Molekülformeln.
b) Erklären Sie in diesem Zusammenhang, warum Limonadengetränke bei der Produktion zwar mit Saccharose gesüßt werden, beim Verzehr allerdings keine Saccharose mehr nachgewiesen werden kann.
c) Erklären Sie, warum viele Limonadengetränke beim Verzehr dennoch einen süßen Geschmack entwickeln.

6 Beurteilen Sie folgende Aussagen und diskutieren Sie Ihre Ergebnisse in den Gruppen. Stellen Sie Ihre Ergebnisse anschließend im Plenum vor.
Gruppe A: In der chemischen Industrie werden bevorzugt heterogene Katalysatoren eingesetzt.
Gruppe B: Im Alltagsgebrauch vermutet man oft, dass ein Katalysator eine Reaktion herbeiführt, aber nicht an ihr beteiligt ist.

Projekt Autoabgaskatalysator

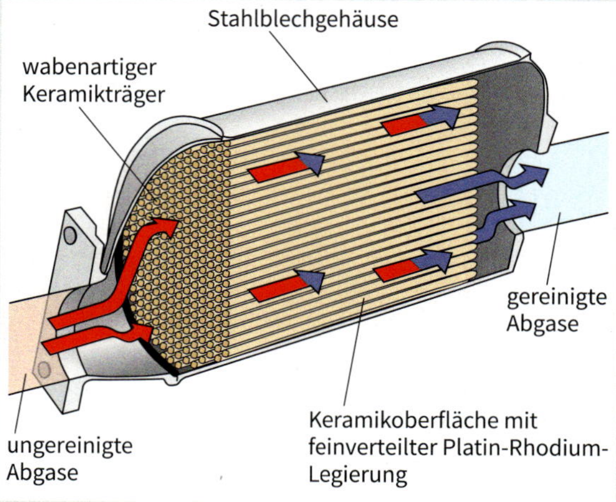

1 *Dreiwegekatalysator*

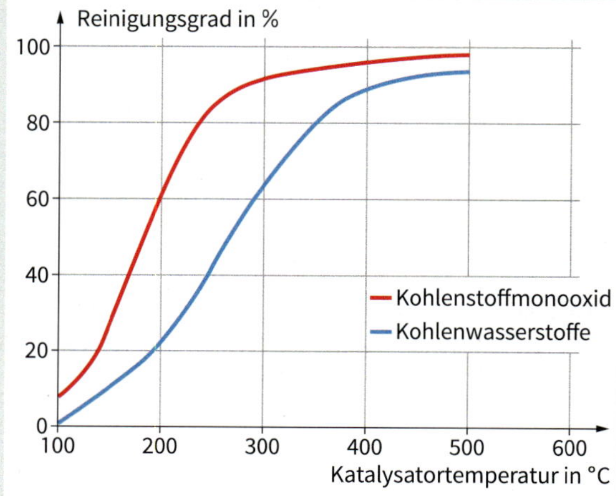

2 *Reinigungsgrad in Abhängigkeit von der Temperatur*

Fahrzeuge mit Verbrennungsmotor erzeugen Abgase. Autoabgaskatalysatoren wie der Dreiwegekatalysator helfen, den Anteil an schädlichen Abgasen zu verringern. Lesen Sie dazu den Informationstext 1.

Informationstext 1
Bei einem Pkw ist der Autoabgaskatalysator ein Bestandteil der Abgasanlage. Sein Gehäuse enthält einen länglichen Keramikkörper, der von zahlreichen Kanälen durchzogen ist. Die Oberfläche in den Kanälen wird durch eine Schicht aus porösem Aluminiumoxid auf das 6000-fache vergrößert. Auf diese enorm große Oberfläche ist der eigentliche Katalysator, eine Platin-Rhodium-Legierung, fein verteilt aufgebracht. Etwa zwei Gramm der Metalle sind in einem Katalysator enthalten. An ihrer Oberfläche laufen die chemischen Reaktionen ab (Abb. 1). Im ungereinigten Abgas sind noch die giftigen Stoffe *Kohlenstoffmonooxid* und *Stickstoffmonooxid* enthalten, die bei der Verbrennung des Benzins im Motor entstehen. Im Katalysator reagieren die Gase miteinander zum ungiftigem Kohlenstoffdioxid und Stickstoff. Außerdem enthalten die Abgase *Kohlenwasserstoffe*. Sie sind beispielsweise unverbrannte Reste des Benzins. Mit Sauerstoff werden sie im Katalysator zu Kohlenstoffdioxid und Wasser umgesetzt.

a) Stellen Sie für jede der im Informationstext 1 genannten katalysierten Reaktion das Reaktionsschema und die Reaktionsgleichung auf.
b) Die Abgase durchströmen den Katalysator in nur 0,03 Sekunden. Dennoch werden die Abgase fast vollständig umgewandelt. Erklären Sie dies mit dem Aufbau des Katalysators (Abb. 1).

Der optimale Betrieb von Katalysatoren hat großen Einfluss auf Reinigungsleistung des Katalysators und damit auf die Zusammensetzung der Abgase. Lesen Sie dazu den Informationstext 2.

Informationstext 2
Aktuell fahren in Deutschland etwa 48 Millionen Pkw, gut 30 Millionen davon werden mit Benzin angetrieben. Pro Jahr werden allein durch Benzin-Pkw ungefähr 47 Milliarden Liter Benzin verbrannt. Ohne Katalysatoren würden im Motor aus 1 kg Benzin 9 g giftiges Kohlenstoffmonooxid und jeweils 0,1 g nicht verbrannte Kohlenwasserstoffe und Stickstoffoxide entstehen. Im Autoabgaskatalysator werden diese Mengen stark reduziert. Dabei spielt jedoch der Temperatur des Katalysators eine Rolle, denn die Betriebstemperatur bestimmt die Reinigungsleistung des Katalysators.

c) Berechnen Sie die Massen für die angegebenen giftigen Gase, die ohne Katalysatoren jedes Jahr in Deutschland durch Benzin-Pkw freigesetzt würden. Die Dichte von Benzin beträgt 0,75 $\frac{g}{cm^3}$.
d) Beschreiben Sie das Diagramm und die Kurvenverläufe in Abb. 2.
e) Ermitteln Sie die Massen an Kohlenstoffmonooxid und an Kohlenwasserstoffen, die durch den flächendeckenden Einsatz von Katalysatoren vermieden werden könnten.
Annahme: T(Katalysator) = 500 °C
f) Nehmen Sie Stellung zur folgenden Aussage eines TÜV-Mitarbeiters: „Bei kurzen Strecken bringt ein Katalysator praktisch nichts. Hierfür sollte man das Fahrrad nehmen."

Katalyse

Forschungsauftrag 1:
Katalysierter Zerfall von Wasserstoffperoxid

7 8 9

Wasserstoffperoxid zerfällt in einer katalytischen Reaktion in Wasser und Sauerstoff.

Materialien: Wasserstoffperoxid (5 %, **7**), mögliche Katalysatoren: Eisennagel, Mangandioxid (Braunstein, **7, 8**), Natriumiodid (**9**), grüne Salatblätter, Bäckerhefe
Hinweis: Arbeiten Sie mit kleinen Mengen.

Arbeitsaufträge:
a) Stellen Sie die Reaktionsgleichung für den Zerfall von Wasserstoffperoxid auf.
b) Planen Sie einen Versuch, mit dem Sie die katalytische Wirkung verschiedener Materialien untersuchen können.
c) Überprüfen Sie Ihre Planung mithilfe der Check-Karte. Führen Sie den Versuch nach Absprache mit der Lehrkraft durch.
d) Weisen Sie das wesentliche Reaktionsprodukt nach.
e) Bewerten Sie die Wirksamkeit der Katalysatoren.
f) Stellen Sie die Ergebnisse Ihrer Gruppe im Plenum kurz vor.

Versuch 1:
Autokatalyse

5 7 9

Materialien: Kunststoffspritze (5 ml), 2 Tropfpipetten, Stoppuhr;
Ethandisäurelösung (1 mol · l^{-1}, **5, 7**: 1 g Ethandisäure-Dihydrat (**5, 7**) gelöst in 100 ml Schwefelsäure (1 mol · l^{-1}, **5**)), Kaliumpermanganatlösung (0,02 mol · l^{-1}, **9**), Mangan(II)-sulfatlösung (0,02 mol · l^{-1})

Durchführung:
1. Geben Sie 5 ml der schwefelsauren Ethandisäurelösung in ein Reagenzglas. Fügen Sie zwei Tropfen Kaliumpermanganatlösung hinzu und messen Sie die Zeit bis zur Entfärbung.
2. Fügen Sie anschließend zwei weitere Tropfen Kaliumpermanganatlösung hinzu.
3. Wiederholen Sie das Experiment mit Ethandisäurelösung, der ein Tropfen Mangan(II)-sulfatlösung zugesetzt wurde.

Aufgaben:
a) Berechnen Sie die Stoffmenge an Permanganat für die folgende Reaktion mit 1 mol Ethandisäure:
$$2\,KMnO_4 + 5\,C_2O_4H_2 + 6\,H^+ \rightarrow 2\,Mn^{2+} + 8\,H_2O + 2\,K^+ + 10\,CO_2$$
b) Erläutern Sie die Art der Katalyse bei dieser Reaktion.
c) Für die Ermittlung der Reaktionsgeschwindigkeit dieser Reaktion nehmen Sie eine Messreihe auf, bei der die Konzentration der Ethandisäure variiert wird. Sie messen jeweils die Zeit bis zur Entfärbung der Lösung. Geben Sie an, welche Abweichungen vom erwarteten Kurvenverlauf zu beobachten sind.

Versuch 2:
Spaltung von Rübenzucker

5

Materialien: Reagenzglas, Spatel, Tropfpipette; Rübenzucker (Saccharose), Rohrzucker, Glucose-Teststäbchen (GOD-Test), Salzsäure (1,0 mol · l^{-1}, **5**)

Durchführung:
1. Lösen Sie in einem zur Hälfte mit demineralisiertem Wasser gefüllten Reagenzglas ein Spatel Rübenzucker.
2. Testen Sie die Lösung mithilfe eines GOD-Teststäbchens auf das Vorhandensein von Glucose.
3. Geben Sie etwa 1 ml Salzsäure dazu, schütteln Sie und warten Sie eine Minute. Wiederholen Sie nun die Probe auf Glucose.
4. Wiederholen Sie den Versuch mit Rohrzucker.

Aufgaben:
a) Geben Sie an, welche Nachweise auf Glucose erfolgreich waren.
b) Die Spaltung von Rübenzucker verläuft nach folgendem Schema:
$$C_{12}H_{22}O_{11} + H_2O \rightarrow C_6H_{12}O_6 + C_6H_{12}O_6$$
Saccharose + Wasser Glucose + Fructose
Erläutern Sie die Funktion der Salzsäure.
c) Stellen Sie eine Vermutung zum Aufbau des Rohrzuckers auf.
d) Wird statt Salzsäure beispielsweise Schwefelsäure, Ethansäure oder Citronensäure hinzugegeben, zeigt der Glucosetest jedes Mal das im Schritt 3 beobachtete Ergebnis. Erklären Sie diese Beobachtung.

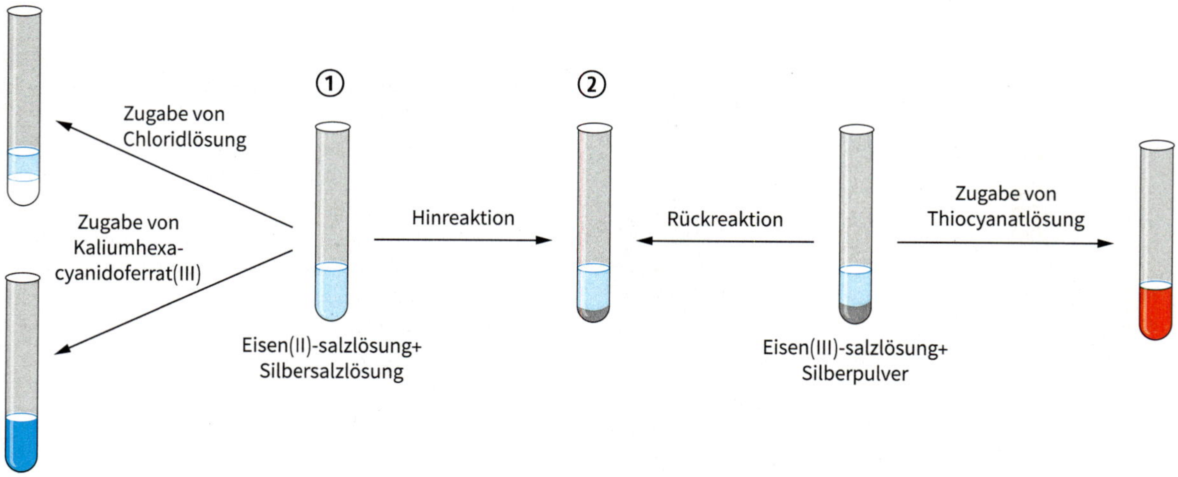

1 *Experimentelle Untersuchung der Reaktion von Fe^{2+}-Ionen mit Ag^{+}-Ionen*

Magnesium reagiert mit Sauerstoff zu Magnesiumoxid. Durch das Erlöschen der Glut ist das Ende der Reaktion erkennbar. Es ist nicht möglich das Gemisch erneut zu entzünden. Die Reaktion ist vollständig abgelaufen. Ein Edukt, in diesem Fall das Magnesium, ist vollständig verbraucht.

Unvollständige Reaktion. Gibt man zu einer Lösung von Eisen(III)-Ionen (Fe^{3+}) eine Lösung, die Thiocyanat-Ionen (SCN^-) enthält, so färbt sich die Lösung rot.

$$[Fe(H_2O)_6]^{3+} + SCN^- \rightarrow [Fe(H_2O)_5SCN]^{2+} + H_2O$$

Die Lösung wird verdünnt, bis sie eine hellrote Farbe annimmt, und dann auf drei Reagenzgläser verteilt. Ein Reagenzglas dient als Vergleich. In das zweite Reagenzglas gibt man eine Lösung mit Fe^{3+}-Ionen, dabei verstärkt sich die Rotfärbung. Die gleiche Beobachtung macht man beim dritten Reagenzglas, wenn man eine Lösung mit SCN^--Ionen zusetzt. Da der Zusatz eines Edukts in beiden Fällen eine Reaktion hervorruft, müssen in der Lösung beide Edukte noch vorgelegen haben. Also war die Reaktion augenscheinlich beendet, aber noch unvollständig.

Ein weiteres Beispiel für eine unvollständige Reaktion ist die Reaktion zwischen Silber-Ionen (Ag^+) und Eisen(II)-Ionen (Fe^{2+}) (Abb. 1 ①). Gibt man die Lösungen beider Ionen zusammen, bilden sich Fe^{3+}-Ionen und ein Niederschlag von feinem Silberpulver ②:

$$Fe^{2+}(aq) + Ag^+(aq) \rightarrow Fe^{3+}(aq) + Ag(s)$$

Trennt man das Silber durch Filtration ab, kann man erkennen, dass sich kein Silber mehr bildet. Die Reaktion ist also beendet. Da man aber noch immer Fe^{2+}-Ionen und Ag^+-Ionen nachweisen kann, ist auch diese Reaktion unvollständig.

Umkehrbare Reaktion. Der Rückstand an Silberpulver im Filterpapier wird nun mit Wasser gespült, bis im Filtrat keine Ionen mehr nachweisbar sind. Im Anschluss wird das Filterpapier mit einer Eisen(III)-salzlösung beträufelt. Die anschließenden Tests im neuen Filtrat auf Fe^{2+}-Ionen und Ag^+-Ionen verlaufen positiv. Die ursprüngliche Reaktion ist also umkehrbar oder *reversibel*. Hinreaktion und Rückreaktion können auch zusammengefasst werden. Zur Kennzeichnung der umkehrbaren Reaktion nutzt man einen *Doppelpfeil*:

$$Fe^{2+} + Ag^+ \rightarrow Fe^{3+} + Ag \text{ (Hinreaktion)}$$

$$Fe^{3+} + Ag \rightarrow Fe^{2+} + Ag^+ \text{ (Rückreaktion)}$$

$$Fe^{3+} + Ag \rightleftarrows Fe^{2+} + Ag^+ \text{ (reversible Rückreaktion)}$$

Chemisches Gleichgewicht. Durch die Hinreaktion verringern sich die Konzentrationen der Edukte. Die Geschwindigkeit der Hinreaktion nimmt daher allmählich ab. Gleichzeitig erhöhen sich die Konzentrationen der Produkte; die Geschwindigkeit der Rückreaktion steigt also fortlaufend an. Schließlich werden beide Reaktionsgeschwindigkeiten gleich. Die Stoffmengen ändern sich nicht mehr und es ist keine sichtbare Reaktion mehr zu erkennen. Dieser Zustand wird als *chemisches Gleichgewicht* bezeichnet. In der Reaktionsgleichung wird zur Kennzeichnung ein *Doppelpfeil* mit jeweils nur halber Pfeilspitze geschrieben.

$$Fe^{2+} + Ag^+ \rightleftharpoons Fe^{3+} + Ag$$

Das chemische Gleichgewicht ist nicht statisch; es bedeutet nicht das Ende der Reaktionen. Das chemische Gleichgewicht muss man stattdessen als **dynamisches Gleichgewicht** betrachten. Solche Gleichgewichte beobachtet man bei allen umkehrbaren Reaktionen.

2 *Einstellung eines dynamischen Gleichgewichts*

Viele chemische Reaktionen führen zu einem Gleichgewichtszustand, in dem Edukte und Produkte nebeneinander vorliegen. Hinreaktion und Rückreaktion laufen dann mit gleicher Geschwindigkeit ab.

1 Erklären Sie Gemeinsamkeiten und Unterschiede in der Bedeutung der beiden Schreibweisen der Gleichungen:
$Fe^{2+} + Ag^{+} \rightleftarrows Fe^{3+} + Ag$
$Fe^{2+} + Ag^{+} \rightleftharpoons Fe^{3+} + Ag$

2 a) Nennen Sie die Voraussetzungen für die Ausbildung chemischer Gleichgewichte. Skizzieren Sie Diagramme für die zeitliche Änderung der Reaktionsgeschwindigkeiten von Hin- und Rückreaktion bei der Einstellung eines Gleichgewichts.
b) Stellen Sie Analogien her zwischen einer Gleichgewichtsreaktion und der Abb. 2. Übertragen Sie die Phasen des Spiels auf Ihre Diagramme aus Aufgabe a). Nennen Sie Grenzen des Modells.
c) Die Aussage, Gleichgewichte stellen sich von beiden Seiten ein, soll experimentell bewiesen werden. Entwickeln Sie einen Vorschlag hierfür.

3 Bei der Einleitung von Kohlenstoffdioxid in Wasser bildet sich ein Gleichgewicht aus. Nennen Sie alle Komponenten, die im Gleichgewicht vorliegen.
a) Erläutern Sie, inwiefern in einer geschlossenen Sprudelflasche ein dynamisches Gleichgewicht vorliegt.
b) Beschreiben Sie, welche Veränderungen das Öffnen der Flasche bewirkt.
c) Erläutern Sie Probleme, die bei der Ausbildung dieses Gleichgewichts auftreten können, wenn man in einem offenen Gefäß arbeitet.

4 Formulieren Sie einen Weg um herauszufinden, ob eine Reaktion nur sehr langsam abläuft oder ob die Reaktion bereits im Gleichgewichtszustand ist.

5 a) Diskutieren Sie folgende Aussagen:
Gruppe A: Ein chemisches Gleichgewicht liegt bei gleicher Konzentration von Edukten und Produkten vor.
Gruppe B: Ein chemisches Gleichgewicht liegt bei gleichbleibender Konzentration von Edukten und Produkten vor.
Gruppe C: Nachweisreaktionen können auch als Gleichgewichtsreaktionen uneingeschränkt genutzt werden.
b) Stellen Sie Ihre Ergebnisse im Plenum vor.

6 a) Zwischen flüssigem Wasser und Wasserdampf besteht ein temperaturabhängiges Gleichgewicht. Erklären Sie die Bildung und Auflösung von Nebel als eine Folge von unterschiedlichen Gleichgewichten.
b) Geben Sie weitere Gleichgewichtsprozesse in der Natur oder in ihrem Alltag an und beschreiben Sie, wie diese entstehen.

7 Recherchieren Sie die in Abb. 1 genannten Nachweisreaktionen. Nennen Sie die Reagenzien und geben Sie an, welche Beobachtungen Sie erwarten, wenn die gesuchten Ionen in der Lösung enthalten sind.

Chemisches Gleichgewicht

1 *Wasser kocht und kondensiert am Topfdeckel.*

Im Alltag begegnen uns viele Vorgänge, die wie das Sieden von Wasser (Abb. 1) umkehrbare Prozesse sind. Beim Sieden verdampft das flüssige Wasser und steigt auf. Am kühleren Topfdeckel dagegen kondensiert der Wasserdampf und es bilden sich wieder Wassertropfen. Verdampfen und Kondensieren sind also entgegengesetzten Vorgänge. Verschließt man den Topfdeckel so fest, dass kein Wasserdampf mehr entweichen kann, entsteht im Topf ein Gleichgewicht zwischen Bildung und Kondensation des Wasserdampfes. Da sich nur Aggregatzustände ändern, handelt es sich hier um ein physikalisches Gleichgewicht. Neben den physikalischen Gleichgewichten gibt es auch chemische Gleichgewichte, deren Betrachtung vor allem für die Industrie von Interesse ist.

Um die Vorgänge bei der Einstellung eines chemischen Gleichgewichts besser zu verstehen, führten die französischen Chemiker Pean De SAINT-Gilles und Marcellin BERTHELOT bereits um 1860 zahlreiche Versuchsreihen zum Verlauf der Veresterung durch. Sie fanden heraus, dass Esterbildung und Esterspaltung umkehrbare Reaktionen sind.

Sie beobachteten bei ihren Untersuchungen auch, dass ein Zusatz von Schwefelsäure die Esterbildung katalytisch stark beschleunigt (↗ S. 84). Das gleiche geschah auch bei der Esterspaltung. Der Gleichgewichtszustand wird bei Raumtemperatur erst nach mehr als einem Jahr erreicht, bei Siedetemperatur schon nach einer Woche. Das Ausmaß der Esterbildung wird vergrößert, wenn man das Alkanol im Überschuss einsetzt. Voraussetzung für die Einstellung des Gleichgewichts ist, dass die Reaktion in einem geschlossenen System abläuft und kein Stoffaustausch mit der Umgebung stattfindet.

Durch die Bearbeitung der Aufgaben sollen die Vorgänge und Abhängigkeiten bei der Bildung eines Gleichgewichts modellhaft betrachtet werden.

a) Führen Sie Versuch 1 durch. Begründen Sie, dass im Modellexperiment eine (fast) vollständig ablaufende Reaktion dargestellt wird.
b) Begründen Sie, dass die Edukte nicht vollständig umgesetzt werden.
c) Bearbeiten Sie Forschungsauftrag 1.
d) Geben Sie die Gleichung für die Reaktion von Ethansäure mit Propanol an. Erläutern Sie anhand des Beispiels die Begriffe *umkehrbare Reaktion, Hinreaktion, Rückreaktion, chemisches Gleichgewicht* und *dynamisches Gleichgewicht.*
e) Geben Sie die Bedingungen für die Entstehung eines Gleichgewichts und die Merkmale an.
f) Übertragen Sie Abb. 2 in Ihr Heft und beschriften Sie diese. Erklären Sie, welches Diagramm die Lage und welches die Einstellung des Gleichgewichts beschreibt.
g) Bilden Sie zwei Gruppen und bearbeiten Sie die Forschungsaufträge 2 und 3 arbeitsteilig.
h) Tauschen Sie Ihre Ergebnisse mit der anderen Gruppe aus. Übertragen Sie Ihre Erkenntnisse aus den drei Forschungsaufträgen auf das Estergleichgewicht. Stellen Sie in einer Zusammenfassung die Bedingungen zur Entstehung eines chemischen Gleichgewichts heraus.

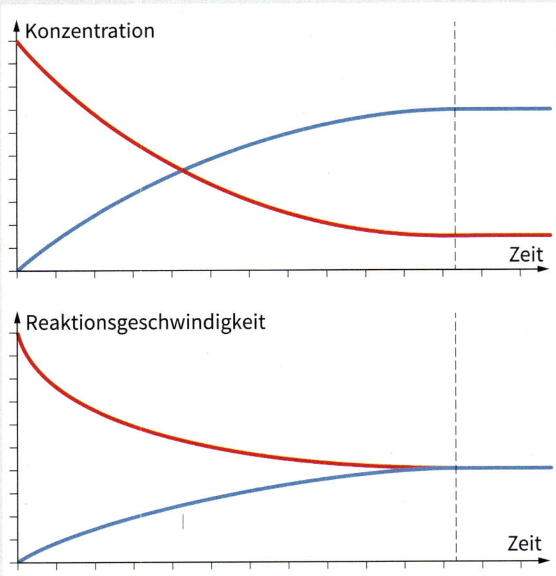

2 *Lage und Einstellung eines chemischen Gleichgewichts*

Versuch 1:
Modellexperiment zum Verlauf chemischer Reaktionen

Materialien: 2 Messzylinder (25 ml), Glasrohr als Stechheber (8 mm Durchmesser)

Durchführung:
1. Füllen Sie 15 ml Wasser in den Messzylinder 1. Zum besseren Ablesen können Sie mit einem Tropfen Tinte anfärben. *Hinweis:* Das Volumen entspricht der Konzentration der Edukte.
2. Achten Sie stets darauf, dass der Stechheber auf den Boden aufsetzt und der Wasserstand im Stechheber und im Messzylinder 1 vor der Übertragung gleich sind. Übertragen Sie mit dem Stechheber Wasser aus Messzylinder 1 in den Messzylinder 2. Wiederholen Sie die Übertragung mehrfach.
3. Lesen Sie nach jeder Übertragung die Wasserstände in beiden Messzylindern ab und tragen Sie die Ergebnisse in eine Tabelle ein.

Aufgaben:
a) Erstellen Sie mit Ihren Messwerten ein Diagramm.
b) Geben Sie die Gleichung für die Reaktion von Zink und Salzsäure an. Ordnen Sie den folgenden Begriffen des Modells die entsprechenden Begriffe der Reaktion zu: *Wasservolumen, Anzahl der Entnahmen, Stechheber, Veränderung des Wasservolumens im Messzylinder 1 und 2*
c) Erklären den Verlauf der Kurven für Messzylinder 1 und 2 im Diagramm. Nehmen Sie Bezug zur Reaktion von Salzsäure mit Zink.
d) Ordnen Sie wie im Versuch 1 die Begriffe dem Estergleichgewicht zu. Vergleichen Sie mit Abb. 2.
e) Ermitteln Sie das Verhältnis der „Edukte" und „Produkte" im Gleichgewicht und die Zeit bis zur Einstellung des Gleichgewichts. Begründen Sie, dass die Reaktion im Gleichgewicht nicht beendet ist.
f) Vergrößert man die Durchmesser der beiden Stechheber um denselben Wert, stellt sich das Gleichgewicht wie in Aufgabe e) ein. Erklären Sie diesen Sachverhalt.

Forschungsauftrag 1:
Modellexperiment zum chemischen Gleichgewicht

Mögliche Materialien: 2 Messzylinder (25 ml), Glasrohre als Stechheber (6 mm und 8 mm Durchmesser)

Aufgaben:
a) Planen Sie einen Modellversuch, mit dem die Einstellung eines chemischen Gleichgewichts ausgehend von den Edukten der Hinreaktion gezeigt werden kann. Führen Sie nach Einstellung des Gleichgewichts den Versuch um mindestens drei Übertragungen mit dem Stechheber fort.
b) Kontrollieren Sie die Planung mit der Check-Karte und führen Sie den Versuch durch.
c) Notieren Sie die Messergebnisse und zeichnen Sie ein Diagramm. Vergleichen Sie mit dem Diagramm aus Versuch 1. Erklären Sie die Unterschiede.

Forschungsauftrag 2:
Modellexperiment zur Umkehrung des chemischen Gleichgewichts

Mögliche Materialien: 2 Messzylinder (25 ml), Glasrohre als Stechheber (6 mm und 8 mm Durchmesser)

Aufgaben:
a) Planen Sie auf der Grundlage von Forschungsauftrag 1 einen weiteren Modellversuch, mit dem die Einstellung eines chemischen Gleichgewichts ausgehend von den Produkten gezeigt werden kann. Zeigen Sie, dass im Gleichgewicht die gleichen Ergebnisse wie im Forschungsauftrag 1 erreicht werden.
b) Kontrollieren Sie die Planung mit der Check-Karte und führen Sie den Versuch durch.
c) Notieren Sie die Messergebnisse und zeichnen Sie ein Diagramm.
d) Bestimmen Sie das Verhältnis von „Edukten" und „Produkten" im Gleichgewicht und vergleichen Sie mit den Ergebnissen aus Forschungsauftrag 1.

Forschungsauftrag 3:
Modellexperiment zur Reaktionsgeschwindigkeit im chemischen Gleichgewicht

Mögliche Materialien: 2 Messzylinder (25 ml), Glasrohre als Stechheber (6 mm und 8 mm Durchmesser)

Aufgaben:
a) Verändern Sie Forschungsauftrag 1 so, dass Aussagen zur Reaktionsdauer, mit der sich ein Gleichgewicht einstellt, getroffen werden können.
b) Kontrollieren Sie die Planung mit der Check-Karte und führen Sie den Versuch durch.
c) Notieren Sie die Messergebnisse und zeichnen Sie ein Diagramm. Vergleichen Sie mit Abb. 2.
d) Erklären Sie die Unterschiede der Diagramme zur Lage und zur Einstellung des Gleichgewichts.

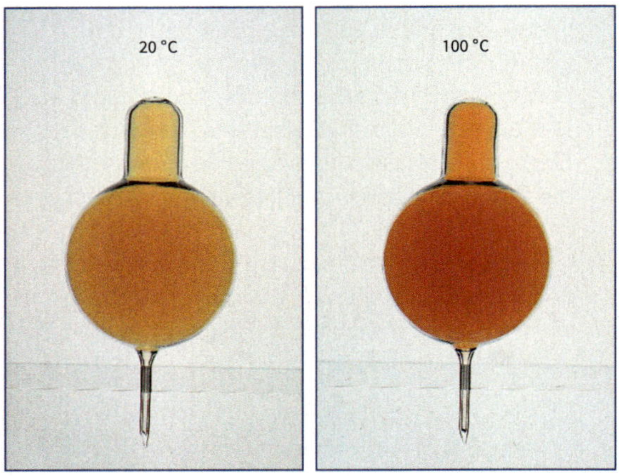

1 ***Stickstoffdioxid und Distickstofftetraoxid im Gleichgewicht bei verschiedenen Temperaturen***

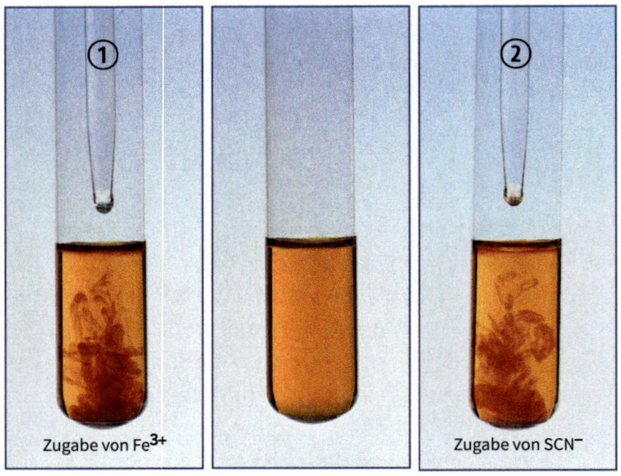

2 ***Konzentrationseinfluss auf das Fe^{3+}(aq)/$Fe(SCN)^{2+}$(aq)-Gleichgewicht***

Verändert man die Temperatur, die Konzentration oder den Druck bei Gasen, wird ein bestehendes Gleichgewicht gestört. Es stellt sich unter den veränderten Bedingungen neu ein. Die Lage eines chemischen Gleichgewichts hängt also von den Reaktionsbedingungen ab. Diese Gesetzmäßigkeiten haben die Forscher Henry LE CHATELIER und Ferdinand BRAUN erstmals 1888 erkannt und formuliert. Heute spricht man vom **Prinzip von Le Chatelier:** *Jede Störung eines Gleichgewichts durch eine Änderung der Reaktionsbedingungen führt zu einer Verschiebung der Lage des Gleichgewichts, die der Störung entgegenwirkt.*

Experimentell lässt sich der Einfluss der verschiedenen Faktoren auf die Gleichgewichtslage recht gut erkennen, wenn sich Edukte und Produkte in ihrer Farbe unterscheiden.

Temperaturabhängigkeit. Ein Beispiel für den Einfluss der Temperatur auf die Lage des Gleichgewichts einer Reaktion ist der Zerfall von farblosem Distickstofftetraoxid (Abb. 1). In einer schwach endothermen Reaktion entsteht aus farblosem Distickstofftetraoxid braunes Stickstoffdioxid:

$$\underset{\text{farblos}}{N_2O_4(g)} \rightleftharpoons \underset{\text{braun}}{2\,NO_2(g)}; \quad \text{endotherm}$$

Die Rückreaktion hat entsprechend einen *exothermen* Energieumsatz.

Bei Raumtemperatur liegt in einem Gleichgewicht ein hellbraunes Gasgemisch vor, in dem der Anteil des farblosen Distickstofftetraoxids überwiegt. Beim Erwärmen vertieft sich die Färbung durch verstärkte Bildung von braunem Stickstoffdioxid. Es entsteht ein neues Gleichgewicht, bei dem die Lage des Gleichgewichts zu den Produkten verschoben ist. Kühlt man das Gemisch ab, verschiebt sich die Gleichgewichtslage zugunsten der Edukte. Im Gleichgewicht liegt erneut mehr farbloses Distickstofftetraoxid vor.

Die Gleichgewichtslagen von reversiblen chemischen Reaktionen sind temperaturabhängig. Eine Änderung der Temperatur ist nach dem Prinzip von Le Chatelier eine Störung des Gleichgewichts. Dabei wirkt eine Temperaturänderung unterschiedlich auf die exotherme und die endotherme Reaktionsrichtung:

- Eine Temperaturerhöhung verschiebt die Lage des Gleichgewichts in Richtung der Produkte einer endothermen Reaktion. Ein Teil der zugeführten Wärmeenergie wird bei der Bildung der energiereicheren Produkte umgesetzt. Die Erwärmung fällt somit geringer aus.
- Eine Temperaturerniedrigung verschiebt die Lage des Gleichgewichts zu den Produkten einer exothermen Reaktionsrichtung. Bei dieser Reaktionsrichtung wird Wärmeenergie frei und wirkt der Abkühlung entgegen.

Druckabhängigkeit. Jede Gleichgewichtsreaktion ist temperaturabhängig, kann aber auch vom Druck beeinflusst werden. Im Beispiel der Zersetzung von Distickstofftetraoxid zu Stickstoffdioxid liegt bei normalem Druck ein hellbraunes Gasgemisch vor. Mit einer Druckverminderung vertieft sich die braune Farbe. Es liegt im Gleichgewicht mehr Stickstoffdioxid vor. Beim Zerfall eines N_2O_4-Moleküls entstehen zwei NO_2-Moleküle. Die Anzahl der Teilchen in der Gasphase nimmt zu, was im geschlossenen System einer Druckerhöhung entspricht. Dagegen entsteht bei der umgekehrten Reaktion aus zwei NO_2-Molekülen nur ein N_2O_4-Molekül; die Anzahl der Teilchen in der Gasphase verringert sich. Um mithilfe des Drucks das Gleichgewicht auf die Seite des farblosen Distickstofftetraoxids zu verschieben, muss also der Druck erhöht werden. Verallgemeinert man diese Erkenntnisse, ergibt sich damit:

- Eine Druckerniedrigung führt zur Verschiebung eines Gleichgewichts in die Reaktionsrichtung, bei der mehr Teilchen entstehen. Dies mindert die Druckerniedrigung.
- Durch Druckerhöhung verschiebt sich die Gleichgewichtslage in die Reaktionsrichtung mit weniger Teilchen. Dadurch verringert sich die Druckerhöhung etwas.

Flüssigkeiten und Feststoffe lassen sich kaum komprimieren. Die Einflüsse einer Druckänderung sind hier vernachlässigbar klein. Möchte man die Auswirkung einer Druckänderung auf die Gleichgewichtslage einer chemischen Reaktion interpretieren, genügt es daher nur den gasförmigen Anteil der Edukte und Produkte zu betrachten.

Konzentrationsabhängigkeit. Betrachtet man den Einfluss der Konzentration auf die Gleichgewichtslage an der Reaktion von SCN^--Ionen und Fe^{3+}-Ionen (↗ S. 88), ergeben sich folgende Überlegungen:

$$\underset{\text{farblos}}{Fe^{3+}(aq)} + \underset{\text{farblos}}{SCN^-(aq)} \rightleftharpoons \underset{\text{rot}}{Fe(SCN)^{2+}(aq)}$$

Eine weitere Zugabe von Eisennitrat oder Kaliumthiocyanat zur roten Lösung vertieft die Färbung weiter. Die Zugabe von Fe^{3+}-Ionen (Abb. 2 ①) oder SCN^--Ionen ② führt zu einer Gleichgewichtsverschiebung in Richtung der Produktbildung. Verdünnt man die rote Lösung mit Wasser, so nimmt die Farbintensität deutlich stärker ab als zu erwarten wäre. Zusätzlich zum Verdünnungseffekt verschiebt sich die Lage des Gleichgewichts also in Richtung der Edukte, da sich ihre Konzentration verringert. Allgemein gilt:

- Wird die Konzentration eines Stoffes erhöht, verschiebt sich die Lage des Gleichgewichts zugunsten der Reaktion, bei der der zugeführte Stoff umgesetzt wird. Die Erhöhung der Konzentration fällt somit geringer aus.
- Die Erniedrigung der Konzentration eines Stoffes bewirkt eine Verschiebung der Gleichgewichtslage in Richtung der Nachbildung des entzogenen Stoffes.

> Mithilfe des Prinzips von Le Chatelier lassen sich Aussagen zur Verschiebung der Lage des Gleichgewichts durch veränderte Reaktionsbedingungen treffen.

1. Temperaturänderung:

→ Temperaturerniedrigung: exotherme Reaktion

$$2\,NO_2(g) \rightleftharpoons N_2O_4(g); \quad \text{exotherm}$$

← Temperaturerhöhung: endotherme Reaktion

2. Konzentrationsänderung:

→ Konzentrationserhöhung: Verringerung der Teilchenzahl

$$Fe^{3+}(aq) + SCN^- \rightleftharpoons Fe(SCN)^{2+}(aq)$$

← Konzentrationserniedrigung: Erhöhung der Teilchenzahl

3. Druckänderung (nur bei Reaktionen mit Gasen):

→ Druckerhöhung: Verringerung der Teilchenzahl

$$2\,NO_2(g) \rightleftharpoons N_2O_4(g)$$

← Druckerniedrigung: Vergrößerung der Teilchenzahl

3 *Verschiebung der Lage von Gleichgewichten*

1 Diskutieren Sie den Einfluss einer Druckerhöhung bei folgenden Reaktionen:
A $N_2(g) + 3\,H_2(g) \rightleftharpoons 2\,NH_3(g)$
B $CO(g) + 2\,H_2(g) \rightleftharpoons CH_3OH(g)$
C $CO(g) + 2\,H_2(g) \rightleftharpoons CH_3OH(l)$
D $2\,H_2O_2(l) \rightleftharpoons 2\,H_2O(l) + O_2(g)$
E $Fe(s) + S(s) \rightleftharpoons FeS(s)$
Begründen Sie die Notwendigkeit der Angabe der Aggregatzustände in den Reaktionsgleichungen.

2 Partner A: Die Reaktion von Iod mit Wasserstoff zu Iodwasserstoff ist eine exotherme Gleichgewichtsreaktion zwischen Gasen.
Partner B: Die Gleichgewichtsreaktion der Gase Schwefeldioxid und Sauerstoff zu gasförmigem Schwefeltrioxid ist exotherm.
a) Formulieren Sie die Reaktionsgleichung.
b) Erläutern Sie, den Einfluss einer Veränderung von Druck und Temperatur auf das Gleichgewicht.
c) Begründen Sie, welche Auswirkung die Zugabe eines Edukts auf das Gleichgewicht hat.
d) Erklären Sie, welchen Einfluss ein Entzug des Produkts auf die Reaktion hätte.
e) Stellen Sie sich Ihre Ergebnisse gegenseitig vor.

3 Erklären Sie, warum in der Technik auch bei exothermen Reaktionen oft mit erhöhten Temperaturen gearbeitet wird.

4 Begründen Sie, dass bei der Reaktion $A + B \rightleftharpoons C + D$ die Konzentrationserhöhung beider Stoffe A und B keine Verschiebung der Gleichgewichtslage bewirkt.

Gleichgewichtsreaktionen

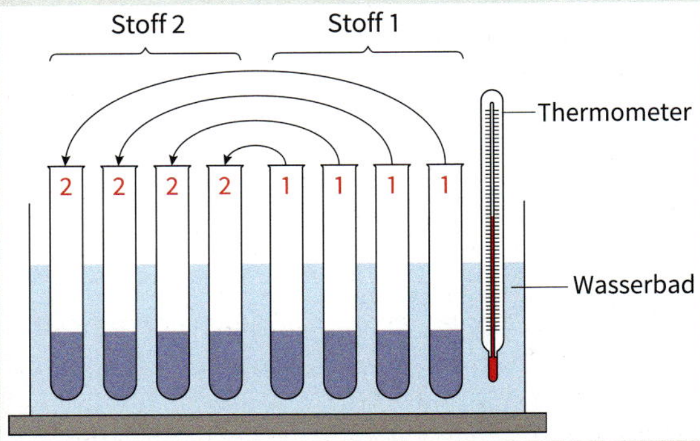

1 *Aufbau Versuch 1*

Versuch 1:
Einstellung des Estergleichgewichts

Materialien: Becherglas (breit, 100 ml), Drahtnetz, Dreifuß, Thermometer (0 – 100 °C), kleine Reagenzgläser, Messzylinder (10 ml), Glasstab, Stift, Stoppuhr; Ethansäure (**2, 5**), Ethanol (**2, 7**), Schwefelsäure (1 mol · l^{-1}, **5**), Ethylethanoat (**2, 7**), Universalindikatorlösung (**2, 7**)

Durchführung:

Hinweis: Arbeiten Sie arbeitsteilig in drei Gruppen.

1. Das Becherglas wird zu etwa einem Drittel mit Wasser gefüllt. Je Gruppe werden vier Reagenzgläser mit einem Stift gekennzeichnet.
2. Füllen Sie gemäß der Tabelle Stoff 1 in vier beschriftete Reagenzgläser und Stoff 2 in vier weitere Reagenzgläser. Geben Sie zu Stoff 2 je vier Tropfen Schwefelsäure und rühren Sie um.

Gruppe	Stoff 1	Stoff 2
A	3 ml Ethanol	3 ml Ethansäure
B	3 ml Ethanol	3 ml Ethansäure
C	4 ml Ethylethanoat	2 ml Wasser

3. Geben Sie alle acht Reagenzgläser in das Wasserbad, das Sie zuvor auf 35 °C (Gruppe A und C) beziehungsweise auf 55 °C (Gruppe B) erwärmt haben.
4. Geben Sie zu je einer Probe des Stoffes 1 eine Probe des Stoffes 2. Entnehmen Sie sofort und dann in den Abständen von 1 min, 5 min und 10 min ein Reagenzglas aus dem Wasserbad. Gießen Sie den Inhalt in einen Messzylinder mit 15 ml kaltem Wasser und rühren Sie um.

Hinweis: Für eine bessere Beobachtung kann man das Wasser mit Universalindikator versetzen.

5. Ermitteln Sie das Volumen an Ester.

Aufgaben:

a) Notieren Sie den Zeitpunkt der Entnahme und das Volumen des Esters in einer Tabelle.
b) Geben Sie die Reaktionsgleichung an.
c) Erklären Sie die Funktion der Schwefelsäure.
d) Begründen Sie, warum die Lösungen in kaltes Wasser gegossen werden und weshalb sich der Ester auf dem Wasser abscheidet.
e) Vergleichen Sie innerhalb aller Gruppen die Ergebnisse von Gruppe A und C und erklären Sie diese.
f) Treffen Sie mithilfe der Ergebnisse von Gruppe B eine Aussage über die Temperaturabhängigkeit des Gleichgewichts und begründen Sie mit dem Prinzip von Le Chatelier.

Versuch 2:
Gleichgewichtslage bei Kupferchloridlösungen

In grünen Kupfer(II)-chloridlösungen liegen Ionen vor, die vereinfacht mit der Formel $(CuCl)^+$ beschrieben werden können. Ein solches Teilchen ist von fünf H_2O-Molekülen umgeben: $[CuCl(H_2O)_5]^+$. In blauen Kupfersalzlösungen ist ein Cu^{2+}-Ion von sechs H_2O-Molekülen umgeben: $[Cu(H_2O)_6]^{2+}$

Materialien: Reagenzglas, Tropfpipette; Kupfer(II)-chloridlösung (25 %, **5, 7, 9**), Salzsäure (20 %, **5**)

Durchführung:

1. Füllen Sie 3 ml Kupfer(II)-chloridlösung in ein Reagenzglas und geben Sie langsam Wasser hinzu, bis sich die Farbe deutlich verändert hat. Rühren Sie ständig um.
2. Fügen Sie nun langsam unter Rühren Salzsäure hinzu, bis sich der Farbton erneut ändert.

Aufgaben:

a) Notieren Sie Ihre Beobachtungen.
b) Formulieren Sie die Gleichgewichtsreaktion, die beim Verdünnen abläuft.
c) Begründen Sie, dass diese Durchführung noch nicht zum Gleichgewicht führt und geben Sie an, was verändert werden müsste, um den Gleichgewichtszustand zu erhalten.

Forschungsauftrag 1:
Temperaturabhängigkeit des chemischen Gleichgewichts

Gibt man Stärke in eine Iod-Kaliumiodidlösung, beobachtet man eine tiefblaue Färbung. Diese Farbänderung wird als Nachweis für Stärke genutzt. Die zugrundeliegende Bildung des Iod-Stäkekomplexes erfolgt in einer Gleichgewichtsreaktion, deren Lage temperaturabhängig ist. Ermitteln Sie, ob die Temperatur Auswirkungen auf die Eignung der Reaktion als Nachweis hat.

Mögliche Materialien: Dreifuß, Drahtnetz, Gasbrenner, Becherglas (100 ml), Reagenzgläser, Reagenzglasklammer, Tropfpipette; Iod-Kaliumiodidlösung (Lugolsche Lösung, **8**), lösliche Stärke, Eiswasser

Aufgaben:
a) Planen Sie eine Versuchsdurchführung und kontrollieren Sie diese mithilfe der Check-Karte.
b) Führen Sie den Versuch durch und notieren Sie Ihre Beobachtungen. Wiederholen Sie den Versuch mehrmals. *Vorsicht:* Bei plötzlichen Temperaturänderungen kann das Reagenzglas springen.
c) Das Gleichgewicht kann vereinfacht mit folgender Gleichung beschrieben werden:
Stärke + Iod $\rightleftharpoons$ Iodstärke;   exotherm
Ordnen Sie die beobachteten Farben zu und erklären Sie mithilfe des Prinzips von Le Chatelier.
d) Erläutern Sie die Auswirkungen auf den Nachweis von Stärke.

Forschungsauftrag 2:
Druckabhängigkeit des chemischen Gleichgewichts

Öffnet man eine Mineralwasserflasche aus dem Kühlschrank, sprudelt es kaum. Eine Mineralwasserflasche im sommerlich heißen Auto liegen zu lassen, kann jedoch zum Platzen führen. Erklären Sie diese Beobachtungen mithilfe des Forschungsauftrags.

Mögliche Materialien: Einwegspritze ohne Nadel oder Kolbenprober mit Stopfen, Gummischlauch; Mineralwasser mit Kohlenstoffdioxid, Universalindikatorlösung (**2, 7**)

Aufgaben:
a) Planen Sie eine Versuchsdurchführung und kontrollieren Sie mithilfe der Check-Karte.
b) Führen Sie den Versuch durch und notieren Sie Ihre Beobachtungen. Das Gleichgewicht kann vereinfacht mit folgender Gleichung beschrieben werden:
$CO_2(g) + H_2O(l) \rightleftharpoons H^+(aq) + HCO_3^-(aq)$
c) Erläutern Sie Ihre Beobachtungen mithilfe des Prinzips von Le Chatelier.
d) Erklären Sie die auftretenden Farbänderungen.
e) Treffen Sie eine begründete Aussage zur Druckabhängigkeit des Gleichgewichts. Übertragen Sie Ihre Erkenntnisse auf die Lagerung von Bier und Sekt vor dem Öffnen.

Versuch 3:
Calciumcarbonat und Calciumhydrogencarbonat

Materialien: Becherglas (400 ml, weit), Gasbrenner, Dreifuß, Filterpapier, Gaseinleitungsrohr, Leitfähigkeitsprüfer, Wechselspannungsquelle, Strommessgerät; Calciumhydroxidlösung (10 %, **5**), Kohlenstoffdioxid (**4**), Spritzen mit Kohlenstoffdioxid

Durchführung:
1. Füllen Sie 250 ml Wasser und 50 ml frisch filtrierte Calciumhydroxidlösung in das Becherglas.
2. Schalten Sie den Leitfähigkeitsprüfer in Reihe mit dem Strommessgerät. Messen Sie die Stromstärke bei einer Wechselspannung von 20 V.
3. Leiten Sie langsam so lange Kohlenstoffdioxid ein, bis wieder eine klare Lösung vorliegt.
4. Nehmen Sie den Leitfähigkeitsprüfer heraus, und erhitzen Sie die klare Lösung bis zum Sieden.

Aufgaben:
a) Notieren Sie Ihre Beobachtungen.
b) Stellen Sie für die beiden entstehenden Gleichgewichte die Reaktionsgleichungen auf.
c) Begründen Sie alle Beobachtungen unter besonderer Beachtung von Schritt 2 und 4.
d) Diskutieren Sie Schlussfolgerungen für den Nachweis von Kohlenstoffdioxid mit Calciumhydroxidlösung.

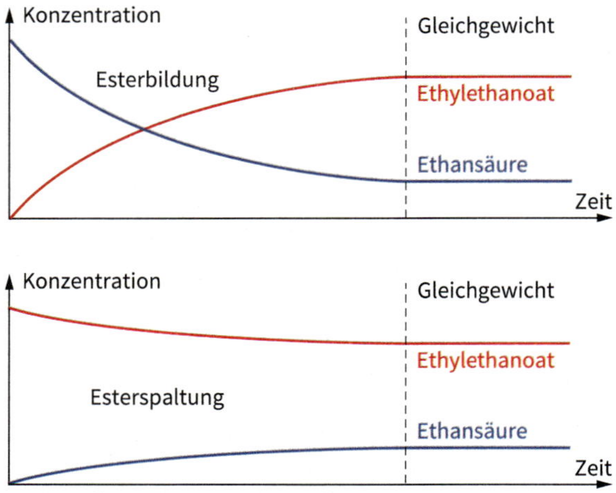

1 *Einstellung eines Gleichgewichts*

Ausgangskonzentrationen (mol · l^{-1})

Versuch	c_0(HAc)	c_0(Ethanol)	c_0(Ester)	$c_0(H_2O)$
1	8,66	8,66	–	–
2	2,87	14,35	–	–

Gleichgewichtskonzentrationen (mol · l^{-1})

Versuch	c(HAc)	c(Ethanol)	c(Ester)	$c(H_2O)$
1	2,89	2,89	5,77	5,77
2	0,158	11,64	2,71	2,71

2 *Versuchsreihe zum Estergleichgewicht bei 25 °C*

Mit dem Prinzip von Le Chatelier sind zwar Voraussagen über die Veränderung von Gleichgewichtslagen möglich, jedoch kann man keine quantitativen Berechnungen für Stoffe im Gleichgewicht durchführen (Abb. 1). Daher wurden für zahlreiche Reaktionen genaue experimentelle Untersuchungen über die im Gleichgewichtszustand vorliegenden Konzentrationen durchgeführt.

Estergleichgewicht. Eine bekannte Gleichgewichtsreaktion ist die Bildung von Ethylethanoat:

$$CH_3COOH + C_2H_5OH \rightleftharpoons CH_3COOC_2H_5 + H_2O$$

Die im Gleichgewicht vorliegende Ethansäure lässt sich durch Titration mit Natronlauge bestimmen (↗ S. 101). Da Ethansäure und Ethanol im Verhältnis 1 : 1 miteinander reagieren, kann man aus der Differenz der Ausgangskonzentrationen der Ethansäure und der Konzentration im Gleichgewicht die übrigen Gleichgewichtskonzentrationen berechnen (Abb. 2). Um das Verhältnis von Edukten und Produkten im Gleichgewicht schnell erkennen zu können, definiert man einen mathematischen Term, in den die Gleichgewichtskonzentrationen eingesetzt werden. Mit den in Abb. 2 aufgeführten Ergebnissen ergibt sich bei gleicher Temperatur in beiden Fällen eine Konstante K mit dem Wert $K = 4$:

$$K = \frac{c(\text{Ethylethanoat}) \cdot c(\text{Wasser})}{c(\text{Ethansäure}) \cdot c(\text{Ethanol})}$$

$$K = \frac{2{,}89\ \text{mol} \cdot 2{,}89\ \text{mol}}{5{,}77\ \text{mol} \cdot 5{,}77\ \text{mol}} = 4{,}0$$

Ist die **Gleichgewichtskonstante** $K > 1$, so ist liegt das Gleichgewicht auf der Seite der Produkte; ist $K < 1$, liegt das Gleichgewicht auf die Seite der Edukte. K wird oft mit einem Index geschrieben. K_c steht daher für eine Gleichgewichtskonstante, bei der mit Konzentrationen gerechnet wird.

Massenwirkungsgesetz. Die Grundlagen zur Berechnung der Gleichgewichtskonstanten wurden 1867 von den norwegischen Wissenschaftlern Cato Maximilian Guldberg und Peter Waage formuliert. Diese mathematische Gesetzmäßigkeit wird als *Massenwirkungsgesetz* bezeichnet. Damals sprach man von der wirksamen Masse und meinte die Stoffmengenkonzentration im heutigen Sinne.

Es erwies sich allgemein wie im Rechenbeispiel des Estergleichgewichts (Abb. 2), dass die Gleichgewichtskonstante K einer Reaktion bei einer bestimmten Temperatur immer den gleichen Wert ergibt. Für einfache Reaktionen kann das Massenwirkungsgesetz aus den Geschwindigkeitsgleichungen für Hin- und Rückreaktion hergeleitet werden. Für eine Reaktion des Typs $iA + jB \rightleftharpoons mC + nD$ gilt:

$$v_{Hin} = k_{Hin} \cdot c^i(A) \cdot c^j(B)$$

Die Geschwindigkeit der Hinreaktion ist am Anfang sehr hoch, da die Konzentrationen der Edukte groß sind. Mit deren Umsetzung nimmt v_{Hin} ab.

Für die Rückreaktion gilt:

$$v_{Rück} = k_{Rück} \cdot c^m(C) \cdot c^n(D)$$

Die Geschwindigkeit der Rückreaktion ist am Anfang Null. Mit der Bildung von Produkten nimmt $v_{Rück}$ zu.

Das Gleichgewicht hat sich eingestellt, wenn die Geschwindigkeit von Hin- und Rückreaktion gleich sind. Es gilt also:

$$v_{Hin} = v_{Rück} = k_{Hin} \cdot c^i(A) \cdot c^j(B) = k_{Rück} \cdot c^m(C) \cdot c^n(D)$$

Formt man so um, dass der Quotient der Geschwindigkeitskonstanten auf der einen Seite und der Quotient der Konzentrationen auf der anderen Seite der Gleichung stehen, erhält man das Massenwirkungsgesetz zur Berechnung der Gleichgewichtskonstante K.

$$K_c = \frac{k_{\text{Hinreaktion}}}{k_{\text{Rückreaktion}}} = \frac{c^m(\text{C}) \cdot c^n(\text{D})}{c^i(\text{A}) \cdot c^j(\text{B})}$$

Da die Gleichgewichtskonstante aus den Konzentrationen errechnet wird, ergibt sich ihre Einheit aus dem Term für K_c. Ändert sich die Anzahl der Teilchen während der Reaktion nicht, kürzen sich die Einheiten heraus und K_c ist einheitenlos. K_c ist nur von der Temperatur abhängig, jedoch unabhängig von der Konzentration und vom Katalysator. Diese Formulierung des Massenwirkungsgesetzes gilt nur für homogene Gemische. Bei Feststoffen hängen die Reaktionsgeschwindigkeiten von Hin- und Rückreaktion nicht von der Konzentration, sondern von der Oberfläche ab. Die Konzentration kann daher als konstant angesehen werden und geht bei heterogenen Gemischen in den Term des Massenwirkungsgesetzes nicht mit ein.

Iodwasserstoff-Gleichgewicht. Eine weitere gut untersuchte Gleichgewichtsreaktion ist die Bildung von Iodwasserstoff. Hier müssen die Faktoren in der Reaktionsgleichung besonders beachtet werden:

$H_2(g) + I_2(g) \rightleftharpoons 2\,HI(g)$; exotherm

Reagiert eine abgemessene Stoffmenge von Wasserstoff und Iod in einem abgeschlossenen System bei konstanter Temperatur miteinander, lässt sich nach etwas Zeit die im Gleichgewicht vorliegende Stoffmenge an Iod bestimmen.

Mit den für eine bestimmte Temperatur ermittelten Gleichgewichtskonzentrationen (Abb. 3) kann die Gleichgewichtskonstante berechnet werden. Die Konzentration von Iodwasserstoff muss dabei quadriert werden, da Iodwasserstoff in der Reaktionsgleichung mit dem Faktor zwei auftritt.

$$K_c = \frac{c(\text{HI}) \cdot c(\text{HI})}{c(\text{H}_2) \cdot c(\text{I}_2)} = \frac{(17{,}67 \cdot 10^{-3}\,\text{mol} \cdot \text{l}^{-1})^2}{3{,}13 \cdot 10^{-3}\,\text{mol} \cdot \text{l}^{-1} \cdot 1{,}83 \cdot 10^{-3}\,\text{mol} \cdot \text{l}^{-1}}$$

$K_c = 54{,}4$

Bei der Herleitung des Massenwirkungsgesetzes für mehrstufige Reaktionen kürzen sich die Konzentrationen der Zwischenprodukte gegenseitig heraus. Zur Berechnung werden nur die Konzentrationen der Edukte und der Produkte benötigt.

Das Massenwirkungsgesetz für eine beliebige Gleichgewichtsreaktion lautet:

$$K_c = \frac{c^m(\text{C}) \cdot c^n(\text{D})}{c^i(\text{A}) \cdot c^j(\text{B})}$$

Gleichgewichtskonzentrationen in mol · l^{-1}			
Versuch	**c(HI)**	**c(I_2)**	**c(H_2)**
Bildung von Iodwasserstoff			
1	$17{,}67 \cdot 10^{-3}$	$3{,}13 \cdot 10^{-3}$	$1{,}83 \cdot 10^{-3}$
2	$16{,}48 \cdot 10^{-3}$	$1{,}71 \cdot 10^{-3}$	$2{,}91 \cdot 10^{-3}$
3	$13{,}54 \cdot 10^{-3}$	$0{,}74 \cdot 10^{-3}$	$4{,}56 \cdot 10^{-3}$
Zerfall von Iodwasserstoff			
4	$3{,}54 \cdot 10^{-3}$	$0{,}48 \cdot 10^{-3}$	$0{,}48 \cdot 10^{-3}$
5	$15{,}59 \cdot 10^{-3}$	$1{,}25 \cdot 10^{-3}$	$3{,}56 \cdot 10^{-3}$

3 *Iodwasserstoffgleichgewicht bei 700 °C*

1 a) Geben Sie den Term zur Berechnung der Gleichgewichtskonstante für folgende Reaktionen an:

A $AB_2(aq) \rightleftharpoons A^{2+}(aq) + 2\,B^-(aq)$
B $3\,A_2(aq) + B_2(aq) \rightleftharpoons 2\,A_3B(aq)$
C $N_2O_4(g) \rightleftharpoons 2\,NO_2(g)$
D $2\,H_2O(g) \rightleftharpoons 2\,H_2(g) + O_2(g)$
E $H_3C-COOH(aq) + H_2O(l) \rightleftharpoons H_3C-COO^-(aq) + H_3O^+(aq)$
F $CH_4(g) + NH_3(g) \rightleftharpoons HCN(g) + 3\,H_2(g)$
G $2\,SO_2(g) + O_2(g) \rightleftharpoons 2\,SO_3(g)$

b) Diskutieren Sie Ihre Ergebnisse.

2 Berechnen Sie die Gleichgewichtskonstanten aus den Messwerten für die Versuche 2, 3 und 5 der Versuchsreihe zum Iodwasserstoff-Gleichgewicht (Abb. 3).

3 a) Erklären Sie den Einfluss, den die Erhöhung der Reaktionstemperatur auf den Betrag der Gleichgewichtskonstanten K im Falle einer exothermen Hinreaktion (Partner A) und einer endothermen Hinreaktion (Partner B) hat.
b) Stellen Sie sich gegenseitig Ihre Ergebnisse vor und diskutieren sie diese.

4 Bei der folgenden Reaktion wurde die Einstellung des Gleichgewichts bei 1300 K abgewartet:
$CO_2(g) + H_2(g) \rightleftharpoons CO(g) + H_2O(g)$
Die Konzentrationen im Gasgemisch betragen:
$c(CO) = c(H_2O) = 22{,}72\,\text{mol} \cdot \text{l}^{-1}$ sowie
$c(CO_2) = 48{,}5\,\text{mol} \cdot \text{l}^{-1}$ und $c(H_2) = 8{,}52\,\text{mol} \cdot \text{l}^{-1}$
Berechnen Sie die Gleichgewichtskonstante K_c.

5 Begründen Sie, dass die Gleichgewichtskonstante K_c unabhängig vom Katalysator ist.

6 Für die Reaktion $Ag^+(aq) + Fe^{2+}(aq) \rightleftharpoons Ag(s) + Fe^{3+}(aq)$ gilt:

$$K_c = \frac{c(\text{Fe}^{3+})}{(\text{Ag}^+) \cdot c(\text{Fe}^{2+})}$$

Begründen Sie die Richtigkeit dieser Gleichung.

Exkurs Gleichgewichte und Stoßtheorie

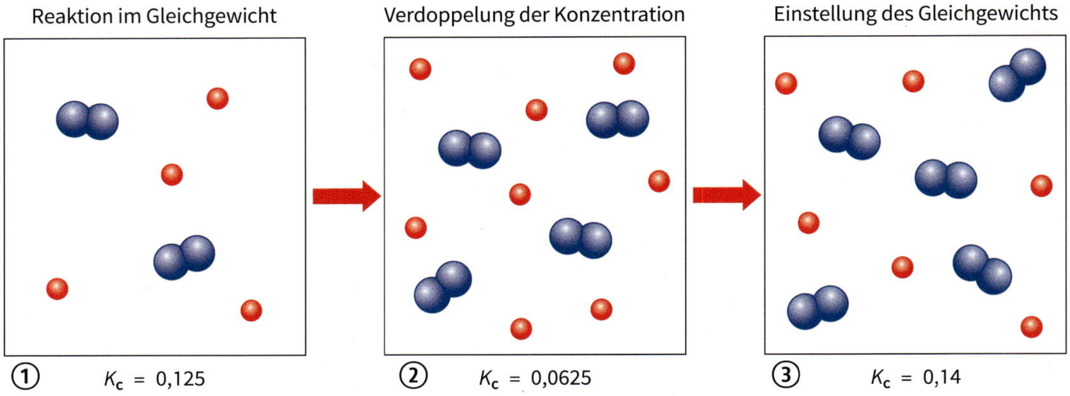

1 *Einfluss der Konzentrationserhöhung auf die Lage des Gleichgewichts am Beispiel der Reaktion* $A + A \rightleftharpoons B$

Beim Prinzip von Le Chatelier handelt es sich um Regeln für die Verschiebungen der Gleichgewichtslage bei Veränderungen von Druck, Konzentration und Temperatur. Die Regeln sind aus Experimenten hergeleitet. Erklärungen für diese Verschiebungen liefert die Stoßtheorie.

Konzentrationsänderung. Eine Erhöhung der Konzentration verursacht eine Verschiebung des Gleichgewichts auf die Seite mit der geringeren Teilchenzahl. In Abb. 1 ① ist dies am Beispiel der Reaktion $A + A \rightleftharpoons B$ verdeutlicht. Von den Teilchen des Edukts (rot) haben vier zu zwei Produkt-Teilchen reagiert (blau). Die Berechnung von K_c erfolgt nach dem Massenwirkungsgesetz gemäß:

$$K_c = \frac{c(B)}{c^2(A)}$$

Unter der Voraussetzung, dass Teilchenzahl einerseits und Konzentration andererseits äquivalent sind, erhält die Konstante K_c im ersten Fall den Wert 0,125.

Verdoppelt man die Zahl der Edukt-Teilchen und somit die Konzentration, würde man auch eine Verdopplung der Zahl der Produkt-Teilchen erwarten ②. Der Wert der Gleichgewichtskonstanten wäre dann $K_c = 0{,}0625$.

Da die Konstante aber nicht von der Konzentration abhängig ist, kann hier noch kein Gleichgewicht vorliegen. Tatsächlich beobachtet man eine Verschiebung des Gleichgewichts: Im vorliegenden Beispiel sind von den 16 Edukt-Teilchen mehr als die Hälfte, nämlich zehn Teilchen, zu Produkt-Teilchen umgewandelt worden ③. Damit erhält K_c den Wert 0,14. Aufgrund der geringen Anzahl der hier verwendeten Teilchen handelt es sich nur um einen Näherungswert. Die Ursache für diese Verschiebung ist die veränderte Stoßhäufigkeit: Da bei dieser Reaktion mit steigender Konzentration die Stoßhäufigkeit zwischen den Edukt-Teilchen stärker zunimmt als die zwischen den Produkt-Teilchen, steigt der Anteil der Produkt-Teilchen im Gleichgewicht. Deshalb ist bei Reaktionen, die unter Abnahme der Teilchenzahl laufen, zur Erhöhung der Ausbeute eine hohe Konzentration sinnvoll. Dieses Phänomen zeigt sich auch in den Geschwindigkeitsgleichungen. Im Gleichgewicht gilt:

$$v_{\text{Hinreaktion}} = v_{\text{Rückreaktion}}$$

$$\Rightarrow k_{\text{Hinreaktion}} \cdot c^2(A) = k_{\text{Rückreaktion}} \cdot c(B)$$

Eine Konzentrationserhöhung aller Stoffe führt zu einer Begünstigung der Hinreaktion. Es werden zusätzlich Produkte gebildet, bis sich das neue Gleichgewicht eingestellt hat.

Die gleichen Gesetzmäßigkeiten gelten für Druckänderungen bei Reaktionen von Gasen. Die Erhöhung des Drucks eines Edukts erhöht die Stoßhäufigkeit seiner Teilchen und führt zu einer

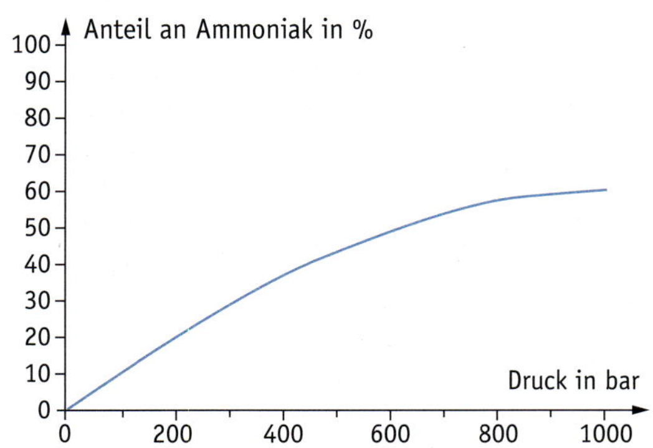

2 *Druckabhängigkeit der Ausbeute an Ammoniak*

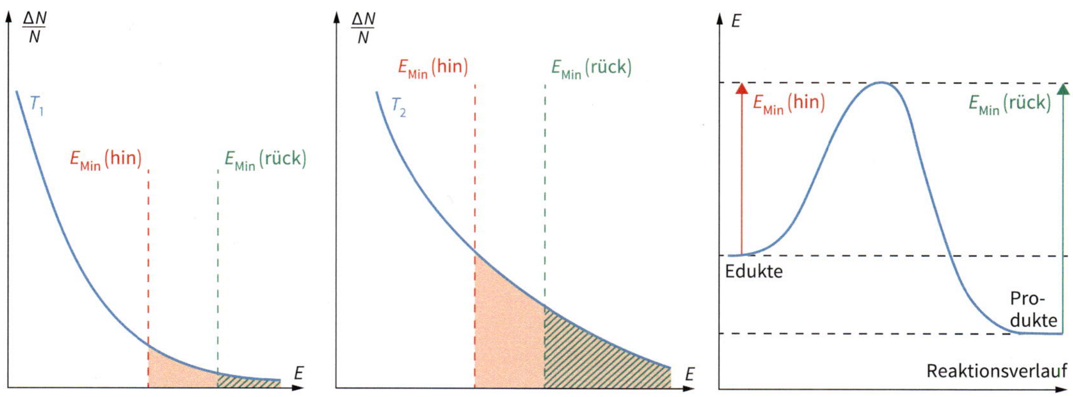

3 ***Änderung der Anzahl reaktiver Teilchen bei Hin- und Rückreaktion durch Temperaturerhöhung***

vermehrten Bildung von Produkten. Bei der Synthese von Ammoniak (NH_3) aus den Elementen gemäß der Reaktion $N_2(g) + 3\,H_2(g) \rightleftharpoons 2\,NH_3(g)$ spielt dieser Zusammenhang eine wichtige Rolle (Abb. 2).

Temperaturänderung. Bei einer Temperaturerhöhung wird das Gleichgewicht in Richtung der endothermen Reaktion verschoben. Am Beispiel der Reaktion $H_2 + I_2 \rightleftharpoons 2\,HI$ kann man das gut feststellen. Bei dieser Reaktion bleibt die Teilchenzahl gleich und somit haben Druck und Konzentration keinen Einfluss auf die Gleichgewichtslage. Aus Versuchsergebnissen erhält man die Gleichgewichtskonstante bei 300 K mit 790; bei 700 K hingegen nur 54. Bei gleichen Stoffmengen an I_2 und H_2 kann man das Stoffmengenverhältnis zwischen Edukten und Produkten bestimmen. Bei 300 K ist die Stoffmenge von HI 28mal höher als die von H_2; bei 700 K nur noch siebenmal höher.

Die Erkenntnisse über die Mindestenergie und die Boltzmann-Verteilung weisen auf die Hintergründe der Regel von Le Chatelier hin: Das Energiediagramm einer exothermen Reaktion (Abb. 3) zeigt, dass die Mindestenergie der Hinreaktion (exotherm) um die Reaktionsenergie niedriger ist, als die der Rückreaktion (endotherm). Wird nun im Gleichgewicht die Temperatur erhöht, so steigt generell die Zahl der reaktionsfähigen Teilchen: Die Fläche unterhalb der Kurve mit $E > E_{min}$ repräsentiert die Anzahl reaktiver Teilchen. Je höher die Temperatur steigt, desto stärker gleichen sich die Zahlen der reaktiven Teilchen für Hin- und Rückreaktion an. Das bedeutet, dass bei der Temperaturerhöhung die endotherme Reaktion gegenüber der exothermen gleichberechtigter wird.

1 Erstellen Sie ein Koordinatensystem für die Boltzmann-Verteilung. Tragen Sie Energiewerte für die Hin- und Rückreaktion ein. Kopieren Sie Ihr Koordinatensystem auf ein weiteres Blatt. Ergänzen Sie die Blätter mit je einer Energieverteilungskurve bei verschiedenen Temperaturen.
a) Ermitteln Sie arbeitsteilig die Flächen, die den Zahlen der reaktionsfähigen Teilchen entsprechen.
b) Bilden Sie den Quotienten zwischen den Flächen für Hin- und Rückreaktion bei der jeweiligen Temperatur. Interpretieren Sie die Quotienten als Aussage über die Gleichgewichtslage.
c) Vergleichen Sie die erhaltenen Quotienten und formulieren Sie eine Aussage über die Verschiebung des Gleichgewichts bei Temperaturänderung.
d) Stellen Sie Ihr Ergebnis vor.

2 Die Reaktion $2\,NO_2(g) \rightleftharpoons N_2O_4(g)$ verläuft exotherm. Erläutern Sie die sich daraus ergebende Gleichgewichtsverschiebung bei Temperaturerhöhung.
b) Zeigen Sie, dass bei einer Temperaturerhöhung in einem geschlossenen Behälter, das heißt ohne die Möglichkeit der Volumenänderung, die in a) erwartete Gleichgewichtsverschiebung nicht im theoretisch möglichen Ausmaß stattfindet.

3 Die Reaktion $2\,H_2 + O_2 \rightleftharpoons 2\,H_2O$ läuft in einem Gemisch der beiden Edukte bei Raumtemperatur unmessbar langsam ab. Ein kleiner Funke genügt, um die exotherme Reaktion, die dann nahezu vollständig abläuft, schlagartig zu starten. Beschreiben Sie diesen Vorgang auf der Teilchenebene. Gehen Sie dabei besonders auf den Zusammenhang von Mindestenergie und Stoßwirksamkeit ein.

Projekt Mit dem Massenwirkungsgesetz rechnen

In der chemischen Industrie ist es wichtig quantitative Aussagen zur Ausbeute, zum ökonomisch vertretbaren Einsatz der Edukte und vielem mehr zu treffen. Bei den Berechnungen nutzt man experimentell ermittelte Gleichgewichtskonzentrationen oder die in der Literatur vorgegebenen Werte temperaturabhängiger Gleichgewichtskonstanten. Schon einfache Berechnungen geben ein Bild, welche Zusammensetzung das im Gleichgewicht vorliegende Gemisch aufweisen würde. Für die Berechnungen kann nach der immer gleichen Schrittfolge vorgegangen werden.

a) Lesen Sie Informationstext 1 und betrachten Sie Abbildung 1.
b) Führen Sie Versuch 1 durch und bearbeiten Sie die Aufgaben.
c) Ermitteln Sie die Ausbeute an Propylethanoat.
d) Berechnen Sie mit Ihrer experimentell ermittelten Gleichgewichtskonstante, wie sich eine Erhöhung des Propanolanteils auf 0,1 mol auswirken würde.

Informationstext 1

Wenn die Gleichgewichtskonstante K_c einer Reaktion mithilfe eines Experiments ermittelt werden soll, sind die folgenden Punkte zu beachten:
Man geht von einer Mischung mit genau bekannter Stoffzusammensetzung aus.
Die Aggregatzustände (s, l, g, aq) der Stoffe im Gleichgewicht müssen bekannt sein.
Wenn sich das Gleichgewicht eingestellt hat, reicht es aus, die Konzentration oder die Stoffmenge einer der Komponenten zu bestimmen. Die übrigen Werte berechnet man gemäß der Reaktionsgleichung. Man nutzt die Stoffmengenverhältnisse der Produkte und die Differenz aus Ausgangskonzentration und Gleichgewichtskonzentration der Edukte.
Falls es sich um eine Reaktion handelt, die ohne Veränderung der Teilchenzahl abläuft, kann K_c direkt mit den für das Gleichgewicht ermittelten Stoffmengen berechnet werden. Für Reaktionen vom Typ $A + B \rightleftharpoons C + D$ in einem homogenen Gemisch gilt:

$$K_c = \frac{c(C) \cdot c(D)}{c(A) \cdot c(B)};\quad K \text{ ist einheitenlos}$$

So kann zum Beispiel die Gleichgewichtskonstante K_c bei der Esterbildung aus experimentell ermittelten Stoffmengen berechnet werden (Versuch 1). Bleibt die Teilchenzahl während der Reaktion nicht konstant, sind die im Gleichgewicht vorliegenden Stoffmengenkonzentrationen zu verwenden. Für chemische Reaktionen kann manchmal eins der Edukte preiswert hergestellt werden. Wird es im Überschuss zugegeben, erfolgt eine verstärkte Umsetzung des teureren Eduktes. Da sich K_c bei konstanter Temperatur nicht ändert, sind im Gleichgewicht auch die Konzentrationen der Produkte höher als ohne Überschuss. Durch Berechnung erhält man eine Angabe, um welchen Anteil sich das Gleichgewicht zu den Produkten verschiebt. Beim Einsatz von zum Beispiel 1 mol Ethansäure und 1,5 mol Ethanol entstehen laut Berechnung 0,786 mol Ethylethanoat (↗ Rechenbeispiel). Wären statt dessen nur 1 mol Ethanol eingesetzt worden, hätten sich nur 0,666 mol Ethylethanoat gebildet.

Schrittfolge zur Berechnung mit dem Massenwirkungsgesetz	*Beispiel:* Bei der Esterbildung in einer Mischung aus 1 mol Ethansäure und 1 mol Ethanol sind im Gleichgewicht noch 0,33 mol Ethansäure vorhanden. Berechnen Sie die Gleichgewichtskonstante.
1. Aufstellen der Reaktionsgleichung	$CH_3COOH(aq) + C_2H_5OH(aq) \rightleftharpoons CH_3COOC_2H_5(aq) + H_2O(l)$
2. Angabe der Stoffmengen aller Stoffe vor Beginn der Reaktion	1 mol 1 mol 0 mol 0 mol
3. Ermitteln der Stoffmengen aller Stoffe im Gleichgewicht	0,33 mol = (1 – 0,67) mol 0,33 mol 0,67 mol 0,67 mol
4. Aufstellen des Terms für die Berechnung der Gleichgewichtskonstanten	$K_c = \frac{c(\text{Ester}) \cdot c(\text{Wasser})}{c(\text{Säure}) \cdot c(\text{Ethanol})} = \frac{n(\text{Ester}) \cdot n(\text{Wasser})}{n(\text{Säure}) \cdot n(\text{Ethanol})}$
5. Einsetzen der Gleichgewichtskonzentrationen und Berechnung der zu bestimmenden Größe unter Verwendung des Taschenrechners	$K_c = \frac{0{,}67\text{ mol} \cdot 0{,}67\text{ mol}}{0{,}33\text{ mol} \cdot 0{,}33\text{ mol}} = 4{,}0$
6. Interpretation des Ergebnisses	Das Experiment ergibt eine Gleichgewichtskonstante von $K_c = 4{,}0$.

1 *Schrittfolge zu Berechnung der Gleichgewichtskonstanten mit dem Massenwirkungsgesetz*

Versuch 1:
Ermittlung der Gleichgewichtskonstanten

Materialien: Reagenzglas, Wasserbad, Messpipetten (1 ml, 5 ml), Thermometer, Erlenmeyerkolben (50 ml), Bürette, Stoppuhr;
Propan-1-ol (**2, 5, 7**), Ethansäure (Eisessig, **2, 5**), Schwefelsäure (konz., **5**), Natronlauge ($1\ mol \cdot l^{-1}$, **5**), Phenolphthaleinlösung (< 0,9 %, **2, 7**)

Durchführung:

1. Erwärmen Sie im Wasserbad 3,8 ml Propan-1-ol (0,05 mol) und getrennt davon ein Gemisch von 3,0 ml Ethansäure (0,05 mol) und 0,5 ml konzentrierter Schwefelsäure auf 60 °C.
2. Mischen Sie die Flüssigkeiten.
3. Entnehmen Sie alle 5 Minuten dem Gemisch eine Probe von 0,5 ml. Titrieren Sie die Proben mit der Natronlauge mit Phenolphthaleinlösung.
4. Wiederholen Sie die Titrationen solange, bis der Verbrauch an Natronlauge in etwa konstant bleibt.
5. Bestimmen Sie das Volumen an Natronlauge (V_0(NaOH)), das zu Beginn der Reaktion erforderlich ist. Verdünnen Sie dazu 3 ml Ethansäure auf 6,85 ml. Entnehmen Sie 0,5 ml aus der Mischung und titrieren Sie diese Probe wie in Schritt 3.
6. Geben Sie 0,5 ml Schwefelsäure vorsichtig zu 6,8 ml Wasser. Entnehmen Sie 0,5 ml aus der Mischung und titrieren Sie wie in Schritt 3.

Aufgaben:

a) Erfassen Sie die Messwerte tabellarisch. Kennzeichnen Sie den Messwert (V_G(NaOH)), bei dem das Gleichgewicht erreicht wurde.
b) Berechnen Sie aus V_G(NaOH) und dem Ergebnis aus Schritt 6 das Volumen an Natronlauge (V_E(NaOH)), das zur Titration der verbliebenen Ethansäure im Gleichgewicht benötigt wurde.
c) Stellen Sie das Massenwirkungsgesetz auf.
d) Begründen Sie, warum und wie man die Volumina in das Massenwirkungsgesetz einsetzen kann.
e) Geben Sie die Zusammenhänge zwischen den Volumina, die im Massenwirkungsgesetz vorliegen, und V_E(NaOH) sowie V_0(NaOH) an.
f) Berechnen Sie die Gleichgewichtskonstante (Abb. 1).
g) Für die Berechnung der Gleichgewichtskonstante benötigt man nur den Ausgangszustand und den Zustand im Gleichgewicht. Begründen Sie die Notwendigkeit der Aufnahme einer Messreihe.

Rechenbeispiel

Berechnen Sie, welche Stoffmengen im Gleichgewicht vorliegen, wenn man von 1 mol Ethansäure und 1,5 mol Ethanol ausgeht ($K_c = 4$).

1. Aufstellen der Reaktionsgleichung

$CH_3COOH + C_2H_5OH \rightleftharpoons CH_3COOC_2H_5 + H_2O$

2. Stoffmengen vor Beginn der Reaktion

1 mol 1,5 mol 0 mol 0 mol

3. Stoffmengen im Gleichgewicht

(1 – x) mol (1,5 – x) mol x mol x mol

4. Aufstellen des Massenwirkungsgesetzes

$$K_c = \frac{c(\text{Ester}) \cdot c(\text{Wasser})}{c(\text{Ethansäure}) \cdot c(\text{Ethanol})}$$

5. Einsetzen der Werte

$$4 = \frac{x\ mol \cdot x\ mol}{(1 - x)\ mol \cdot (1{,}5 - x)\ mol}$$

6. Umformen der Gleichung

$$4 = \frac{x^2}{(1 - x) \cdot (1{,}5 - x)} \qquad | \cdot (1 - x) \cdot (1{,}5 - x)$$

$$4\,(x^2 - 2{,}5\,x + 1{,}5) = x^2 \qquad | - x^2$$

$$3\,x^2 - 10\,x + 6 = 0 \qquad | : 3$$

$$x^2 - 3{,}33\,x + 2 = 0$$

7. Einsetzen in die pq-Formel

Für eine quadratische Gleichung $x^2 + px + q = 0$ gilt:

$$x_{1,2} = -\frac{p}{2} \pm \sqrt{\left(\frac{p}{2}\right)^2 - q}$$

Einsetzen der ermittelten Werte für p und q:

$$x_{1,2} = \frac{3{,}33}{2} \pm \sqrt{\left(\frac{3{,}33}{2}\right)^2 - q}$$

$$\Rightarrow x_1 = 0{,}786;\ x_2 = 2{,}54$$

Der Wert für x_2 entfällt, da sonst negative Stoffmengen entstehen.

8. Antwort

Im Gleichgewicht liegen für Ethylethanoat, Ethansäure und Ethanol folgende Stoffmengen vor:

$n(CH_3COOC_2H_5) = n(H_2O) = 0{,}786$ mol

$n(CH_3COOH) = 0{,}214$ mol; $n(C_2H_5OH) = 0{,}714$ mol

2.8 Chemie angewandt: Ammoniaksynthese

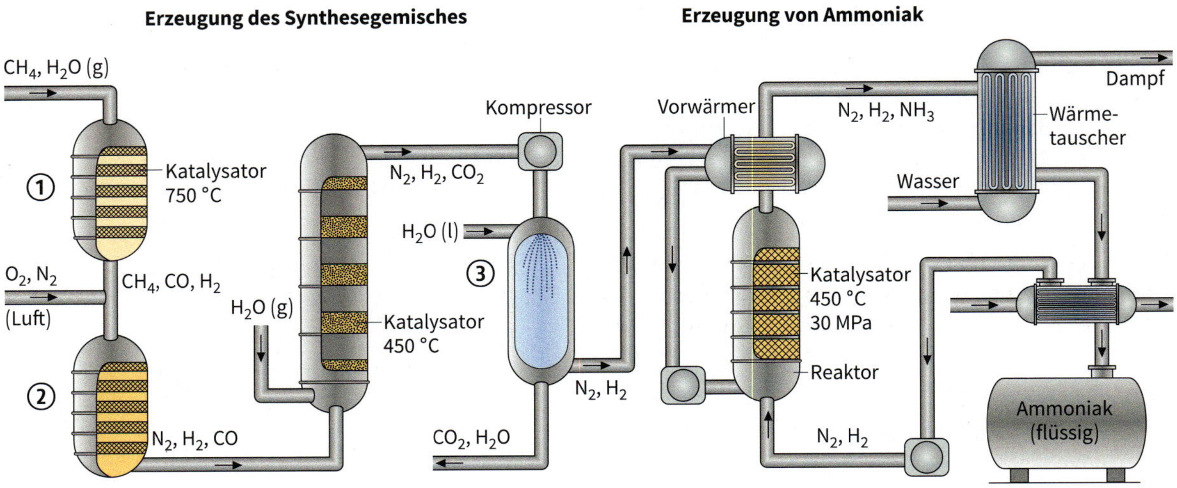

1 *Technische Herstellung von Ammoniak*

Nach Angaben der chemischen Industrie ist die jährliche Produktion von Ammoniak auf über 180 Millionen Tonnen gestiegen. Ammoniak gehört damit zu den zehn Grundchemikalien mit der größten Produktionsmenge. Die stetige Steigerung der Ammoniakproduktion ist auf das Wachstum der Weltbevölkerung und den damit verbundenen erhöhten Bedarf an Stickstoffdüngemitteln zurückzuführen. Für Entwicklungsländer ist die Produktion von Ammoniak der erste Schritt zur Industrialisierung. Außer für die Düngemittelproduktion ist Ammoniak auch Edukt für Kunststoffe, Pflanzenschutzmittel und Sprengstoffe.

Haber-Bosch-Verfahren. Die großtechnische Synthese erfolgt heute ausschließlich nach dem Haber-Bosch-Verfahren. Es geht von den Elementen Stickstoff und Wasserstoff aus, die bei hohem Druck in einer exotherm verlaufenden Gleichgewichtsreaktion an einem Katalysator umgesetzt werden:

$N_2(g) + 3\,H_2(g) \rightleftharpoons 2\,NH_3(g)$; exotherm

Entwickelt wurde das Verfahren durch den Chemiker Fritz Haber und den Ingenieur Carl Bosch. Die erste Anlage ging 1913 in Ludwigshafen in Betrieb. Im frühen zwanzigsten Jahrhundert war die Hochdrucksynthese im großtechnischen Maßstab noch völliges Neuland. Die chemischen und technischen Probleme waren so ungewöhnlich und schwierig, dass es mehrmals zu erheblichen Betriebsunfällen kam. Für die Bewältigung der Probleme wurden an beide Forscher Nobelpreise vergeben. Haber erhielt 1918 den Preis für die erfolgreiche Untersuchung der Gleichgewichtsreaktion, wobei die optimale Katalysatorwahl eine bedeutende Rolle spielte. Bosch wurde 1931 für die Entwicklung der Hochdrucktechnik geehrt.

Bereitstellung der Edukte. Wasserstoff wird heute überwiegend durch katalytische Umsetzung von Erdgas mit Wasserdampf gewonnen (Abb. 1 ①):

$CH_4(g) + H_2O(g) \rightleftharpoons CO(g) + 3\,H_2(g)$; endotherm

Der noch nicht umgesetzte Anteil des Methans reagiert in einem zweiten Reaktor mit Luftsauerstoff zu Kohlenstoffmonooxid und Wasserstoff, während der Stickstoff aus der Luft unverändert bleibt ②:

$$2\,CH_4(g) + O_2(g) + 4\,N_2(g) \rightleftharpoons 2\,CO(g) + 4\,H_2(g) + 4\,N_2(g);\quad \text{exotherm}$$

Da Kohlenstoffmonooxid bei der Ammoniaksynthese als Katalysatorgift wirkt, muss es mit Wasserdampf katalytisch zu Kohlenstoffdioxid und Wasserstoff umgesetzt werden:

$CO(g) + H_2O(g) \rightleftharpoons CO_2(g) + H_2(g)$; exotherm

Das Kohlenstoffdioxid wird anschließend aus dem Gasgemisch ausgewaschen ③.

Die einzelnen Reaktionsschritte werden so gesteuert, dass Stickstoff und Wasserstoff schließlich im Volumenverhältnis 1 : 3 vorliegen.

Steuerung der Synthese. Die Bildung von Ammoniak erfolgt in einer exothermen Reaktion, bei der sich die Teilchenzahl verringert. Nach dem Prinzip von Le Chatelier wäre es daher günstig, wenn man die Reaktion bei niedriger Temperatur und hohem Druck ablaufen ließe.

Da das N_2-Molekül aufgrund der Dreifachbindung aber sehr reaktionsträge ist, lässt sich die erforderliche Reaktionsgeschwindigkeit trotz guter Katalysatoren nur bei höheren Temperaturen erreichen. Man führt die Reaktion daher bei etwa 450 °C durch.

Der Katalysator aus porösem Eisen enthält kleine Anteile verschiedener Oxide. Im Reaktor befinden sich bis zu zehn Katalysatorschichten, zwischen denen Wärmetauscher eingebaut sind. Sie entziehen dem Gasgemisch die bei der Bildung von Ammoniak freigesetzte Wärmeenergie. Gleichzeitig wird das einströmende Synthesegas in den Wärmetauschern auf die Reaktionstemperatur erwärmt.

Der für einen ausreichenden Umsatz benötigte hohe Druck wird durch aufwendige Kompressoren erzeugt. Heute arbeitet man meist mit einem Gesamtdruck von 30 MPa.

Bei diesem Druck und einer Temperatur von 450 °C enthielte das Gasgemisch im Gleichgewichtszustand einen Volumenanteil von 38 % Ammoniak. Da aber die Verweilzeit im Reaktor sehr kurz ist, werden nur 15 % erreicht. Die Synthese findet daher in einem Kreislaufprozess statt: Der gebildete Ammoniak wird durch Verflüssigung laufend aus dem Gasgemisch entfernt, die nicht umgesetzten Gase leitet man zusammen mit frischem Synthesegas erneut durch den Reaktor.

Moderne Reaktoren sind etwa 30 Meter hoch. Bei einem Innendurchmesser von 2,40 Meter haben sie eine Masse von 400 Tonnen. Sie bestehen aus hochwertigem Stahl. Auf das Kernrohr wird ein glühendes profiliertes Stahlband in mehreren Lagen schraubenförmig aufgewickelt. Die Tagesproduktion eines solchen Reaktors liegt bei 1500 Tonnen.

Ammoniak, eine der wichtigsten Grundchemikalien, wird nach dem Haber-Bosch-Verfahren aus den Elementen hergestellt. Die Synthese erfolgt in einem Kreislaufprozess bei sehr hohem Druck und hoher Temperatur mit Eisen als Katalysator.

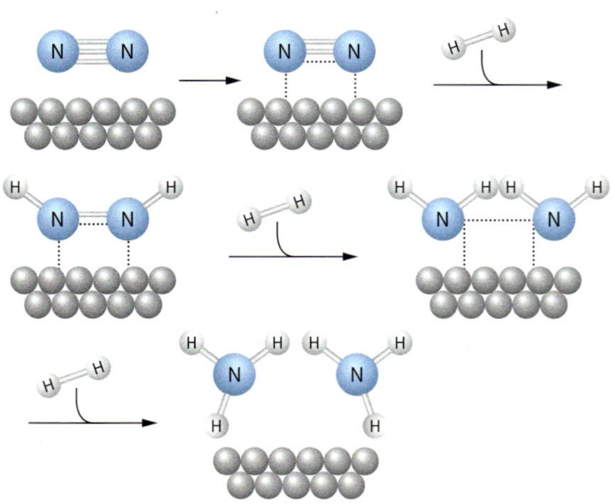

2 *Katalysator bei der Ammoniaksynthese*

1 a) Recherchieren Sie die wichtigsten Anwendungsbereiche von Ammoniak. Erstellen Sie eine Übersicht.
b) Diskutieren Sie die Verwendung von Ammoniak als Kühlmittel.

2 Erklären Sie, inwiefern die für die Synthese gewählten Reaktionsbedingungen Kompromisse darstellen. Nutzen Sie zur Lösung die folgende Tabelle:

Temperatur in °C	**Ausbeute NH_3 in % bei** $p = 1$ bar	$p = 200$ bar	$p = 100$ bar
200	15,30	85,50	98,30
300	2,18	62,8	92,6
400	0,44	36.3	79,8
500	0,13	17,6	57,5
600	0,05	8,3	31,4
700	0,02	4,1	12,9

3 Beschreiben Sie die Wirkungsweise des Katalysators bei der Ammoniaksynthese (Abb. 2).

4 Bei der Reaktion von Stickstoff und Wasserstoff im Volumenverhältnis 1 : 3 und einem Druck von $5 \cdot 10^3$ kPa enthält das Gemisch 46,25 % Ammoniak, wenn sich das Gleichgewicht eingestellt hat.
a) Geben Sie die Anteile der Edukte im Gemisch an.
b) Berechnen Sie die Gleichgewichtskonstante K_p. Recherchieren Sie dazu, was der Index p bedeutet

5 a) Formulieren Sie das Massenwirkungsgesetz für die Ammoniaksynthese.
b) Ein Kolben mit einem Volumen $V = 1$ l wurde mit 0,24 mol Stickstoff und 0,32 mol Wasserstoff gefüllt. Nach einiger Zeit sind 0,08 mol Ammoniak entstanden. Berechnen Sie die Gleichgewichtskonstante unter den gegebenen Bedingungen.
Hinweis: Nach der Reaktionszeit war das chemische Gleichgewicht erreicht.

6 a) Bei 450 °C und 30 MPa beträgt der Anteil an Ammoniak im Gleichgewicht 38 %. Erläutern Sie, wie man trotzdem zu einer vollständigen Umsetzung des Synthesegases kommt.
b) Beim großtechnischen Verfahren liegen nach einmaligem Durchgang der Edukte durch den Reaktor nur etwa 15 % Ammoniak im Gemisch vor. Begründen Sie, warum man die Einstellung des Gleichgewichts nicht abwartet.

7 a) Betrachten Sie das Schema in Abb. 1. Geben Sie die Stellen an, an denen durch Reaktionssteuerung das Verfahren optimiert wurde.
b) Erläutern Sie die Maßnahmen zur Optimierung.
c) Geben Sie die Stellen an, an denen man durch technische Maßnahmen die Kosten für das Verfahren gesenkt hat.

 Der Kohlenstoffkreislauf

Kohlenstoff kommt elementar oder als Verbindung im Wasser, dem Boden, der Erdoberfläche und der Luft vor. Zwischen diesen Bereichen oder Sphären findet ein ständiger Austausch kohlenstoffhaltiger Verbindungen statt, den man *Kohlenstoffkreislauf* nennt.

Lithosphäre. Nahezu die gesamte Kohlenstoffmasse der Erde befindet sich in der Erdkruste. Im Sedimentgestein lässt sich Kohlenstoff beispielsweise als Kalkstein ($CaCO_3$) nachweisen. Bei hohem Druck und hohen Temperaturen können in Erdschichten auch Kohle, Erdöl oder Erdgas entstehen. Die Lithosphäre (griech. *lithos:* Stein) dient vor allem als Kohlenstoffspeicher. Ein Austausch mit den übrigen Bereichen findet kaum statt. Nur ein kleiner Teil des gebundenen Kohlenstoffs gelangt durch Verbrennung und vulkanische Aktivitäten in den Kreislauf. Vulkane setzen bei hohen Temperaturen aus carbonathaltigen Sedimentgestein Kohlenstoffdioxid frei und geben es an die Atmosphäre ab:

$$CaCO_3(s) \rightarrow \underset{\text{Calciumoxid}}{CaO(s)} + CO_2(g); \quad \text{endotherm}$$

Atmosphäre. Die gasförmige Hülle der Erde nennt man Atmosphäre (griech. *atmos:* Dampf, Dunst). Sie enthält zwar nur einen Bruchteil des gesamten Kohlenstoffs der Erde, dennoch ist die Atmosphäre ein bedeutender *Zwischenspeicher* für Kohlenstoff. Das Kohlenstoffdioxid in der Atmosphäre steht durch chemische Reaktionen und physikalische Prozesse in Verbindung mit den Kohlenstoffspeichern anderer Sphären.

Hydrosphäre. Die Ozeane stellen den Großteil der Hydrosphäre (griech. *hýdor:* Wasser) dar. Im Wasser ist der überwiegende Teil des Kohlenstoffs in Form von Hydrogencarbonat-Ionen (HCO_3^-) gelöst. Gasförmiges Kohlenstoffdioxid der Atmosphäre steht über gelöstes Kohlenstoffdioxid mit Hydrogencarbonat-Ionen und Carbonat-Ionen (CO_3^{2-}) im Gleichgewicht:

$$CO_2(g) \rightleftharpoons CO_2(aq)$$

$$CO_2(aq) + 2\,H_2O(l) \rightleftharpoons \underset{\text{Hydrogencarbonat-Ion}}{HCO_3^-(aq)} + H_3O^+(aq)$$

$$HCO_3^-(aq) + H_2O(l) \rightleftharpoons \underset{\text{Carbonat-Ion}}{CO_3^{2-}(aq)} + H_3O^+(aq)$$

Durch Ca^{2+}-Ionen können CO_3^{2-}-Ionen als schwerlösliches Salz aus dem Gleichgewicht entfernt werden. Der entstehende Feststoff Calciumcarbonat sedimentiert und wird Bestandteil der Lithosphäre:

$$Ca^{2+}(aq) + CO_3^{2-}(aq) \rightleftharpoons CaCO_3(s)$$

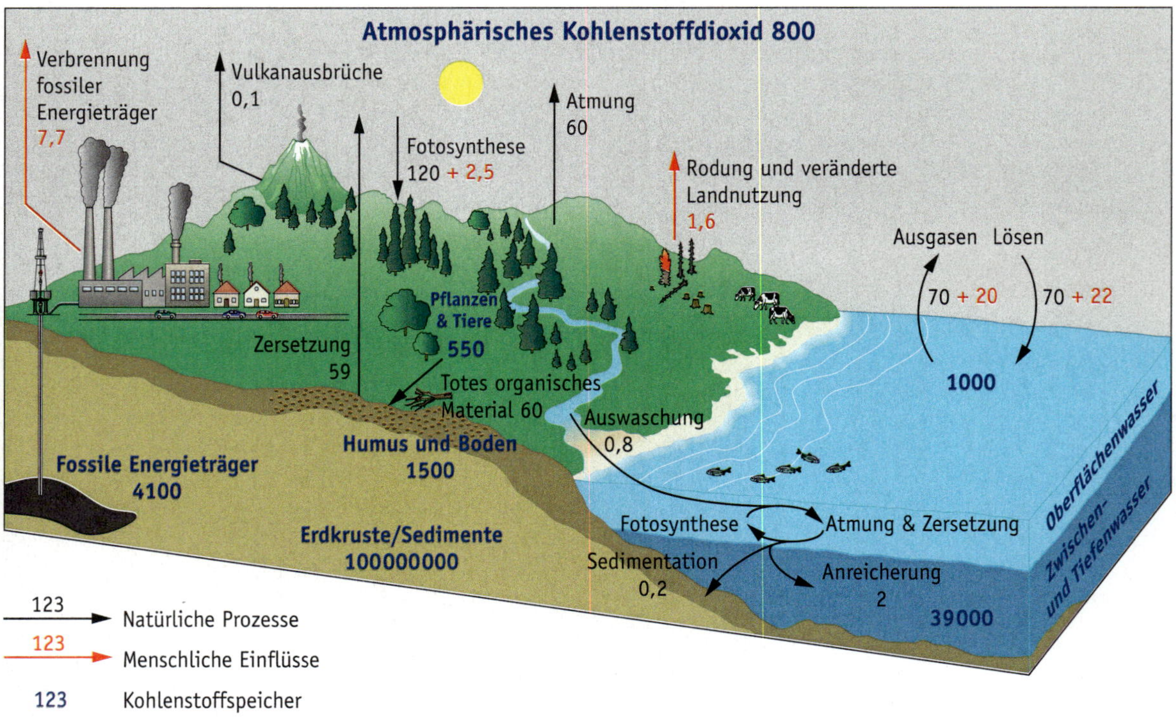

1 *Zentrale Prozesse des Kohlenstoffkreislaufs in Gigatonnen (10^9 Tonnen) pro Jahr*

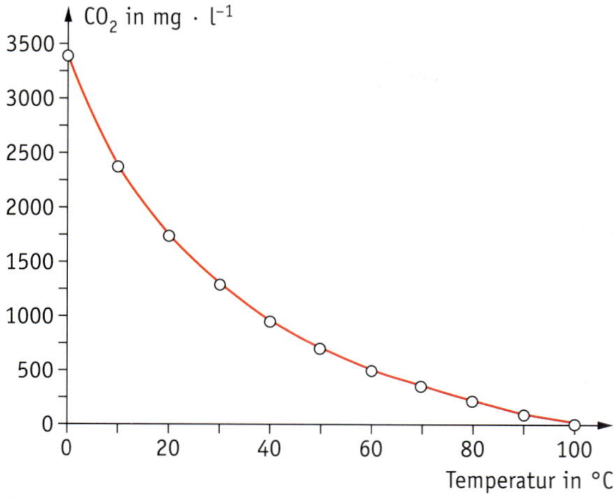

2 ***Temperaturabhängigkeit der Löslichkeit von Kohlenstoffdioxid in Wasser***

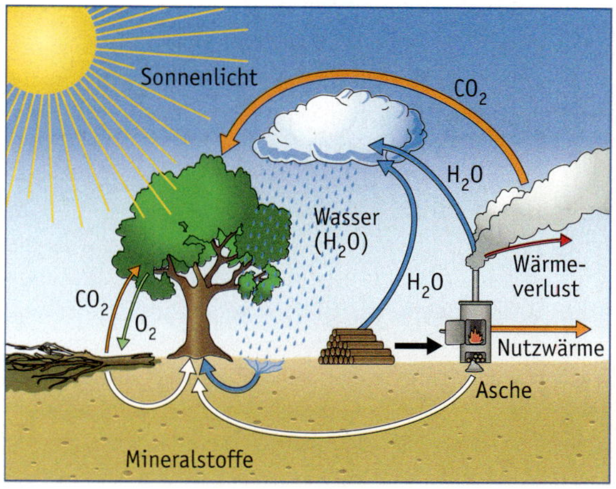

3 ***Nachhaltige Energiegewinnung***

Ob Kohlenstoffdioxid verstärkt aus der Atmosphäre in das Wasser aufgenommen wird oder in die Atmosphäre entweicht, hängt im Wesentlichen von der Temperatur ab. Gase lösen sich bei tieferen Temperaturen besser. Erreichen warme Meeresströmungen die Polarmeerregionen, kühlen die Wassermassen zunehmend ab und nehmen Kohlenstoffdioxid aus der Luft auf. Mit der Abkühlung steigt die Dichte des Wassers an und es sinkt in die Tiefenwasserzonen ab. Kältere Bereiche der Ozeane vermindern den Kohlenstoffdioxidgehalt der Atmosphäre und wirken somit als *Kohlenstoffsenken.* Umgekehrt sind warme Regionen der Ozeane *Kohlenstoffquellen.*

Biosphäre. Lebewesen kommen in der Luft, im Boden und im Wasser vor. Daher ist die Biosphäre (griech. *bios:* Leben) wesentlich am Austausch des Kohlenstoffs zwischen den Sphären beteiligt. Grüne Pflanzen nehmen bei der Fotosynthese Kohlenstoffdioxid und Wasser auf und bilden daraus Sauerstoff und Glucose:

$$6\,CO_2 + 12\,H_2O \rightarrow C_6H_{12}O_6 + 6\,O_2 + 6\,H_2O$$

Der in der Glucose gebundene Kohlenstoff wird dem Kohlenstoffkreislauf zunächst entzogen. Beim Abbau der Glucose bei der Atmung, der Verbrennung oder bei der Zersetzung abgestorbener Organismen läuft die Reaktion in die Gegenrichtung: Kohlenstoffdioxid wird wieder frei. Fehlen aber Sauerstoff oder Wasser, beispielsweise bei Luftabschluss in Mooren, reichern sich Kohlenstoffverbindungen an. Die Zersetzung ist unvollständig. Moore wirken daher als Kohlenstoffsenken.

> Der Kohlenstoffkreislauf beschreibt die Umsetzung von Kohlenstoff und seinen Verbindungen zwischen den verschiedenen Sphären der Erde.

1 Beschreiben Sie die natürlichen Austauschprozesse des Kohlenstoffs zwischen den Sphären der Erde. Nennen Sie Beispiele für natürliche Kohlenstoffsenken und Kohlenstoffquellen.

2 Vergleichen Sie den Kohlenstoffkreislauf mit dem Wasserkreislauf auf der Erde. Der Wasserkreislauf kann dabei stark vereinfacht betrachtet werden.
Geben Sie dabei auch Quellen und Senken für atmosphärisches Wasser an.

3 a) Ermitteln Sie anhand von Abb. 1 die jährliche Erhöhung des atmosphärischen Kohlenstoffdioxidgehalts durch menschliche Einflüsse.
b) Begründen Sie, warum die fotosynthetische Fixierung von Kohlenstoffdioxid durch anthropogene Einflüsse erheblich gestiegen ist.

4 Am Beispiel des Betriebs eines Kohlekraftwerks sollen zwei mögliche Standorte betrachtet werden: Polargebiet und Tropen. Zeigen Sie die Verschiebungen im Kohlenstoffkreislauf für diese Standorte auf.

5 Eine Zunahme des Kohlenstoffdioxidgehalts der Atmosphäre lässt die Ozeane versauern. Erläutern Sie diese Aussage.

6 Bei der nachhaltigen Energiegewinnung soll nur soviel Kohlenstoffdioxid freigesetzt werden, wie ursprünglich von Pflanzen gebunden wurde.
a) Beschreiben Sie Abb. 3.
b) Begründen Sie mit Reaktionsgleichungen die Nachhaltigkeit des Heizens mit Holz.
c) Recherchieren Sie Vor- und Nachteile des Heizens mit Holzpellets und geben Sie diese in Form einer tabellarischen Gegenüberstellung an.
d) Bewerten Sie das Heizen mit Holz unter Umweltgesichtspunkten und im Sinne der Nachhaltigkeit.

2.10 Der Treibhauseffekt

Die Sonne ist die zentrale Energiequelle für die Erde. Doch rund die Hälfte der Sonneneinstrahlung wird unmittelbar durch die Atmosphäre reflektiert und erreicht die Erdoberfläche nicht. Die andere Hälfte wird an der Erdoberfläche in Wärmestrahlung umgewandelt. Diese wird entweder direkt in den Weltraum abgegeben oder sie führt zum Aufsteigen warmer Luftmassen und zur Wolkenbildung. In den höheren Luftschichten wird die Wärmeenergie dann wieder in den Weltraum abgegeben (Abb. 1).

Natürlicher Treibhauseffekt. Für eine Atmosphäre ohne Wolken und Spurengase ergäbe sich modellhaft eine mittlere Oberflächentemperatur der Erde von −18 °C. Tatsächlich beträgt die Temperatur +15 °C und ist damit 33 °C höher als berechnet. Ohne den als natürlichen Treibhauseffekt bezeichneten Wärmestau wäre das uns bekannte Leben auf der Erde nicht möglich.

Die Temperaturdifferenz wird durch bestimmte Gase der Atmosphäre verursacht (Abb. 2). Diese lassen die kurzwellige Strahlung der Sonne nahezu ungehindert passieren, nehmen aber die langwellige Wärmestrahlung der Erdoberfläche auf und erwärmen sich. Ähnlich wie beim Glas eines Treibhauses wird die Energieabgabe der Erde auch durch die Wolkendecke verzögert und ein Wärmestau erzeugt.

Treibhausgas	Konzentration in der Atmosphäre	Beitrag zum natürlichen Treibhauseffekt	
Wasserdampf	1 – 4 %	20,6 °C	62,0 %
Kohlenstoffdioxid	376 ppm	7,2 °C	22,0 %
Ozon (bodennah)	0,03 ppm	2,4 °C	7,0 %
Distickstoffmonooxid	0,32 ppm	1,4 °C	4,0 %
Methan	1,84 ppm	0,8 °C	2,5 %
andere	–	0,6 °C	2,5 %
Summe	–	33 °C	100 %

2 *Konzentration von Spurengasen in der Atmosphäre und ihr Beitrag zum Treibhauseffekt*

Anthropogener Treibhauseffekt. Seit Beginn der industriellen Revolution nimmt der Mensch zunehmend Einfluss auf die Zusammensetzung der Atmosphäre. Der Anstieg der Spurengaskonzentrationen führt zu einem verstärkten Wärmestau und einer weiteren Temperaturerhöhung, dem *anthropogenen Treibhauseffekt.* Neben einem messbaren Anstieg der natürlichen Treibhausgase Kohlenstoffdioxid, Distickstoffoxid und Methan sind in den letzten Jahrzehnten weitere treibhauswirksame

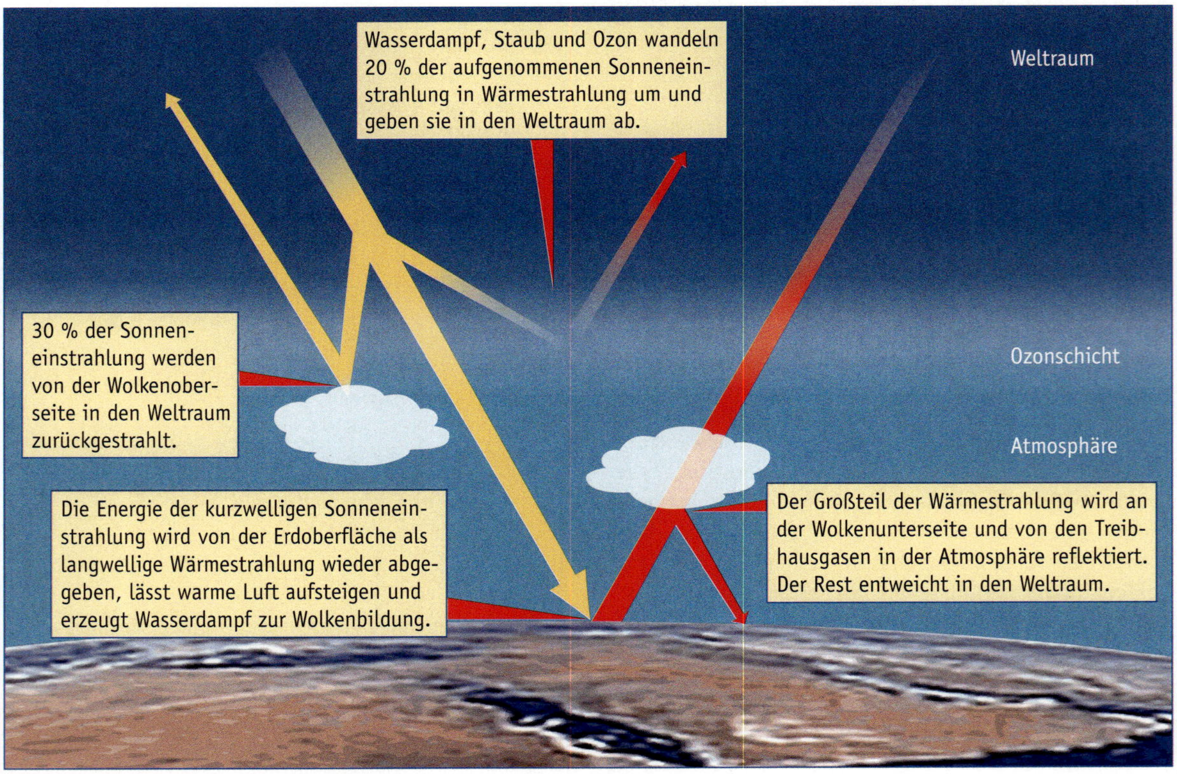

1 *Schema der Strahlungsbilanz der Erde*

Treibhausgas	GWP bezogen auf 100 Jahre	Atmosphärische Verweilzeit in Jahren
Kohlenstoffdioxid	1	5–200
Ozon (bodennah)	nicht angebbar	Tage
Distickstoffmonooxid	296	114
Methan	23	12
Trichlorfluormethan	262	4600
Dichlordifluormethan	546	10600
Stickstofftrifluorid	17200	740

3 ***Globales Erwärmungspotential und Verweilzeit atmosphärischer Spurengase***

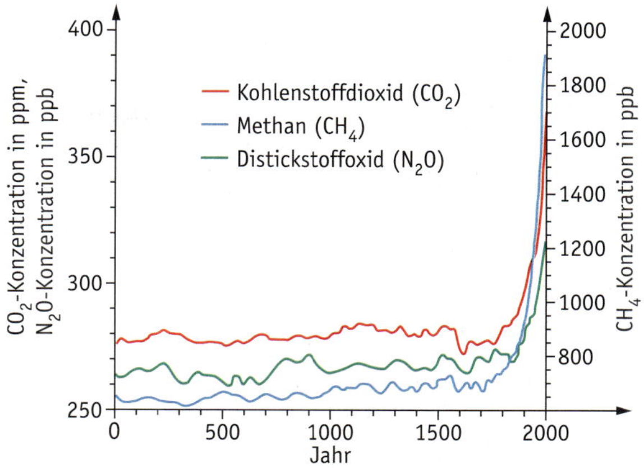

4 ***Entwicklung der Treibhausgaskonzentration in der Atmosphäre***

Stoffe hinzugekommen. Zu diesen Verbindungen zählen Stickstofftrifluorid und halogenierte Kohlenwasserstoffe. Stickstofftrifluorid (NF_3) wird zum Beispiel bei der Herstellung von Solarzellen oder Plasmabildschirmen frei (Abb. 2).

Alle Treibhausgase nehmen Strahlung verschiedener Wellenlängen auf. Ihr Einfluss auf den Treibhauseffekt ist aber in der Atmosphäre sehr unterschiedlich. In der öffentlichen Diskussion stehen besonders der Gehalt an Kohlenstoffdioxid und Wasserdampf in der Atmosphäre. Häufig übersehen werden andere anthropogene Treibhausgase wie Methan. Es wird durch auftauende Permafrostböden in immer größeren Mengen freigesetzt. Eine Erhöhung ihrer atmosphärischen Konzentration verstärkt den Treibhauseffekt deutlich und setzt einen sich selbst verstärkenden Kreislaufprozess in Gang.

Die unterschiedliche Wirksamkeit der Spurengase wird als globales Erwärmungspotential (GWP: engl. *Global warming potential*) bezeichnet und klassifiziert die Auswirkung der einzelnen Gase auf den Treibhauseffekt. Das Erwärmungspotential von Kohlenstoffdioxid wurde mit der Ziffer 1 belegt. Alle weiteren bewerteten Treibhausgase werden dazu in Relation gestellt. Neben dem Erwärmungspotential ist auch die durchschnittliche Verweilzeit der Spurengase in der Atmosphäre von großer Bedeutung für die Wirksamkeit.

Der Treibhauseffekt bewirkt eine Erhöhung der Temperatur. Er beruht auf der Aufnahme und Rückstrahlung von Wärmestrahlung durch bestimmte Spurengase in der Atmosphäre. Unter dem anthropogenen Treibhauseffekt versteht man eine Verstärkung des natürlichen Treibhauseffekts durch Aktivitäten des Menschen.

1 Erklären Sie, warum nur etwa die Hälfte der eingestrahlten Sonnenenergie die Erdoberfläche erreicht.

2 Eine Zunahme des Treibhauseffekts könnte zur verstärkten Verdunstung von Wasser und mehr Wolken führen. Diskutieren Sie mögliche Folgen für die Strahlungsbilanz der Erde.

3 An der Erdoberfläche wird die Energie der Sonneneinstrahlung in Wärmestrahlung umgewandelt. Nennen Sie aus dem Alltag weitere Energieumwandlungen.

4 Bewerten Sie die Aussage der folgenden Abbildung.

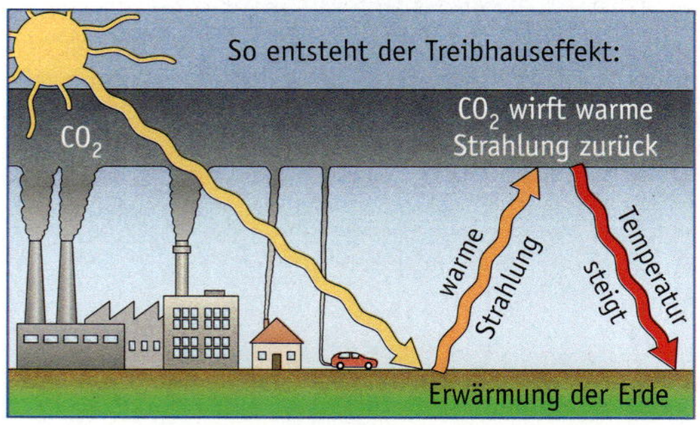

5 a) Erklären Sie den Anstieg der Spurengase in Abb. 4 ab dem Jahr 1750.
b) Vor 1750 betrug die Konzentration von Kohlenstoffdioxid 280 ppm, von Distickstoffoxid 270 ppm und von Methan 720 ppb in der Atmosphäre. Berechnen Sie in Bezug zum heutigen Wert die jeweilige prozentuale Steigerung.
c) Recherchieren Sie Prozesse, die zur Bildung der in Abb. 4 angegebenen Treibhausgase führen und erstellen Sie für jedes Gas ein individuelles Poster.

6 Vergleichen Sie mithilfe der Textangaben und der Informationen aus Abb. 3 die Treibhauswirkung von Kohlenstoffdioxid mit der von halogenierten Kohlenwasserstoffen und von Stickstofftrifluorid.

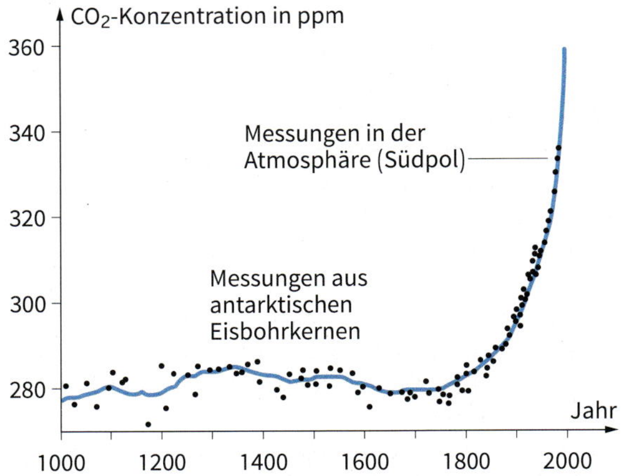

1 *Messdaten der atmosphärischen CO_2-Konzentration*

Die Erdatmosphäre unterliegt einem ständigen Wandel und ist eng mit der klimatischen Entwicklung unseres Planeten verknüpft. Temperaturänderungen des Klimas lassen sich dabei an der Gaszusammensetzung der Atmosphäre ablesen.

Klimageschichte. Bereits seit mehreren Jahrzehnten werden Messdaten des aktuellen Klimas von zahlreichen Messstationen rund um den Globus erfasst. Klimatische Entwicklungen betreffen jedoch meist Zeiträume von mehreren Hundert bis vielen Hunderttausenden von Jahren. Um an solche weit zurückliegenden Daten zu gelangen, nutzt man sogenannte *Stellvertreterdaten.* Hierzu zählen etwa Daten, die bei Bohrungen im Eisschild in der Antarktis erhalten werden. In den erhaltenen Bohrkernen findet man Luft, die vor Jahrtausenden eingeschlossen wurde. Die Analyse der enthaltenen Spurengase erlaubt Rückschlüsse auf die Klimageschichte vergangener Zeiten (Abb. 1).

Natürliche Klimaänderungen. Eine Veränderung des Verhältnisses von eingestrahlter zu wieder abgegebener Sonnenenergie führt zwangsläufig zu klimatischen Anpassungen auf der Erde. Kurzfristig kann dieses Verhältnis durch Meteoriteneinschläge und Vulkanausbrüche verändert werden. Sie bringen große Mengen Staub in die Erdatmosphäre und kühlen das Klima durch die damit verbundene Schattenwirkung ab. Zu den mittel- bis langfristigen Veränderungen gehören Änderungen der Sonnenaktivität und der Erdumlaufbahn um die Sonne. Dadurch variiert die Intensität der eingestrahlten Sonnenenergie.

In der Erdgeschichte folgten daher immer wieder Wechsel von Warm- und Kaltzeiten. Die Änderungen der CO_2-Konzentration folgen dabei den Änderungen der Temperatur mit einem gewissen zeitlichen Abstand. Daraus lässt sich schließen, dass die CO_2-Konzentration der Atmosphäre temperaturabhängig ist.

Klimaprognosen. Zur Vorhersagen der Klimaentwicklung werden aktuelle Messdaten und Entwicklungstrends der letzten Jahrzehnte mit Daten der Klimageschichte verglichen. Häufig werden bei Prognosen verschiedene Szenarien angegeben. Diese Berücksichtigen unterschiedlich wahrscheinliche Entwicklungsverläufe, da weder alle natürlichen, noch die menschlichen Einflussfaktoren auf das Klima ausreichend verstanden sind oder vorhergesagt werden können.

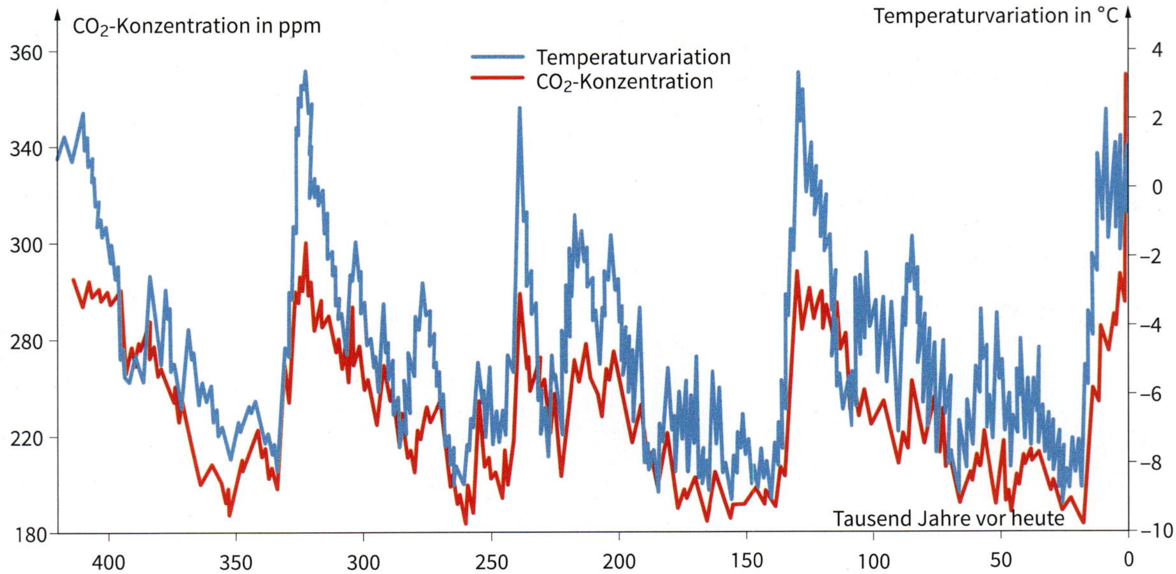

2 *Zeitliche Entwicklung von Temperatur und atmosphärischer CO_2-Konzentration in der Erdgeschichte*

Globales Handeln. Mit der Globalisierung der Wirtschaft ist auch eine globalisierte Umweltpolitik verbunden. Diese versucht den Folgen des Klimawandels international entgegenzuwirken.

Klimakonferenzen. Auf der Konferenz von Rio de Janeiro im Jahr 1992 wurden Klimarahmenkonventionen verabschiedet, die die Grundlage des weltweiten Klimaschutzes bilden sollten. Die Industriestaaten wollten den Kohlenstoffdioxidausstoß bis zum Jahr 2000 auf den Stand von 1990 absenken. Bei einer Folgekonferenz in Kyoto (Japan) wurde 1997 das *Kyoto-Protokoll* verabschiedet. Die Industriestaaten verpflichten sich den Ausstoß von sechs Treibhausgasen bis 2012 noch unter den Wert von 1990 zu reduzieren. Für jedes Land wurden Grenzwerte festgelegt. Anders als die EU-Länder traten die USA diesem Abkommen nie bei, China wurde unter dem Status eines Entwicklungslandes von den Klimazielen befreit. Bei den Klimakonferenzen in Durban (Südafrika) und Doha (Katar) beschloss man eine Verlängerung und Erweiterung des Kyoto-Protokolls bis 2020. 2015 wurde mit dem *Pariser Klimaabkommen* ein Protokoll erstellt, das seit 2021 das Kyoto-Protokoll ersetzt. Die unterzeichnenden Staaten versuchen die Erderwärmung auf 1,5 °C zu beschränken.

In der Erdgeschichte unterlag das Klima einem ständigen Wandel. Die Änderungen des Klimas lassen sich an der Gaszusammensetzung der Atmosphäre nachvollziehen. Durch internationale Abkommen versucht man den menschlichen Beitrag zur Klimaerwärmung zu verringern.

1 Werten Sie Abb. 2 aus, indem Sie …
a) die Veränderungen der atmosphärischen CO_2-Konzentration und der Temperatur im Verlauf der Erdgeschichte miteinander vergleichen,
b) die Zunahme der Temperaturschwankungen erklären.

2 Zum Schutz der Atmosphäre soll das Kohlenstoffdioxid abgeschieden und deponiert werden.Die sogenannten CCS-Verfahren (Carbon Dioxide Caturing and Storage) befinden sich in der Erprobung.
a) Informieren Sie sich über die Verfahren zur Abtrennung und Lagerung von Kohlenstoffdioxid und stellen Sie diese tabellarisch dar.
b) Bewerten Sie den Einsatz der Verfahren unter den Gesichtspunkten Wirtschaftlichkeit und Gefahren.

3 Erläutern Sie, warum nationale Klimapolitik allein wenig sinnvoll ist.

4 Vergleichen Sie die CO_2-Entwicklungen der in Abb. 3 angegebenen Regionen. Benennen Sie Staaten zunehmendem CO_2-Ausstoße und mit einer Abnahme.

5 Berechnen Sie den Pro-Kopf-Ausstoß an Kohlenstoffdioxid für die einzelnen Kontinente und nehmen Sie Stellung zu den erkennbaren Abhängigkeiten.

Kontinent	Einwohnerzahl
Afrika	1,0 Mrd
Asien	4,14 Mrd
Europa	0,740 Mrd
Nordamerika	0,529 Mrd

6 Vergleichen Sie die Entwicklung des Kohlenstoffdioxidausstoßes der USA, Russlands, Chinas und Deutschlands hinsichtlich der Ziele der Konferenz von Rio.

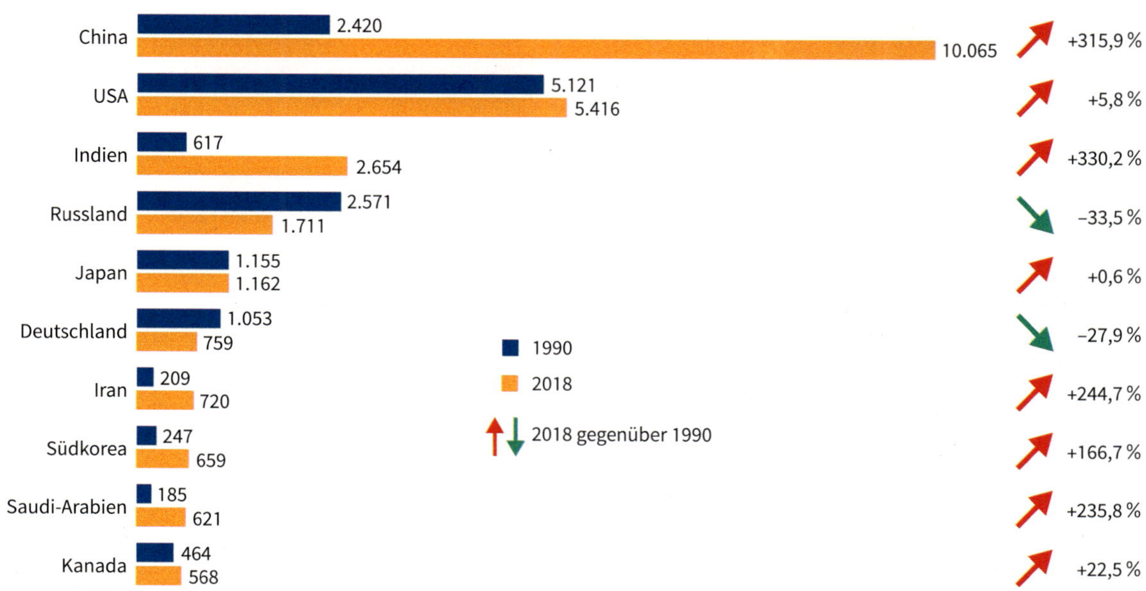

3 *Entwicklung des weltweiten Kohlenstoffdioxidausstoßes zwischen 1990 und 2009*

Exkurs Klimawandel – kontrovers diskutiert

1 *Entwicklung wichtiger Klimaindikatoren im März 2022*

2 *Flutkatastrophe im Ahrtal 2021*

In den letzten Jahren steigerte sich die Anzahl von Meldungen über die Auswirkungen des Klimawandels. Menschen, aber auch die Tier- und Pflanzenwelt spüren die negativen Folgen immer deutlicher. Auch langjährige Messwerte stützen die zunehmenden Änderung des weltweiten Klimas.

Als Folge wissenschaftlicher Prognosen (Abb. 1) verschärft sich die Diskussion über die Ursachen des Klimawandels und die Bedeutung des Klimaschutzes. Nachfolgend werden exemplarisch Positionen der Wissenschaft, der Politik und der Wirtschaft zum Klimawandel wiedergegeben.

Das Pariser Klimaabkommen vom 12. Dezember 2015 hat für die globale Umweltpolitik Geschichte geschrieben.

Klimawandel abschwächen
Die unterzeichnenden Staaten verpflichten sich den Anstieg der weltweiten Durchschnittstemperatur durch langfristige festgesetzte Zielen auf unter 2 °C gegenüber der vorindustriellen Zeit zu begrenzen, möglichst sogar auf 1,5 °C. Dazu müssen die weltweiten Emissionen an Treibhausgasen schnellst möglich reduziert werden. Entwicklungsländern wird hierfür etwas mehr Zeit eingeräumt.

Globalen Anstrengungen überprüfbar machen
Über die nationalen Anstrengungen zum Klimaschutz sollen die internationale Staatengemeinschaft und die Öffentlichkeit regelmäßig informiert werden. Dabei werden die Staaten am Fortschritt ihrer langfristig zu erreichenden Ziele bewertet. Die Anpassung der langfristigen Ziele kann durch neue wissenschaftliche Erkenntnisse erforderlich werden.

An den Klimawandel anpassen
Alle Staaten müssen ihre Anpassungsfähigkeit an den Klimawandel verbessern. Gelder der internationalen Staatengemeinschaft, aber auch Gelder der Finanzmärkte und die Investitionen der Privatwirtschaft sind dazu notwendig.

Negative Auswirkungen minimieren
Um Schäden und Verluste zu minimieren, müssen die Auswirkungen des Klimawandels begrenzt werden. Alle Staaten müssen ihre Infrastruktur und ihr Wissen über die Zusammenhänge und Auswirkungen des Klimawandels verbessern. Zu den Maßnahmen gehören beispielsweise Risikoversicherungen, die Absicherung gegen Extremwetterereignisse, medizinische Versorgung oder der Katastrophenschutz.

Regionale und kommunale Strukturen stärken
Städte, Behörden, die Zivilgesellschaft und die private Wirtschaft sollen ihren Beitrag zur Emissionsminderung und zur Bekämpfung der regionalen Folgen des Klimawandels leisten und vor Ort aktiv werden.

Unterstützung ermöglichen
Alle Industrieländer sind angewiesen, die Entwicklungsländer bei ihren Bemühungen auch finanziell im hohen Maße zu unterstützen. Ab 2020 sollen jährlich 100 Milliarden US-Dollar aus öffentlichen und privaten Finanzquellen aufgebracht werden. Für 2025 sind Gespräche für eine verstärkte Unterstützung geplant.

3 *Eckpunkte des Pariser Klimaabkommens*

Betriebliche Lage in Deutschland
Die Deutsche Industrie- und Handelskammer ist die Interessensvertretung der deutschen Wirtschaft. In einer branchenübergreifenden Umfrage zur wirtschaftlichen Lage der Betriebe ergab sich folgendes Bild zu Klimaschutzmaßnahmen:

Generell gibt es eine hohe Zustimmung zum Klimaschutz. Allerdings befürchten bis zu dreiviertel der Betriebe erhebliche Geschäftsrisiken durch hohe Strom- und Gaspreise. Die Wettbewerbsfähigkeit des Standorts Deutschland sei für etwa die Hälfte der Betriebe unmittelbar von den Energiekosten abhängig. Sie fordern einen vergleichbaren Beitrag aller CO_2-ausstoßenden Wirtschaftszweige zum globalen Klimaschutz und einen wirtschaftsverträglichen EU-Emissionshandel.

4 *Die Industrie und der Handel*

Gegensätze der Umweltpolitik
Am 5. August 2017 erklärte der amerikanische Präsident Donald Trump bei den Vereinten Nationen den Austritt aus dem Pariser Klimaabkommen. Nur einen Tag nach der Präsidentenwahl wurde der Austritt bereits rechtswirksam. Präsident Trump erkannte weder das 1,5-Grad-Ziel noch das 2-Grad-Ziel an. Allerdings verpflichteten sich viele Städte und Bundesstaaten freiwillig die Klimaziele des Pariser Abkommens einhalten zu wollen. Der amtierende US-Präsident Joe Biden machte Trumps Entscheidungen zügig rückgängig und seit Februar 2021 sind auch die USA wieder Teil des Pariser Abkommens.
Während Staaten wie Sumatra ihre Schutzgebiete im tropischen Regenwald ausweiten, erlebt der Raubbau am brasilianischen Regenwald unter Präsident Bolsonaro einen Negativrekord. Gegen den ehemaligen Umweltminister seiner Regierung wird wegen illegalem Holzhandel, Korruption, Holzschmuggel und Behinderung der Justiz ermittelt. Präsident Bolsonaro wurde 2021 vor dem Internationalen Strafgerichtshof von Umweltaktivisten wegen seiner Amazonas-Politik verklagt. Die Ankläger bezeichnen die Abholzung des Waldes als Verbrechen gegen die Menschlichkeit.

5 *Die Politik*

Intergovernmental Panel on Climate Change (IPCC)
Laut IPCC-Sachstandsbericht vom August 2021 erwarten Wissenschaftlerinnen und Wissenschaftler, dass die Begrenzung der globale Erderwärmung von 1,5 °C kaum noch zu halten ist. Schon bis 2030 dürfte dann nicht mehr CO_2 ausgestoßen werden, als auch gebunden wird. Rückwärts laufende CO_2-Uhren symbolisieren dieses kleiner werdende CO_2-Budget (Abb. 1). Noch 2018 waren die Wissenschaftlerinnen und Wissenschaftler davon ausgegangen, dass das CO_2-Budget der Welt bis etwa 2040 reichen werde und damit mehr Zeit zur Entwicklung und Umsetzung CO_2-reduzierender Maßnahmen vorhanden wäre.

6 *Die Wissenschaft*

Versicherungsgesellschaften
Wie wenig unsere Gesellschaft auf extreme Wetterlagen vorbereitet ist, hat der Sommer 2021 gezeigt (Abb. 2). Ein langsam wanderndes Unwettergebiet brachte punktuelle Regenfälle ungeahnten Ausmaßes. Weder der bauliche Hochwasserschutz, die Politik noch die Einrichtungen des Katastrophenschutzes waren darauf vorbereitet. Aus diesen Erfahrungen heraus muss jetzt jeder persönliche Präventionsmaßnahmen ergreifen, sich schützen und vorbeugen. Das gilt nicht nur für den Versicherungsschutz. Gehen Klimaschutz und die Anpassung an den Klimawandel nicht Hand in Hand, entstehen finanzielle und menschliche Folgen, die kaum absehbar sind. Unsere Infrastruktur muss auf Extremwetterereignisse vorbereitet werden.

7 *Die Versicherer*

1 Erklären Sie, warum die Umsetzung des Pariser Klimaabkommens von manchen Quellen als Jahrhundertaufgabe tituliert wird.

2 Erläutern Sie Gründe, die gegen die zügige Umsetzung des Pariser Klimaabkommens sprechen.

3 Scheitert das 1,5-Grad-Ziel, sollte nach wissenschaftlicher Meinung wenigstens das 2-Grad-Ziel erreicht werden. Recherchieren Sie Auswirkungen des Klimawandels, die beim Verfehlen des 1,5-Grad-Zieles erwartet werden.

2.12 Kalkkreislauf in Natur und Technik

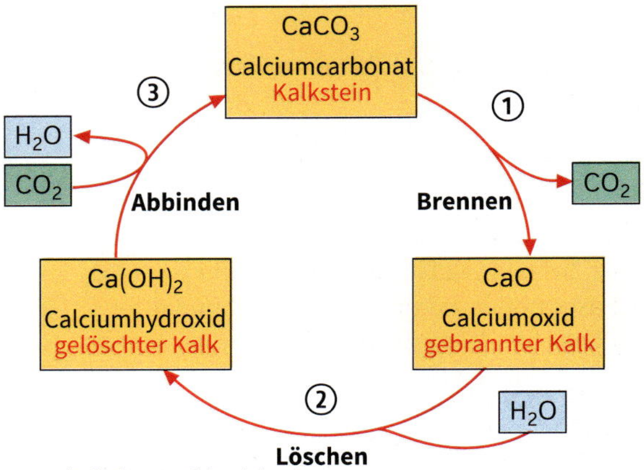

1 *Technischer Kalkkreislauf*

Carbonate sind kohlenstoffhaltige Salze und kommen in großen Mengen in der Erdkruste vor. Das bekannteste Carbonat ist Calciumcarbonat ($CaCO_3$) als Bestandteil von Kreide und Marmor.

Technischer Kalkkreislauf. Bereits seit der Antike sind die Carbonate des Kalks wichtige Rohstoffe für das Baugewerbe. Sie werden zur Herstellung von Kalkmörtel eingesetzt. Zunächst entstehen durch *Brennen* von Kalk bei etwa 1000 °C Calciumoxid (Branntkalk) und Kohlenstoffdioxid (Abb. 1 ①).

$$CaCO_3(s) \rightarrow CaO(s) + CO_2(g)$$

Im Anschluss wird Calciumoxid mit Wasser zu Calciumhydroxid umgesetzt.

$$CaO(s) + H_2O(l) \rightarrow Ca(OH)_2(s)$$

Die Reaktionswärme dieser stark exothermen Reaktion lässt ähnlich dem Löschvorgang eines Brandes einen Teil des zugesetzten Wassers verdampfen. Daher wurde für diesen Prozess der Begriff *Löschen von Kalk* geprägt und das Produkt **Löschkalk** genannt ②.

Aus Calciumhydroxid und Sand wird Fertigmörtel hergestellt, der auf der Baustelle nur noch mit Wasser vermischt werden muss. Durch eine allmähliche Reaktion mit dem Kohlenstoffdioxid der Luft härtet der Mörtel aus. Es bilden sich wieder sehr festes Calciumcarbonat und Wasser. Der Vorgang wird *Abbinden* genannt ③.

$$Ca(OH)_2(s) + CO_2(g) \rightarrow CaCO_3(s) + H_2O(l)$$

Natürlicher Kalkkreislauf. Calciumcarbonat löst sich nur sehr schwer in Wasser. Ist im Wasser aber gelöstes Kohlenstoffdioxid enthalten, geht Calciumcarbonat als Calcium- und Hydrogencarbonat-Ionen in Lösung:

$$CaCO_3(s) + CO_2(aq) + H_2O(l) \rightleftharpoons Ca^{2+}(aq) + 2\,HCO_3^-(aq)$$

Mit einem Entweichen des Kohlenstoffdioxids aus der Lösung verschiebt sich das Gleichgewicht wieder auf die Seite der Edukte und Calciumcarbonat fällt erneut aus.

Calciumcarbonat ist die zentrale Verbindung des technischen und des natürlichen Kalkkreislaufs. Im Verlauf beider Kreisläufe bildet sich Calciumcarbonat wieder zurück.

Die Freude des Bauherrn über sein neues Eigenheim bleibt nicht immer ungetrübt. Bei manchen Klinkerfassaden lassen sich schon nach wenigen Regenschauern unschöne Kalkablagerungen beobachten. Ursächlich für diese oft weißen Ausblühungen ist Feuchtigkeit, die über Fugen und Ritzen tief in das Mauerwerk eindringen kann. Verdunstet das Wasser bei warmen Temperaturen, bleiben an den Rändern der durchnässten Bereiche Ausblühungen zurück.

2 *Kalkausblühungen an einer Klinkerfassade*

1 Recherchieren Sie die Zusammensetzung von Zement, Mörtel und Beton. Geben Sie die Inhaltsstoffe an.

2 Erläutern Sie am Beispiel der Kalkausblühungen (Abb. 2) die Abläufe des natürlichen Kalkkreislaufs.

3 Skizzieren Sie für den natürlichen Kalkkreislauf einen Ablauf nach dem Vorbild von Abb. 1.

4 Die Festigkeit eines Mörtels ist unter anderem Folge der gleichmäßigen Kristallisation des Calciumcarbonats. Erläutern Sie, warum auf Baustellen frisch betonierte Bauteile häufig vor direkter Sonneneinstrahlung geschützt und mit Wasser besprüht werden.

Versuch 1:
Technischer und natürlicher Kalkkreislauf

Materialien: Spatel, Becherglas (250 ml), 3 gleiche Plastikschälchen, Kristallisierschale, Küchenfolie, 2 Gaswaschflaschen, Schlauchstücke; Calciumhydroxid (käufliche Mörtelmischung, **5, 7**), Mauersand, Kalkwasser (**5**), Kohlenstoffdioxid (**4**), Spritzen mit Kohlenstoffdioxid

Durchführung:

Technischer Kalkkreislauf

1. Rühren Sie nach Anleitung der Mörtelpackung im Becherglas mit Sand und Wasser einen Mörtel an.
2. Geben Sie in jede Schale etwa 1 cm hoch Mörtel.
3. Lassen Sie eine Schale unverdeckt an der Luft stehen. Die zweite Schale wird mit der Folie möglichst dicht verschlossen. Überdecken Sie die dritte Schale in der Kristallisierschale mit Wasser.
4. Überprüfen und vergleichen Sie die Festigkeit der Mörtelproben nach mindestens 48 Stunden.

Natürlicher Kalkkreislauf

5. Leiten Sie Kohlenstoffdioxid in einen beständigen Gasstrom durch die Gaswaschflaschen in das Kalkwasser ein, bis es sich nicht mehr verändert.

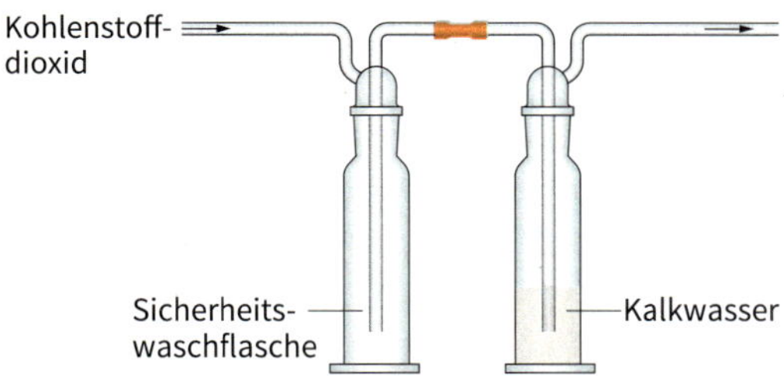

6. Geben Sie eine Probe des veränderten Kalkwassers in ein Reagenzglas und erhitzen Sie vorsichtig über der rauschenden Brennerflamme.

Aufgaben:

a) Werten Sie die Versuche aus. Berücksichtigen Sie bei den Schritten 5 und 6 auch das Prinzip von Le Chatelier.

b) Begründen Sie, warum „alter“ Beton häufig besonders hart ist.

c) Statt die Lösung in Schritt 6 zu erhitzen, hätte sie auch stark geschüttelt werden können. Erklären Sie, warum beides zur gleichen Beobachtung führen kann.

d) Recherchieren Sie die Prozesse, die zur Bildung von Tropfsteinhöhlen führen. Übertragen Sie Ihre Versuchsergebnisse auf die Tropfsteinbildung.

Versuch 2:
Untersuchung einer Bodenprobe

Materialien: Trockenschrank, Porzellantiegel, Gasbrenner, Waage, Becherglas, Bürette; Salzsäure (1 mol · l^{-1}, **5**),Natronlauge (1 mol · l^{-1}; **5**), Phenolphthaleinlösung (< 0,1%, **2, 7**), Bodenprobe

Durchführung:

Glühverlust

1. Trocknen Sie die Bodenprobe bei 100 °C im Trockenschrank
2. Geben Sie 50 g in einen feuerfesten Porzellantiegel und erhitzen Sie unter ständigem Rühren bis zu einer vollständigen weißlich-grauen Verfärbung.
3. Lassen Sie den Tiegel 20 min abkühlen und wiegen Sie erneut oder in der nächsten Stunde nach wiederholter Trocknung bei 100 °C.

Kalkgehalt

4. Trocknen Sie die Bodenprobe bei 100 °C im Trockenschrank.
5. Wiegen Sie 5 g der Bodenprobe ab und versetzen Sie sie mit 10 ml Salzsäure.
6. Lassen Sie die Probe für circa 15 min bis zum Ende der Reaktion stehen.
7. Geben Sie Phenolphthalein hinzu und titrieren Sie mit der Natronlauge bis zum Umschlagspunkt.

Aufgaben:

a) Berechnen Sie den Glühverlust in Prozent.

b) Bestimmen Sie den Humusanteil des Bodens mithilfe der nebenstehenden Tabelle.

Bezeichnung	Humusanteil
humusarm	< 1 %
schwach humos	1 – 2 %
mittel humos	2 – 4 %
stark humos	4 – 8 %
sehr stark humos	8 – 15 %
humusreich	15 – 30 %
Humus	> 30 %

c) Formulieren Sie die Reaktionsgleichung für die Reaktion des Kalks mit der Salzsäure.

d) Berechnen Sie die Masse des Kalks in der Bodenprobe. Geben Sie den Massenanteil in Prozent an und charakterisieren Sie den Kalkgehalt des Bodens mithilfe folgender Tabelle.

sehr viel	viel	genügend	mäßig	arm
über 3	3,0 – 1,5	1,5 – 0,5	0,5 – 0,25	0,25 – 0,1

Der Ablauf chemischer Reaktionen wird durch die Art der Stoffe sowie durch ihre Konzentrationen und durch die Reaktionstemperatur beeinflusst.
Durch die Steuerung chemischer Reaktionen sollen die Reaktionsbedingungen so eingestellt werden, dass mit möglichst geringem technischem Aufwand kostengünstig hohe Ausbeuten in kurzer Zeit erreicht werden. Dies erfordert einerseits eine Optimierung der Reaktionsgeschwindigkeit, andererseits eine Vergrößerung der Ausbeute durch eine Verschiebung des chemischen Gleichgewichts und eine Optimierung der energetischen Verhältnisse.

1. Reaktionsgeschwindigkeit

Die Reaktionsgeschwindigkeit v ist definiert als Betrag der Konzentrationsänderung $|\Delta c| = |c_2 - c_1|$ in einem bestimmten Zeitintervall $\Delta t = t_2 - t_1$. Die Reaktionsgeschwindigkeit wird in der Regel auf die Konzentration der Produkte bezogen. Die Reaktionsgeschwindigkeit nimmt im Laufe einer Reaktion ab. Bei der **Methode der Anfangsgeschwindigkeit** erfasst man die Reaktionsdauer Δt für eine kleine Konzentrationsänderung zu Beginn der Reaktion.

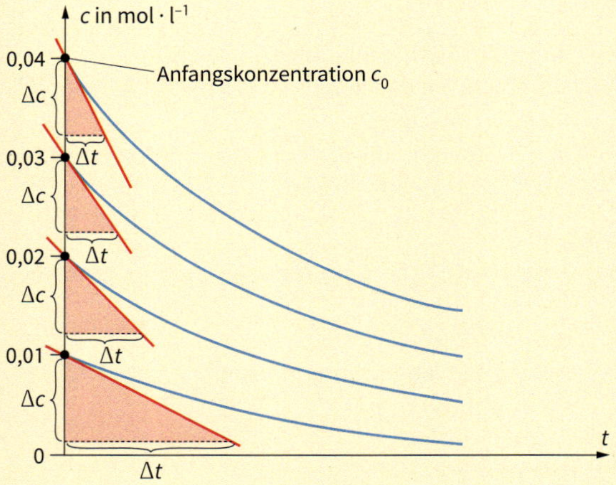

a) Geschwindigkeitsgleichung

Durch eine Geschwindigkeitsgleichung lässt sich die Abhängigkeit der Reaktionsgeschwindigkeit von der Konzentration beschreiben.

Für die Reaktionen des Typs A + B → C gilt vielfach:

$v = k \cdot c_n(\mathrm{A}) \cdot c_m(\mathrm{B})$

Der Proportionalitätsfaktor k wird als **Geschwindigkeitskonstante** bezeichnet.

b) Reaktionsgeschwindigkeit und Temperatur

Für viele Reaktionen gilt die Reaktionsgeschwindigkeit-Temperatur-Regel (RGT-Regel). Danach steigt die Reaktionsgeschwindigkeit auf das Doppelte bis Vierfache, wenn man die Temperatur um 10 K erhöht.

c) Energieverteilung und Mindestenergie

- Die durchschnittliche Geschwindigkeit mit der sich die Teilchen einer Stoffportion bewegen, nimmt mit steigender Temperatur zu.

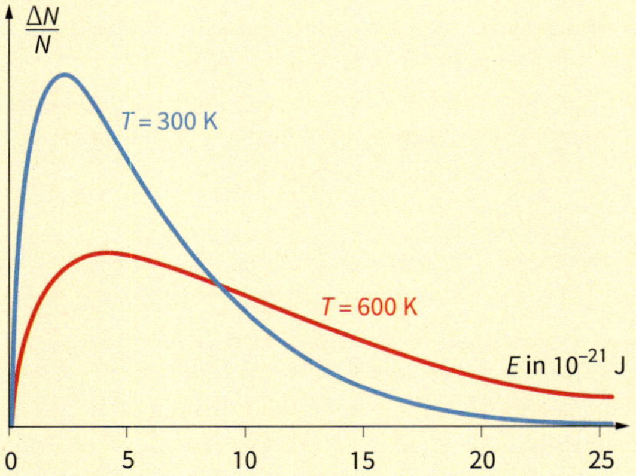

- Auch bei einer bestimmten Temperatur weisen die einzelnen Teilchen sehr unterschiedliche Geschwindigkeiten auf. Es gibt eine Geschwindigkeitsverteilung und somit auch eine Energieverteilung.
- Der sehr niedrige Anteil der energiereichen Teilchen nimmt mit steigender Temperatur stark zu.
- Eine Reaktion kann nur stattfinden, wenn die entsprechenden Teilchen mit der notwendigen **Mindestenergie E_{min}** zusammenstoßen. Der Mindestenergie auf der Teilchenebene entspricht auf der Stoffebene die Aktivierungsenergie.
- Nur ein sehr kleiner Teil aller Zusammenstöße führt zu einer Reaktion. Der Anteil wächst mit steigender Temperatur, da mehr Teilchen Energien oberhalb von E_{min} aufweisen.

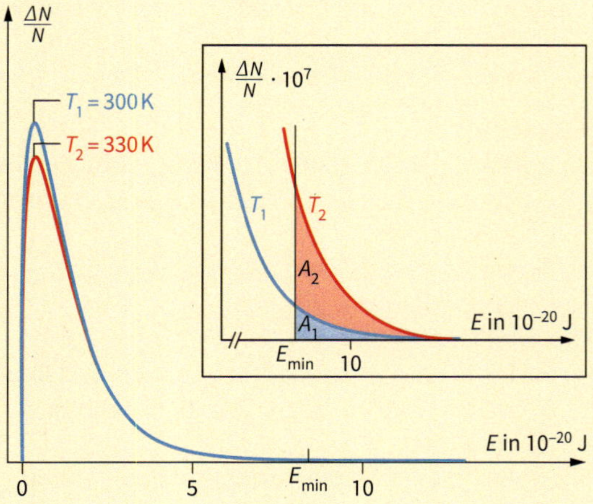

d) Katalyse
Katalysatoren beschleunigen chemische Reaktionen, ohne sich dabei dauerhaft zu verändern. Sie ermöglichen generell Reaktionswege mit niedriger Aktivierungsenergie. Eine besondere Rolle spielen Enzyme, die als **Biokatalysatoren** lebenswichtige Stoffwechselprozesse ermöglichen.

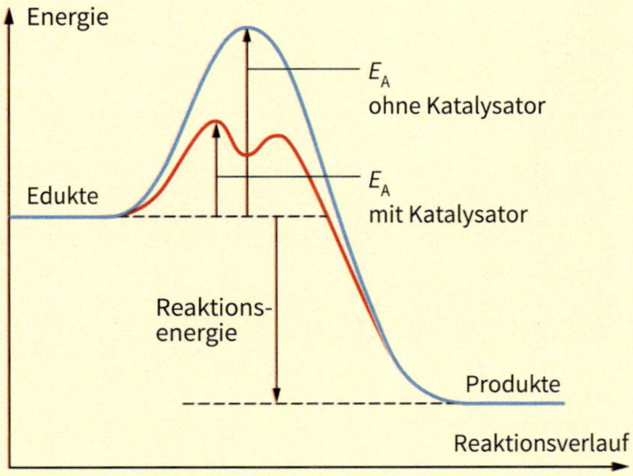

2. Chemisches Gleichgewicht

Viele chemische Reaktionen verlaufen nicht vollständig: Es stellt sich ein Gleichgewicht ein, bei dem Reaktionsprodukte und Edukte nebeneinander vorliegen. Ein Doppelpfeil in der Reaktionsgleichung weist darauf hin:

$$\underset{\text{Ethansäure}}{CH_3COOH} + \underset{\text{Ethanol}}{C_2H_5OH} \rightleftharpoons \underset{\text{Ethylethanoat}}{CH_3COOC_2H_5} + H_2O$$

Ein **chemisches Gleichgewicht** ist ein dynamischer Gleichgewichtszustand: Die Bildung der Produkte (Hinreaktion) und deren Zerfall (Rückreaktion) verlaufen im Gleichgewicht mit gleicher Geschwindigkeit.

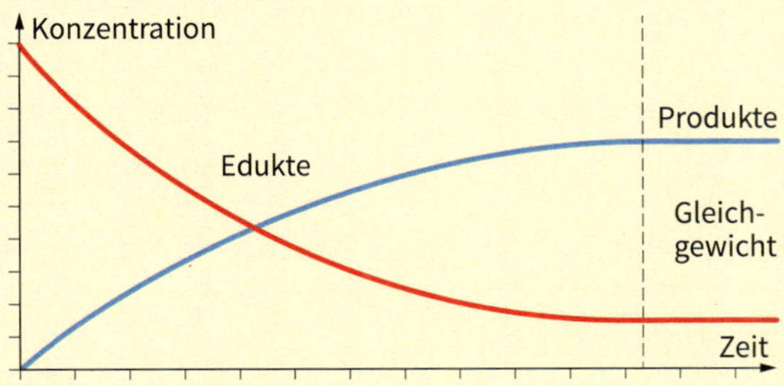

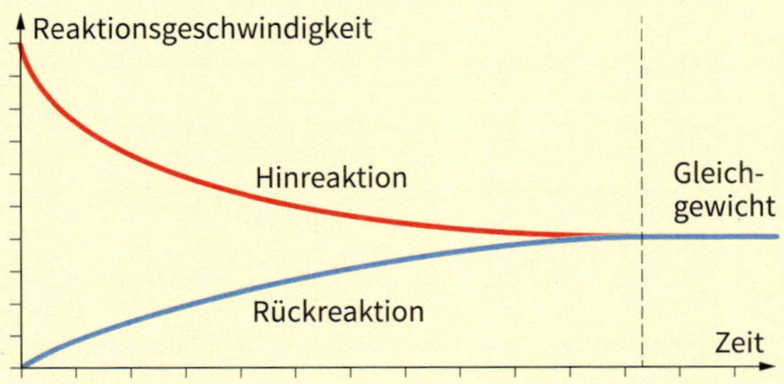

a) Verschiebung des Gleichgewichts
Die Lage eines dynamischen Gleichgewichts hängt von den Reaktionsbedingungen ab: Stört man das Gleichgewicht durch eine Änderung der Temperatur oder der Konzentration der Stoffe, so ändern sich auch die Konzentrationsverhältnisse und es stellt sich ein neues Gleichgewicht ein.

Falls sich bei Reaktionen mit Gasen die Teilchenzahl im Gasraum ändert, hängt die Lage des Gleichgewichts auch vom Druck ab.

Jede Störung eines chemischen Gleichgewichts führt zu einer Verschiebung der Gleichgewichtslage, die der Störung entgegenwirkt und diese teilweise wieder aufhebt. Der Einfluss der Reaktionsbedingungen wird durch das **Prinzip von Le Chatelier** beschrieben:

1. Temperaturänderung:

Temperaturerniedrigung: exotherme Reaktion →

$$2\,NO_2(g) \rightleftharpoons N_2O_4(g);\quad \text{exotherm}$$

← Temperaturerhöhung: endotherme Reaktion

2. Konzentrationsänderung:

Konzentrationserhöhung: Verringerung der Teilchenzahl →

$$Fe^{3+}(aq) + SCN^- \rightleftharpoons Fe(SCN)^{2+}(aq)$$

← Konzentrationserniedrigung: Erhöhung der Teilchenzahl

3. Druckänderung (nur bei Reaktionen mit Gasen):

Druckerhöhung: Verringerung der Teilchenzahl →

$$CO(g) + 2\,H_2(g) \rightleftharpoons CH_3OH(g)$$

← Druckerniedrigung: Vergrößerung der Teilchenzahl

b) Massenwirkungsgesetz
Aus den Konzentrationen gelöster Stoffe im Gleichgewicht lässt sich mithilfe des Massenwirkungsgesetzes die **Gleichgewichtskonstante K_c** berechnen. Für eine beliebige Reaktion gilt dabei folgender Zusammenhang:

$$iA + jB \rightleftharpoons mC + nD \qquad K_c = \frac{c^m(C) \cdot c^n(D)}{c^i(A) \cdot c^j(B)}$$

K_c ist dabei temperaturabhängig.

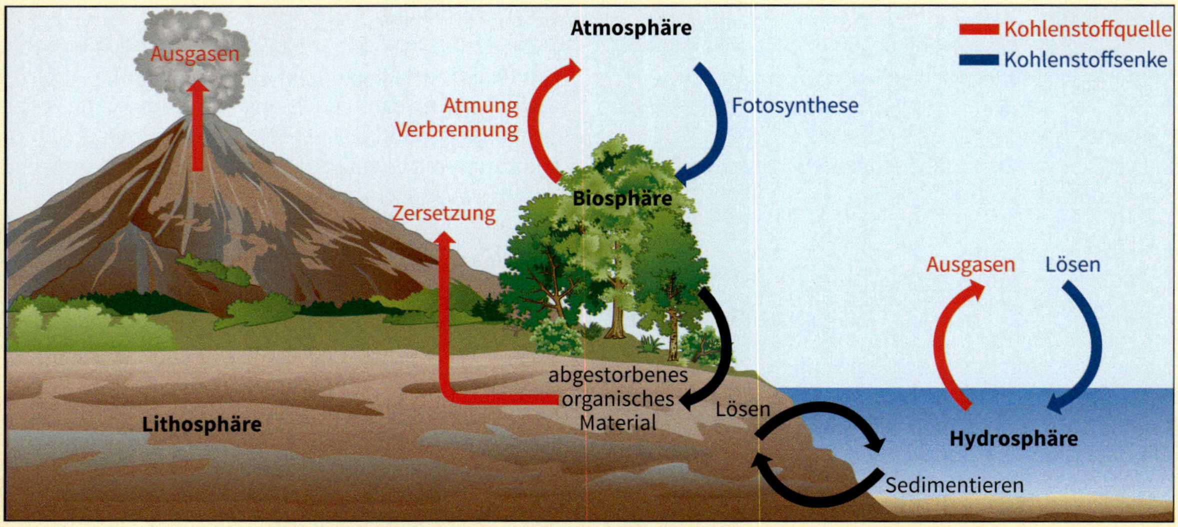

3. Kohlenstoffkreislauf und Nachhaltigkeit

In allen Sphären der Erde sind charakteristische Kohlenstoffverbindungen vorhanden. Durch Gleichgewichtsprozesse können Kohlenstoffverbindungen zwischen den Sphären ausgetauscht werden. Prozesse, die zu einer Verminderung der Kohlenstoffdioxidkonzentration in der Atmosphäre führen, werden **Kohlenstoffsenken** genannt, eine Erhöhung der Kohlenstoffdioxidkonzentration erfolgt durch **Kohlenstoffquellen**.

4. Treibhauseffekt

Der **natürliche Treibhauseffekt** führt zu einer Erwärmung der Erde um 33 °C. Treibhausgase nehmen langwellige Wärmestrahlung der Erde auf und hemmen daher die Energieabgabe in den Weltraum.

Als **anthropogener Treibhauseffekt** wird die Verstärkung der Erderwärmung durch Einflüsse des Menschen bezeichnet. Viele industrielle und landwirtschaftliche Prozesse setzen zusätzliche **Treibhausgase** frei.

Die Auswirkungen der einzelnen Treibhausgase sind in der Atmosphäre sehr unterschiedlich. Je höher der Wert des **globalen Erwärmungspotentials** eines Gases ist und je länger seine **Verweilzeit** in der Atmosphäre beträgt, desto größere Auswirkungen hat das Treibhausgas auf eine Verstärkung des Treibhauseffekts.

5. Atmosphäre im Wandel

Die Gaszusammensetzung der Atmosphäre unterliegt einem ständigen Wandel und ist unmittelbar mit der Klimaentwicklung verknüpft. Erdgeschichtliche Daten weisen darauf hin, dass das Erdklima im Laufe der Zeit starken Temperaturschwankungen ausgesetzt war.

Verursacht werden natürliche Klimaänderungen durch Veränderungen der Sonnenaktivität oder Naturkatastrophen wie Meteoriteneinschläge und Vulkanausbrüche.

Zur Vorhersage des zukünftigen Klimas werden Prognosen erstellt. Voneinander abweichende Szenarien berücksichtigen dabei verschiedene Einflussfaktoren und Berechnungsmodelle und geben unterschiedlich wahrscheinliche Entwicklungsverläufe für das Klima an.

6. Klimakonferenzen

Der Klimawandel hat weltweite Auswirkungen und erfordert eine globale Umweltpolitik. Meilensteine der internationalen Umweltpolitik sind das **Kyoto-Protokoll** von 1997, das zahlreiche Staaten zu einer Reduzierung des Kohlenstoffdioxidausstoßes verpflichtete, und das **Pariser Klimaabkommen**, das ab 2021 das zuvor verlängerte Kyoto-Protokoll ersetzt. Die Verhandlungen zur internationalen Umweltpolitik beruhen auf sehr unterschiedlichen Interessen. Neben dem Umweltschutz sind vor allem wirtschaftliche Faktoren einzelner Länder ausschlaggebend für die Beschlussfassungen der Konferenzen und verhindern nicht selten notwendige Verträge.

7. Kalkkreislauf in Natur und Technik

Der **technische Kalkkreislauf** gibt die Prozesse zur Herstellung und Verwendung von Mörtel an. Das Brennen von Kalk ist eine endotherme Reaktion, Löschen und Abbinden sind exotherm.

Der **natürliche Kalkkreislauf** beschreibt das Lösen und Ausfällen von Kalk. Beide Prozesse sind insbesondere von der Konzentration des im Wasser gelösten Kohlenstoffdioxids abhängig.

Training Steuerung chemischer Reaktionen

Testen Sie sich

A1 Die Geschwindigkeitsgleichung für die Bildung von Iodwasserstoff aus den Elementen Iod und Wasserstoff lautet:

$v = k \cdot c(H_2) \cdot c(I_2)$

Nennen Sie Faktoren, die die Reaktionsgeschwindigkeit beeinflussen. Erläutern Sie den Einfluss dieser Faktoren auch auf der Teilchenebene.

A2 Bei einer Veresterung wurden 23 g Methansäure mit 16 g Methanol zur Reaktion gebracht. Nach einem Tag wurde ein Zehntel des Gemischs als Probe entnommen und titriert. Der Verbrauch an Natronlauge ($c(NaOH) = 1\ mol \cdot l^{-1}$) bis zum Farbumschlag des Indikators betrug 32 ml.

a) Formulieren Sie die Reaktionsgleichung.
b) Berechnen Sie die eingesetzten Stoffmengen.
c) Berechnen Sie aus dem Titrationsergebnis die Stoffmenge an Methansäure im gesamten Gemisch.
d) Geben Sie die Stoffmengen an Wasser, Methanol und Methylmethanoat an, die zum Zeitpunkt der Probenentnahme vorlagen.
e) Geben Sie an, welcher Schritt zusätzlich durchgeführt werden muss, wenn dem Reaktionsgemisch Schwefelsäure als Katalysator zugesetzt wurde.

A3 Die Lage von Gleichgewichten lässt sich zur Produktseite verschieben, wenn man das Produkt aus dem Gemisch abführt.

a) Erklären Sie die Verschiebung.
b) Nennen Sie geeignete Verfahren, diese Verschiebung vorzunehmen.

A4 Nennen Sie die Edukte und die Produkte für drei in der Technik bedeutsame Reaktionen, bei denen ein Katalysator eingesetzt wird. Stellen Sie die Reaktionsgleichungen auf.

A5 Geben Sie jeweils drei Prozesse an, durch die Kohlenstoffdioxid in die Atmosphäre abgegeben wird und durch die atmosphärisches Kohlenstoffdioxid in anderen Sphären gebunden wird. Berücksichtigen Sie dabei sowohl natürliche als auch anthropogene Prozesse.

A6 Begründen Sie, weshalb Mörtel- und Zementprodukte grundsätzlich in Säcken verpackt werden, die auf der Innenseite folienbeschichtet sind.

Lösungen finden Sie unter www.westermann.de/chemie-heute-152072
Nutzen Sie zur Anmeldung den Online-Schlüssel auf der vorderen Umschlagsinnenseite.

Die wichtigsten Begriffe

- Reaktionsgeschwindigkeit
- Methode der Anfangsgeschwindigkeit
- Geschwindigkeitsgleichung, Geschwindigkeitskonstante
- Mindestenergie, Aktivierungsenergie
- Stoßtheorie
- Energieverteilung nach Boltzmann
- Katalysator
- homogene Katalyse, heterogene Katalyse
- chemisches Gleichgewicht
- Lage und Verschiebung von chemischen Gleichgewichten
- Prinzip von Le Chatelier
- Massenwirkungsgesetz, Gleichgewichtskonstante
- Ammoniaksynthese
- Kohlenstoffkreislauf
- Treibhausgase, Verweilzeit, Erwärmungspotential
- natürlicher Treibhauseffekt, anthropogener Treibhauseffekt, Klimawandel
- Kyoto-Protokoll, Pariser Klimaabkommen
- natürlicher und technischer Kalkkreislauf

B1 a) Erklären Sie die obenstehenden Begriffe.
b) Verknüpfen Sie die Begriffe zu einer Conceptmap.
c) Übertragen Sie die Begriffe und Ihre Erklärungen auf Karteikarten oder in digitale Karteikarten.

B2 Erklären Sie, warum bei einfachen Reaktionen unter gleichen Bedingungen eine exotherme Hinreaktion schneller abläuft als die endotherme Rückreaktion. Nennen Sie die Edukte und die Produkte für drei in der Technik bedeutsame Reaktionen, bei denen ein Katalysator eingesetzt wird. Formulieren Sie die Reaktionsgleichungen.

B3 Im Hochofen wird aus Kohle und Kohlenstoffdioxid das eigentliche Reduktionsmittel Kohlenstoffmonooxid gebildet.

a) Stellen Sie die Reaktionsgleichung auf.
b) Geben Sie optimale Bedingungen nach Le Chatelier für diese Reaktion an. Werten Sie dazu folgende Tabelle aus. Druck: 1000 hPa

Temperatur in °C	450	600	650	700	750	800	900	1000
Ausbeute CO in %	2,0	23,0	38,5	57,7	75,3	94,0	97,2	99,3
Ausbeute CO_2 in %	98,0	77,0	61,5	42,3	24,7	6,0	2,8	0,7

B4 a) Stellen Sie die Reaktionsgleichung für die Reaktion von Magnesium mit Salzsäure auf.

b) Berechnen Sie die Reaktionsgeschwindigkeiten bezogen auf Salzsäure und auf Magnesiumchlorid für diese Reaktion, wenn bei einem Experiment mit 20 ml Salzsäure innerhalb von vier Minuten 120 ml Wasserstoff entstehen.

Hinweis: $V_m = 24\ l \cdot mol^{-1}$

c) Stellen Sie Überlegungen zu Möglichkeiten an, durch die man die Reaktionsgeschwindigkeit dieser Reaktion erhöhen kann.

B5 Die Ammoniaksynthese ist eine wichtige großtechnisch durchgeführte Reaktion.

a) Stellen Sie die Reaktionsgleichung auf.

b) Stellen Sie für diese Reaktion das Massenwirkungsgesetz für K_c oder K_p auf.

c) Tauscht man Edukte gegen Produkt ändert sich die Formulierung des Massenwirkungsgesetzes. Erläutern Sie den Zusammenhang zwischen den Gleichgewichtskonstanten für die Bildung von Ammoniak und den Zerfall von Ammoniak.

d) Geben Sie für diese Reaktion die theoretisch besten Bedingungen für eine Gleichgewichtsreaktion an. Erläutern Sie Ihre Entscheidungen.

e) Stellen Sie Ihre optimalen Bedingungen den in der Technik realisierten Bedingungen hinsichtlich Druck (25 bis 35 MPa) und Temperatur (400 bis 500 °C) gegenüber. Diskutieren Sie die Abweichungen.

f) Erläutern Sie den Grund für die Anwendung des Kreislaufprinzips bei der Ammoniaksynthese.

B6 In der Messstation von Manua Lao auf Hawaii wird die Konzentration von Kohlenstoffdioxid kontinuierlich gemessen. Ein Ausschnitt aus einer Messkurve ist nachfolgend dargestellt:

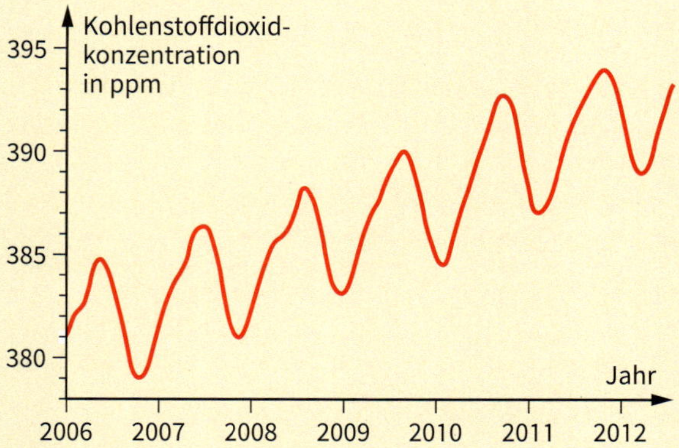

a) Beschreiben Sie den Verlauf der Kurve.

b) Erklären Sie die periodischen Schwankungen.

c) Erläutern Sie die ansteigende Tendenz der Kurve.

C1 Vom Ammoniak zur Salpetersäure

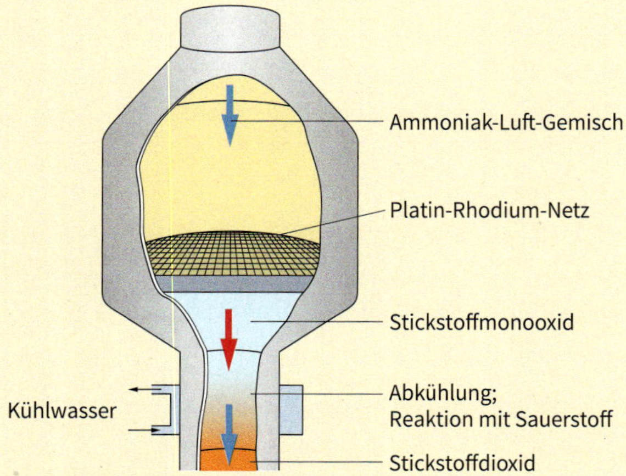

1 *Oxidation von Ammoniak*

Ammoniak ist ein wichtiges Edukt zur Herstellung von Düngemitteln. Zur Herstellung von Düngemitteln wird Ammoniak oxidiert. Dies geschieht in einem stufenweisen Prozess nach dem Ostwald-Verfahren. Dieses Verfahren wurde vom Chemiker Wilhelm OSTWALD (Nobelpreis 1909) erfunden. In einer am Platin-Rhodium-Katalysator ablaufenden Reaktion wird Ammoniak mit Sauerstoff in einer exothermen Reaktion zunächst zu Stickstoffmonooxid und Wasser umgesetzt. Dabei darf das Stickstoffmonooxid nur kurz Kontakt mit dem Katalysator haben, da es sich sonst in die Elemente zersetzt. Das Stickstoffmonooxid bildet mit weiterem Sauerstoff Stickstoffdioxid. Aus dem Stickstoffoxidgemisch entsteht schließlich Salpetersäure.

a) Formulieren Sie Gleichungen für alle Reaktionen, die bei der Herstellung von Salpetersäure auftreten.

b) Die Oxidation von Ammoniak verläuft bei Temperaturen über 800 °C, höheren Drücken und am Platin-Rhodium Katalysator ab. Erläutern Sie, warum es sich hier um eine gezielte Steuerung der Reaktion handelt. Stellen Sie dazu die Gleichung für die Zersetzung von Stickstoffmonooxid auf.

c) Salpetersäure dient als Edukt für die Herstellung von Düngemitteln. Die Verbindungen Kalium-, Natrium- und Ammoniumnitrat werden als Stickstoffdüngemittel verwendet. Berechnen Sie, welche der genannten Verbindungen den höchsten Stickstoffgehalt hat.

d) Im Schullabor finden Sie eine Flasche Salpetersäure mit der Aufschrift $w(HNO_3) = 65\,\%$. Erklären Sie die Angabe. Berechnen Sie, ob die Säure verwendet werden kann, wenn in der Arbeitsvorschrift die Verwendung von Salpetersäure $c(HNO_3) = 1\ mol \cdot l^{-1}$ gefordert ist.

C2 Einflüsse von Klimagasen

Methanfreisetzung. Gasblasen, die großflächig vom Meeresgrund an die Oberfläche blubbern: Eine russisch-schwedische Arktisexpedition hat ein dramatisches Phänomen im Eismeer beobachtet. Der arktische Meeresboden setzt offenbar große Mengen des Klimagases Methan frei. Das Problem: Der dauerhaft gefrorene Boden am Meeresgrund, der die Vorkommen bisher sicher umschlossen hat, beginnt offenbar wegen der Erderwärmung zu tauen. Das Methan kann sich so auf den Weg in die Atmosphäre machen und dort die Erde weiter aufheizen, wodurch weiteres Methan aus dem Arktischen Ozean frei werden würde. Ein Teufelskreis. Wie viel Methan aus auftauenden Böden der Ozeane freigesetzt werden kann, lässt sich derzeit kaum schätzen.

Zementproduktion. Seit der Wirtschaftskrise 2008 erfuhr die weltweite Zementproduktion zwischenzeitlich drastische Einschnitte und zeigte sich kurzfristig sogar rückläufig. Unternehmen und Privatleuten fehlte das Geld, um in Bauvorhaben zu investieren. Nur befristete Förderprogramme der öffentlichen Auftraggeber konnten den Rückgang des Zementverbrauchs zeitweise mindern. Der Rückgang der Zementproduktion hatte auch einen starken Einfluss auf den weltweiten Kohlenstoffdioxidausstoß, so gilt die Zementproduktion als heimlicher Klimakiller. Das Gas entweicht in großen Mengen bei der Befeuerung der notwendigen Öfen. Allerdings entspricht dies nur einem kleinen Anteil des entstehenden Kohlenstoffdioxids. Drei Viertel des ausgestoßenen Gases werden als Nebenprodukt chemischer Reaktionen des Brennprozesses abgegeben.

a) Erläutern Sie anhand von Abb. 2 und 3 sowie des Informationstextes, warum die Methanfreisetzung aus gefrorenen Böden als Teufelskreis der Klimaerwärmung beschrieben wird.
b) Skizzieren Sie ein Schema zur Herstellung und Verwendung von Zement am Beispiel des Kalkkreislaufs.
c) Nennen Sie Reaktionsgleichungen zur Herstellung von Branntkalk und Löschkalk und geben Sie an, ob es sich um exotherme oder endotherme Reaktionen handelt.
d) Weltweit werden jährlich etwa 140 Millionen Tonnen Branntkalk hergestellt. Berechnen Sie die ausgestoßene Masse an Kohlenstoffdioxid. Berücksichtigen Sie auch den beim Betrieb des Ofens entstehenden Gasanteil.
e) Beschreiben Sie das Diagramm in Abb. 5.
f) Entwickeln Sie Hypothesen, die die verschiedenen Szenarien in Abb. 5 erklären. Berücksichtigen Sie dabei auch Abb. 4.

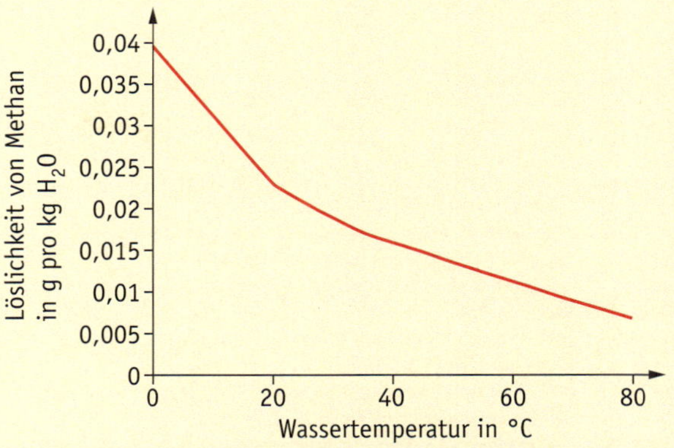

2 *Temperaturabhängigkeit der Wasserlöslichkeit von Methan*

Treibhausgas	GWP bezogen auf 100 Jahre	Atmosphärische Verweilzeit in Jahren
Kohlenstoffdioxid	1	5–200
Methan	23	12

3 *Globales Erwärmungspotential (GWP) und Verweildauer von Treibhausgasen in der Atmosphäre*

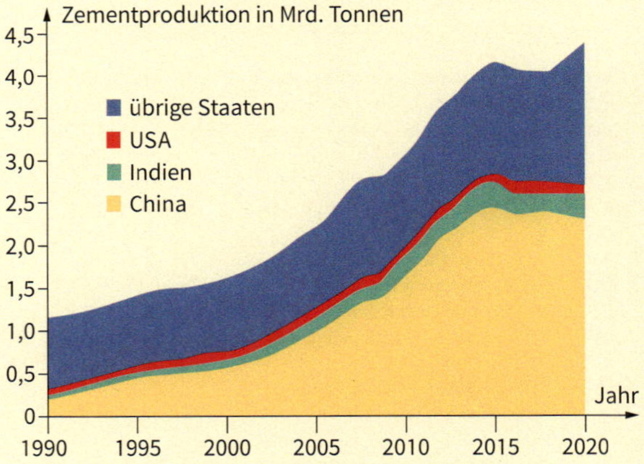

4 *Entwicklung der weltweite Zementproduktion*

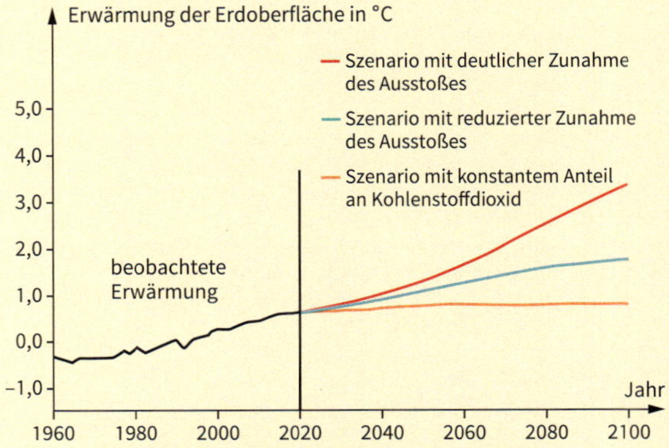

5 *Szenarien der Erderwärmung bis zum Jahr 2100*

Gefahrenhinweise (H-Sätze)

Physikalische Gefahren

H 200	Instabil, explosiv
H 201	Explosiv, Gefahr der Massenexplosion.
H 202	Explosiv; große Gefahr durch Splitter, Spreng- und Wurfstücke.
H 203	Explosiv; Gefahr durch Feuer, Luftdruck oder Splitter, Spreng- und Wurfstücke.
H 204	Gefahr durch Feuer oder Splitter, Spreng- und Wurfstücke.
H 205	Gefahr der Massenexplosion bei Feuer.
H 220	Extrem entzündbares Gas.
H 221	Entzündbares Gas.
H 222	Extrem entzündbares Aerosol.
H 223	Entzündbares Aerosol.
H 224	Flüssigkeit und Dampf extrem entzündbar.
H 225	Flüssigkeit und Dampf leicht entzündbar.
H 226	Flüssigkeit und Dampf entzündbar.
H 228	Entzündbarer Feststoff.
H 240	Erwärmung kann Explosion verursachen.
H 241	Erwärmung kann Brand oder Explosion verursachen.
H 242	Erwärmung kann Brand verursachen.
H 250	Entzündet sich in Berührung mit Luft von selbst.
H 251	Selbsterhitzungsfähig; kann in Brand geraten.
H 252	In großen Mengen selbsterhitzungsfähig; kann in Brand geraten.
H 260	In Berührung mit Wasser entstehen entzündbare Gase, die sich spontan entzünden können.
H 261	In Berührung mit Wasser entstehen entzündbare Gase.
H 270	Kann Brand verursachen oder verstärken; Oxidationsmittel.
H 271	Kann Brand oder Explosion verursachen; starkes Oxidationsmittel.
H 272	Kann Brand verstärken; Oxidationsmittel.
H 280	Enthält Gas unter Druck; kann bei Erwärmung explodieren.
H 281	Enthält tiefgekühltes Gas; kann Kälteverbrennungen oder -verletzungen verursachen.
H 290	Kann gegenüber Metallen korrosiv sein.

Gesundheitsgefahren

H 300	Lebensgefahr bei Verschlucken.
H 301	Giftig bei Verschlucken.
H 302	Gesundheitsschädlich bei Verschlucken.
H 304	Kann bei Verschlucken und Eindringen in die Atemwege tödlich sein.
H 310	Lebensgefahr bei Hautkontakt.
H 311	Giftig bei Hautkontakt.
H 312	Gesundheitsschädlich bei Hautkontakt.
H 314	Verursacht schwere Verätzungen der Haut und schwere Augenschäden.
H 315	Verursacht Hautreizungen.
H 317	Kann allergische Hautreaktionen verursachen.
H 318	Verursacht schwere Augenschäden.
H 319	Verursacht schwere Augenreizung.
H 330	Lebensgefahr bei Einatmen.
H 331	Giftig bei Einatmen.
H 332	Gesundheitsschädlich bei Einatmen.
H 334	Kann bei Einatmen Allergie, asthmaartige Symptome oder Atembeschwerden verursachen.
H 335	Kann die Atemwege reizen.
H 336	Kann Schläfrigkeit und Benommenheit verursachen.
H 340	Kann genetische Defekte verursachen.
H 341	Kann vermutlich genetische Defekte verursachen.
H 350	Kann Krebs erzeugen.
H 351	Kann vermutlich Krebs erzeugen.
H 360	Kann die Fruchtbarkeit beeinträchtigen oder das Kind im Mutterleib schädigen.
H 360 F	Kann die Fruchtbarkeit beeinträchtigen.
H 360 D	Kann das Kind im Mutterleib schädigen.
H 360 FD	Kann die Fruchtbarkeit beeinträchtigen. Kann das Kind im Mutterleib schädigen.
H 360 Fd	Kann die Fruchtbarkeit beeinträchtigen. Kann vermutlich das Kind im Mutterleib schädigen.
H 360 Df	Kann das Kind im Mutterleib schädigen. Kann vermutlich die Fruchtbarkeit beeinträchtigen.
H 361	Kann vermutlich die Fruchtbarkeit beeinträchtigen oder das Kind im Mutterleib schädigen.
H 361 f	Kann vermutlich die Fruchtbarkeit beeinträchtigen.
H 361 d	Kann vermutlich das Kind im Mutterleib schädigen.
H 361 fd	Kann vermutlich die Fruchtbarkeit beeinträchtigen. Kann vermutlich das Kind im Mutterleib schädigen.
H 362	Kann Säuglinge über die Muttermilch schädigen.
H 370	Schädigt die Organe.
H 371	Kann die Organe schädigen.
H 372	Schädigt die Organe bei längerer oder wiederholter Exposition.
H 373	Kann die Organe schädigen bei längerer oder wiederholter Exposition.

Umweltgefahren

H 400	Sehr giftig für Wasserorganismen.
H 410	Sehr giftig für Wasserorganismen mit langfristiger Wirkung.
H 411	Giftig für Wasserorganismen, mit langfristiger Wirkung.
H 412	Schädlich für Wasserorganismen, mit langfristiger Wirkung.
H 413	Kann für Wasserorganismen schädlich sein, mit langfristiger Wirkung.
H420	Schädigt die öffentliche Gesundheit und die Umwelt durch Ozonabbau in der äußeren Atmosphäre.

EUH-Sätze

EUH 001	In trockenem Zustand explosiv.
EUH 006	Mit und ohne Luft explosionsfähig.
EUH 014	Reagiert heftig mit Wasser.
EUH 018	Kann bei Verwendung explosionsfähige / entzündbare Dampf / Luft-Gemische bilden.
EUH 019	Kann explosionsfähige Peroxide bilden.
EUH 044	Explosionsgefahr bei Erhitzen unter Einschluss.
EUH 029	Entwickelt bei Berührung mit Wasser giftige Gase.
EUH 031	Entwickelt bei Berührung mit Säure giftige Gase.
EUH 032	Entwickelt bei Berührung mit Säure sehr giftige Gase.
EUH 066	Wiederholter Kontakt kann zu spröder oder rissiger Haut führen.
EUH 070	Giftig bei Berührung mit den Augen.
EUH 071	Wirkt ätzend auf die Atemwege.
EUH 201	Enthält Blei. Nicht für den Anstrich von Gegenständen verwenden, die von Kindern gekaut oder gelutscht werden könnten.
EUH 201 A	Achtung! Enthält Blei.
EUH 202	Cyanacrylat. Gefahr. Klebt innerhalb von Sekunden Haut und Augenlider zusammen. Darf nicht in die Hände von Kindern gelangen.
EUH 203	Enthält Chrom(VI). Kann allergische Reaktionen hervorrufen.
EUH 204	Enthält Isocyanate. Kann allergische Reaktionen hervorrufen.
EUH 205	Enthält epoxidhaltige Verbindungen. Kann allergische Reaktionen hervorrufen.
EUH 206	Achtung! Nicht zusammen mit anderen Produkten verwenden, da gefährliche Gase (Chlor) freigesetzt werden können.
EUH 207	Achtung! Enthält Cadmium. Bei der Verwendung entstehen gefährliche Dämpfe. Hinweise des Herstellers beachten. Sicherheitsanweisungen einhalten.
EUH 208	Enthält (Name des sensibilisierenden Stoffes). Kann allergische Reaktionen hervorrufen.
EUH 209	Kann bei Verwendung leicht entzündbar werden.
EUH 209 A	Kann bei Verwendung entzündbar werden.
EUH 210	Sicherheitsdatenblatt auf Anfrage erhältlich.
EUH 401	Zur Vermeidung von Risiken für Mensch und Umwelt die Gebrauchsanleitung einhalten.

Sicherheitshinweise (P-Sätze)

Allgemeines

P 101	Ist ärztlicher Rat erforderlich, Verpackung oder Kennzeichnungsetikett bereithalten.
P 102	Darf nicht in die Hände von Kindern gelangen.
P 103	Vor Gebrauch Kennzeichnungsetikett lesen.

Prävention

P 201	Vor Gebrauch besondere Anweisungen einholen.
P 202	Vor Gebrauch alle Sicherheitshinweise lesen und verstehen.
P 210	Von Hitze / Funken / offener Flamme / heißen Oberflächen fernhalten. Nicht rauchen.
P 211	Nicht gegen offene Flamme oder andere Zündquelle sprühen.
P 220	Von Kleidung / ... / brennbaren Materialien fernhalten / entfernt aufbewahren.
P 221	Mischen mit brennbaren Stoffen / ... unbedingt verhindern.
P 222	Kontakt mit Luft nicht zulassen.
P 223	Kontakt mit Wasser wegen heftiger Reaktion und möglichem Aufflammen unbedingt verhindern.
P 230	Feucht halten mit ...
P 231	Unter inertem Gas handhaben.
P 232	Vor Feuchtigkeit schützen.
P 233	Behälter dicht verschlossen halten.
P 234	Nur im Originalbehälter aufbewahren.
P 235	Kühl halten.
P 240	Behälter und zu befüllende Anlage erden.
P 241	Explosionsgeschützte elektrische Betriebsmittel / Lüftungsanlagen / Beleuchtung / ... verwenden.
P 242	Nur funkenfreies Werkzeug verwenden.
P 243	Maßnahmen gegen elektrostatische Aufladungen treffen.
P 244	Druckminderer frei von Fett und Öl halten.
P 250	Nicht schleifen / stoßen / ... / reiben.
P 251	Behälter steht unter Druck: Nicht durchstechen oder verbrennen, auch nicht nach der Verwendung.
P 260	Staub / Rauch / Gas / Nebel / Dampf / Aerosol nicht einatmen.
P 261	Einatmen von Staub / Rauch / Gas / Nebel / Dampf / Aerosol vermeiden.
P 262	Nicht in die Augen, auf die Haut oder auf die Kleidung gelangen lassen.
P 263	Kontakt während der Schwangerschaft / und der Stillzeit vermeiden.
P 264	Nach Gebrauch ... gründlich waschen.
P 270	Bei Gebrauch nicht essen, trinken oder rauchen.
P 271	Nur im Freien oder in gut belüfteten Räumen verwenden.
P 272	Kontaminierte Arbeitskleidung nicht außerhalb des Arbeitsplatzes tragen.
P 273	Freisetzung in die Umwelt vermeiden.
P 280	Schutzhandschuhe / Schutzkleidung / Augenschutz / Gesichtsschutz tragen.
P 281	Vorgeschriebene persönliche Schutzausrüstung verwenden.
P 282	Schutzhandschuhe / Gesichtsschild / Augenschutz mit Kälteisolierung tragen.
P 283	Schwer entflammbare / flammhemmende Kleidung tragen.
P 284	Atemschutz tragen.
P 285	Bei unzureichender Belüftung Atemschutz tragen.
P 231 + P 232	Unter inertem Gas handhaben. Vor Feuchtigkeit schützen.
P 235 + P 410	Kühl halten. Vor Sonnenbestrahlung schützen.

Reaktion

P 301	Bei Verschlucken:
P 302	Bei Berührung mit der Haut:
P 303	Bei Berührung mit der Haut (oder dem Haar):
P 304	Bei Einatmen:
P 305	Bei Kontakt mit den Augen:
P 306	Bei kontaminierter Kleidung:
P 307	Bei Exposition:
P 308	Bei Exposition oder falls betroffen:
P 309	Bei Exposition oder Unwohlsein:
P 310	Sofort Giftinformationszentrum oder Arzt anrufen.
P 311	Giftinformationszentrum oder Arzt anrufen.
P 312	Bei Unwohlsein Giftinformationszentrum oder Arzt anrufen.
P 313	Ärztlichen Rat einholen / ärztliche Hilfe hinzuziehen.
P 314	Bei Unwohlsein ärztlichen Rat einholen / ärztliche Hilfe hinzuziehen.
P 315	Sofort ärztlichen Rat einholen / ärztliche Hilfe hinzuziehen.
P 320	Besondere Behandlung dringend erforderlich (siehe ... auf diesem Kennzeichnungsetikett).
P 321	Besondere Behandlung (siehe ... auf diesem Kennzeichnungsetikett).
P 322	Gezielte Maßnahmen (siehe ... auf diesem Kennzeichnungsetikett).
P 330	Mund ausspülen.
P 331	Kein Erbrechen herbeiführen.
P 332	Bei Hautreizung:
P 333	Bei Hautreizung oder -ausschlag:
P 334	In kaltes Wasser tauchen / nassen Verband anlegen.
P 335	Lose Partikel von der Haut abbürsten.
P 336	Vereiste Bereiche mit lauwarmem Wasser auftauen. Betroffenen Bereich nicht reiben.
P 337	Bei anhaltender Augenreizung:
P 338	Eventuell vorhandene Kontaktlinsen nach Möglichkeit entfernen. Weiter ausspülen.
P 340	Die betroffene Person an die frische Luft bringen und in einer Position ruhigstellen, die das Atmen erleichtert.
P 341	Bei Atembeschwerden an die frische Luft bringen und in einer Position ruhigstellen, die das Atmen erleichtert.
P 342	Bei Symptomen der Atemwege:
P 350	Behutsam mit viel Wasser und Seife waschen.
P 351	Einige Minuten lang behutsam mit Wasser ausspülen.
P 352	Mit viel Wasser und Seife waschen.
P 353	Haut mit Wasser abwaschen / duschen.
P 360	Kontaminierte Kleidung und Haut sofort mit viel Wasser abwaschen und danach Kleidung ausziehen.
P 361	Alle kontaminierten Kleidungsstücke sofort ausziehen.
P 362	Kontaminierte Kleidung ausziehen und vor erneutem Tragen waschen.
P 363	Kontaminierte Kleidung vor erneutem Tragen waschen.
P 370	Bei Brand:
P 371	Bei Großbrand und großen Mengen:
P 372	Explosionsgefahr bei Brand.
P 373	Keine Brandbekämpfung, wenn das Feuer explosive Stoffe / Gemische / Erzeugnisse erreicht.
P 374	Brandbekämpfung mit üblichen Vorsichtsmaßnahmen aus angemessener Entfernung.
P 375	Wegen Explosionsgefahr Brand aus der Entfernung bekämpfen.
P 376	Undichtigkeit beseitigen, wenn gefahrlos möglich.
P 377	Brand von ausströmendem Gas: Nicht löschen, bis Undichtigkeit gefahrlos beseitigt werden kann.
P 378	... zum Löschen verwenden.
P 380	Umgebung räumen.
P 381	Alle Zündquellen entfernen, wenn gefahrlos möglich.
P 390	Verschüttete Mengen aufnehmen, um Materialschäden zu vermeiden.
P 391	Verschüttete Mengen aufnehmen.
P 301 + P310	Bei Verschlucken: Sofort Giftinformationszentrum oder Arzt anrufen.
P 301 + P312	Bei Verschlucken: Bei Unwohlsein Giftinformationszentrum oder Arzt anrufen.

P 301 + P 330 + P 331	Bei Verschlucken: Mund ausspülen. Kein Erbrechen herbeiführen.
P 302 + P 334	Bei Kontakt mit der Haut: In kaltes Wasser tauchen / nassen Verband anlegen.
P 302 + P 350	Bei Kontakt mit der Haut: Behutsam mit viel Wasser und Seife waschen.
P 302 + P 352	Bei Kontakt mit der Haut: Mit viel Wasser und Seife waschen.
P 303 + P 361 + P 353	Bei Kontakt mit der Haut (oder dem Haar): Alle beschmutzten, getränkten Kleidungsstücke sofort ausziehen. Haut mit Wasser abwaschen / duschen.
P 304 + P 340	Bei Einatmen: An die frische Luft bringen und in einer Position ruhigstellen, die das Atmen erleichtert.
P 304 + P 341	Bei Einatmen: Bei Atembeschwerden an die frische Luft bringen und in einer Position ruhigstellen, die das Atmen erleichtert.
P 305 + P 351 + P 338	Bei Kontakt mit den Augen: Einige Minuten lang behutsam mit Wasser spülen. Vorhandene Kontaktlinsen nach Möglichkeit entfernen. Weiter spülen.
P 306 + P 360	Bei Kontakt mit der Kleidung: Kontaminierte Kleidung und Haut sofort mit viel Wasser abwaschen und danach Kleidung ausziehen.
P 307 + P 311	Bei Exposition: Giftinformationszentrum oder Arzt anrufen.
P 308 + P 313	Bei Exposition oder falls betroffen: Ärztlichen Rat Einholen / ärztliche Hilfe hinzuziehen.
P 309 + P 311	Bei Exposition oder Unwohlsein: Giftinformationszentrum oder Arzt anrufen.
P 332 + P 313	Bei Hautreizung: Ärztlichen Rat einholen / ärztliche Hilfe hinzuziehen.
P 333 + P 313	Bei Hautreizung oder -ausschlag: Ärztlichen Rat einholen / ärztliche Hilfe hinzuziehen.
P 335 + P 334	Lose Partikel von der Haut abbürsten. In kaltes Wasser tauchen / nassen Verband anlegen.
P 337 + P 313	Bei anhaltender Augenreizung: Ärztlichen Rat einholen / ärztliche Hilfe hinzuziehen.
P 342 + P 311	Bei Symptomen der Atemwege: Giftinformationszentrum oder Arzt anrufen.
P 370 + P 376	Bei Brand: Undichtigkeit beseitigen, wenn gefahrlos möglich.
P 370 + P 378	Bei Brand: ... zum Löschen verwenden.
P 370 + P 380	Bei Brand: Umgebung räumen.
P 370 + P 380 + P 375	Bei Brand: Umgebung räumen. Wegen Explosionsgefahr Brand aus der Entfernung bekämpfen.
P 371 + P 380 + P 375	Bei Großbrand und großen Mengen: Umgebung räumen. Wegen Explosionsgefahr Brand aus der Entfernung bekämpfen.

Aufbewahrung

P401	... aufbewahren.
P402	An einem trockenen Ort aufbewahren.
P403	An einem gut belüfteten Ort aufbewahren.
P404	In einem geschlossenen Behälter aufbewahren.
P405	Unter Verschluss aufbewahren.
P406	In korrosionsbeständigem / ... Behälter mit korrosionsbeständiger Auskleidung aufbewahren.
P407	Luftspalt zwischen Stapeln / Paletten lassen.
P410	Vor Sonnenbestrahlung schützen.
P411	Bei Temperaturen von nicht mehr als ... °C / ... aufbewahren.
P412	Nicht Temperaturen von mehr als 50 °C aussetzen.
P413	Schüttgut in Mengen von mehr als ... kg bei Temperaturen von nicht mehr als ... °C aufbewahren
P420	Von anderen Materialien entfernt aufbewahren.
P422	Inhalt in / unter ... aufbewahren
P402 + P404	In einem geschlossenen Behälter an einem trockenen Ort aufbewahren.
P403 + P233	Behälter dicht verschlossen an einem gut belüfteten Ort aufbewahren.
P403 + P235	Kühl an einem gut belüfteten Ort aufbewahren.
P410 + P403	Vor Sonnenbestrahlung geschützt an einem gut belüfteten Ort aufbewahren.
P410 + P412	Vor Sonnenbestrahlung schützen und nicht Temperaturen von mehr als 50 °C aussetzen.
P411 + P235	Kühl und bei Temperaturen von nicht mehr als ... °C aufbewahren.

Entsorgung

P501	Inhalt / Behälter ... zuführen.

Stoffliste

Die Daten in der Stoffliste stammen von den gängigen Inverkehrbringern. Nichtkommerziell erhältliche Lösungen und Zubereitungen wurden von der GBK Gefahrgut Büro GmbH, Ingelheim auf Grundlage der verfügbaren Daten eingestuft. Alle Daten wurden geprüft und überarbeitet.

Die neue CLP-Verordnung erlaubt den Inverkehrbringern über die Mindesteinstufung (Anhang 6, Tabelle 3.1 der Verordnung (EU) Nr. 286/2011) hinaus abweichende Einstufungen aufgrund eigener Tests oder Klassifizierungen zu vergeben. Die Gebindekennzeichnungen verschiedener Inverkehrbringer können daher untereinander und von den hier vorliegenden Daten abweichen.

Haftungsausschluss: Trotz sorgfältiger Prüfung ist es möglich, dass bei der Zusammenstellung Fehler aufgetreten sind. Die gegebenen Daten sind daher von jeder Lehrkraft zu prüfen.

Hinweis: Der Zusatz (R) in der ersten Spalte weist auf ein Rezept zur Herstellung der betreffenden Lösung in der Tabelle „Reagenzlösungen" hin. Das Zeichen X in der letzten Spalte zeigt an, dass die Entsorgung der konkreten Situation angepasst werden muss.

Stoff	GHS-Piktogramme H-Sätze				Signalwort	Sicherheitssymbole, Entsorgungssymbole
Aceton siehe Propanon						
Ammoniaklösung $1\,\% \le w < 3\,\%$	H315 H318				Gefahr	
Ammoniaklösung $3\,\% \le w < 5\,\%$	H315 H318				Gefahr	1
Ammoniaklösung $w \ge 5\,\%$	H314	H335	H400		Gefahr	1
Baeyer-Reagenz (R)	H319	H412			Achtung	2
Barfoed-Reagenz	H314	H302, H315, H319, H335	H400		Gefahr	2
Benzoesäure	H315, H318	H372			Gefahr	3
Brady-Reagenz (R)	H225	H314	H302, H319		Gefahr	3
Brennspiritus siehe Ethanol						
Bromlösung $w = 0{,}1\,\%$ in Heptan (R)	H225	H315, H336	H304	H410	Gefahr	4
Bromthymolblaulösung (R)	H225	H319			Gefahr	4
Bromwasser $w < 5\,\%$	H318	H315, H332			Gefahr	X
Butanal	H225	H319			Gefahr	3
Butan-1-ol	H226	H318	H302, H315, H335, H336		Gefahr	3
Butanon	H225	H319, H336			Gefahr	3

Stoff	GHS-Piktogramme H-Sätze	Signalwort	Sicherheitssymbole, Entsorgungssymbole
Butansäure (Buttersäure)	H314, H302	Gefahr	3
Calciumhydroxid	H318, H315, H335	Gefahr	1
Cer(IV)-ammoniumnitrat	H272, H314, H302	Gefahr	2
Eisen (Blech)		–	
Ethandisäurelösung (wässrig) $c = 0{,}05\ \mathrm{mol \cdot l^{-1}}$		–	3
Ethandisäurelösung, $c = 0{,}1\ \mathrm{mol \cdot l^{-1}}$ in Schwefelsäure ($1\ \mathrm{mol \cdot l^{-1}}$)	H315	Achtung	3
Ethanol	H225, H319	Gefahr	3
Ethansäure (Eisessig, Essigsäure)	H226, H314	Gefahr	1
Ethansäure (Essigsäure), $25\,\% \le w < 90\,\%$	H314	Gefahr	1
Ethansäure (Essigsäure), $10\,\% \le w < 25\,\%$	H315, H319	Achtung	
Ethylethanoat (Essigsäureethylester)	H225, H319, H336	Gefahr	3
Fehling-Lösung I, (R)	H411	Achtung	2
Fehling-Lösung II, (R)	H314	Gefahr	3
n-Heptan	H225, H315, H336, H304, H410	Gefahr	3
Hex-1-en	H225, H304	Gefahr	3
Iod-Kaliumiodidlösung	H373	Achtung	4
Kaliumpermanganat	H272, H314, H302, H361d, H373, H410	Gefahr	2
Kaliumpermanganatlösung $c = 0{,}02\ \mathrm{mol \cdot l^{-1}}$	H411	–	2
Kalkwasser (R)	H315, H318	Gefahr	
Kohlenstoffdioxid	H280	Achtung	
Kupfer (Blech)		–	
Kupfer(II)-chlorid-Dihydrat	H318, H302, H315, H319, H410	Gefahr	2

Stoff	GHS-Piktogramme H-Sätze			Signalwort	Sicherheitssymbole, Entsorgungssymbole
Kupfer(II)-chloridlösung, gesättigt	H318	H302, H315, H319	H410	Gefahr	2
Mangandioxid (Braunstein)	H302+H332	H373		Gefahr	2
Mangan(II)-sulfat-Monohydrat	H318	H373	H411	Gefahr	2
Mangan(II)-sulfatlösung $c = 0{,}02\ \text{mol} \cdot \text{l}^{-1}$				–	2
Methylorangelösung $w = 0{,}1\ \%$ in Ethanol (R)	H225	H319		Gefahr	3
2-Methylpropan-1-ol (*iso*-Butanol)	H226	H318	H315, H335, H336	Gefahr	3
2-Methylpropan-2-ol (*tert*-Butanol)	H225	H319, H332, H335, H336		Gefahr	3
Methylrotlösung (0,1 g in 100 ml 90 %igem Ethanol)	H225	H319		Gefahr	3
Natriumchlorid				–	
Natriumiodid	H400			Achtung	1
Natronlauge, $w \geq 2\ \%$	H314			Gefahr	1
Natronlauge, $0{,}5\ \% \leq w < 2\ \%$	H315, H319			Achtung	1
Oxalsäure siehe Ethandisäure					
Pentan-1-ol (*n*-Amylalkohol)	H226	H318	H315, H332, H335	Achtung	3
Phenolphthaleinlösung, alkoholisch, $w < 0{,}1\ \%$, (R)	H225	H319		Gefahr	
Propanal (Propionaldehyd)	H225	H318	H302+H332, H315, H335	Gefahr	3
Propan-1-ol	H225	H318	H336	Gefahr	3
Propan-2-ol	H225	H319, H336		Gefahr	3
Propanon (Aceton)	H225	H319, H336		Gefahr	3
Propansäure (Propionsäure) $10\ \% \leq w < 25\ \%$	H314	H335		Gefahr	3
Propansäure (Propionsäure) $w \geq 25\ \%$	H226	H314	H335	Gefahr	3
Propan-1,2,3-triol (Glycerin)				–	
Salzsäure, $w \geq 25\ \%$	H314	H335		Gefahr	1

Stoff	GHS-Piktogramme H-Sätze	Signalwort	Sicherheitssymbole, Entsorgungssymbole
Salzsäure, 10 % ≤ *w* < 25 %	H315, H319, H335	Achtung	1
Salzsäure, *w* ≤ 10 %	H290	Achtung	1
Schwefelsäure, *w* ≥ 15 %	H314	Gefahr	1
Schwefelsäure, 5 % ≤ *w* < 15 %	H290	Achtung	1
Silbernitrat	H272, H290 H314 H410	Gefahr	2
Silbernitratlösung 1 % ≤ *w* < 3 %	H315, H319 H412	Achtung	
Silbernitratlösung *w* < 1 %	H412	Achtung	
Thymolblaulösung *w* < 0,1 % in Ethanol (R)	H225 H319	Gefahr	3
Tollens-Reagenz (R)	H315, H335 H412	Gefahr	X
Universalindikatorlösung	H225 H319	Gefahr	3
Waschbenzin	H225 H336 H304 H411	Gefahr	3
Wasserstoffperoxidlösung, 8 % ≤ *w* < 35 %	H318	Gefahr	
Wasserstoffperoxidlösung, 5 % ≤ *w* < 8 %	H319	Achtung	
Zink (Blech, Granalien)		–	2
Zink (Pulver, stabilisiert)	H410	Achtung	X

Reagenzlösungen

Lösung	Rezeptur
Baeyer-Reagenz:	10%ige Sodalösung mit einer verdünnten Kaliumpermanganatlösung versetzen, bis die Lösung kräftig violett gefärbt ist.
Brady-Reagenz:	0,5 g 2,4-Dinitrophenylhydrazin über Nacht in 15 ml konzentrierter Schwefelsäure lösen. Die Lösung mit 15 ml Ethanol und 5 ml destilliertem Wasser verdünnen. Das Reagenz ist etwa zehn Tage haltbar.
Bromlösung in Heptan:	1 ml Brom in 200 ml Heptan lösen
Bromthymolblaulösung:	0,1 g in 100 ml 20%igem Ethanol
Bromwasser:	Gesättigtes Bromwasser mit dem vierfachen Volumen an Wasser verdünnen. *Hinweis:* Die Laborarbeit wird erleichtert, wenn man gesättigtes Bromwasser mit einem Überschuss an Brom vorrätig hält. Man gibt dazu beispielsweise 10 ml Brom auf 200 ml Wasser. Nach Entnahme von Lösung wird dann jeweils nur Wasser nachgefüllt, um den Vorrat zu ergänzen: 10 ml Brom ergeben insgesamt mehr als 750 ml an gesättigter Lösung.
Cerammoniumreagenz	2 g Cer(IV)-ammoniumnitrat in 10 ml Salpetersäure (1 mol · l^{-1}) lösen
Fehling-Lösung I:	7 g Kupfersulfat ($CuSO_4 \cdot 5\,H_2O$) in 100 ml Wasser lösen.
Fehling-Lösung II:	35 g Kaliumnatriumtartrat (Seignette-Salz) und 10 g Natriumhydroxid in 100 ml Wasser lösen.
Iod-Kaliumiodidlösung:	2 g Kaliumiodid in wenig Wasser vollständig lösen und 1 g Iod zugeben. Nach dem Lösen auf 300 ml auffüllen und in brauner Flasche aufbewahren.
Kalkwasser:	1 g Calciumoxid in 500 ml destilliertem Wasser schütteln und filtrieren (0,02 mol · l^{-1}).
Methylorange:	0,1 g in 100 ml Wasser.
Methylrotlösung:	0,1 g in 100 ml 90%igem Ethanol.
Phenolphthaleinlösung:	8 ml handelsübliche Lösung (0,9 %) mit 50%igem Ethanol auf 100 ml verdünnen.
Schiff-Reagenz:	(fuchsinschweflige Säure): 0,25 g Fuchsin in 1 l Wasser lösen (Rotfärbung); unter ständigem Rühren schweflige Säure (oder angesäuerte Lösung von $Na_2S_2O_5$) zutropfen, bis Entfärbung eintritt.
Silbernitratlösung:	17 g Silbernitrat auf 1 Liter auffüllen (0,1 mol · l^{-1}).
Thymolblau:	0,1 g in 100 ml 20%igem Ethanol.
Tollens-Reagenz:	(ammoniakalische Silbernitratlösung): Silbernitratlösung (0,1 mol · l^{-1}) mit etwa einem Zehntel des Volumens verdünnter Natronlauge versetzen. Anschließend unter Schütteln Ammoniaklösung (25 %) zutropfen, bis sich der Silberoxidniederschlag gerade wieder löst. Die Reagenzlösung wird jeweils frisch zubereitet. Sie darf nicht aufbewahrt werden, da sich Silberazid bilden könnte (Explosionsgefahr). Reste der Reagenzlösung ansäuern und über den Behälter B2 entsorgen.

Größen und ihre Einheiten

Größe		Einheit		
Name	**Zeichen**	**Name**	**Zeichen**	**Beziehungen**
Masse	m	Kilogramm	kg	1 kg = 1000 g 1 g = 1000 mg
Volumen	V	Kubikmeter	m^3	$1\ m^3 = 1000\ dm^3$ 1 l = 1000 ml
		Liter	l	1 l = 1000 ml $1\ ml = 1\ cm^3$
Dichte	ϱ	$\frac{\text{Kilogramm}}{\text{Kubikmeter}}$	$\frac{kg}{m^3}$	$1\ \frac{g}{cm^3} = 1000\ \frac{kg}{m^3}$
		$\frac{\text{Gramm}}{\text{Liter}}$	$\frac{g}{l}$	$1\ \frac{g}{l} = 0{,}001\ \frac{g}{m^3}$
Druck	p	Pascal	Pa	$1\ Pa = 1\ \frac{N}{m^2}$ 100 Pa = 1 hPa
		Bar	bar	1 bar = 100 000 Pa 1 mbar = 100 Pa
Energie	E	Joule	J	$1\ J = 1\ N \cdot m = 1\ \frac{kg \cdot m^2}{s^2}$
Elektrizitätsmenge	Q	Coulomb	C	$1\ C = 1\ A \cdot s$
Anzahl	N			
Stoffmenge	n	Mol	mol	1 mol enthält $6{,}022 \cdot 10^{23}$ Teilchen
molare Masse	M	$\frac{\text{Gramm}}{\text{Mol}}$	$\frac{g}{mol}$	
Stoffmengenkonzentration	c	$\frac{\text{Mol}}{\text{Liter}}$	$\frac{mol}{l}$	
Temperatur	ϑ	Grad Celsius	°C	
	T	Kelvin	K	0 °C = 273,15 K

Konstanten

Atomare Masseneinheit	u	$1{,}661 \cdot 10^{-27}$ kg
Avogadro-Konstante	N_A	$6{,}022 \cdot 10^{23}\ \frac{1}{mol}$
Molares Volumen eines idealen Gases (bei 1013 hPa und 20 °C)	V_m	$24{,}056\ \frac{l}{mol}$
Ladung eines Elektrons	e	$1{,}602 \cdot 10^{-19}$ C
Masse eines Elektrons	m_e	$9{,}109 \cdot 10^{-31}$ kg
Masse eines Protons	m_p	$1{,}673 \cdot 10^{-27}$ kg
Masse eines Neutrons	m_n	$1{,}675 \cdot 10^{-27}$ kg
Faraday-Konstante	F	$96\,485\ \frac{C}{mol}$

Gehaltsangaben für Mischungen und Lösungen (nach DIN 1310)

Masse einer Stoffportion:	m_i	Massenkonzentration:	$\beta_i = \frac{m_i}{V}$
Volumen einer Stoffportion:	V_i	Volumenkonzentration:	$\sigma_i = \frac{V_i}{V}$
Stoffmenge einer Stoffportion:	n_i	Stoffmengenkonzentration:	$c_i = \frac{n_i}{V}$
Teilchenzahl einer Stoffportion:	N_i	Teilchenkonzentration:	$C_i = \frac{N_i}{V}$
		(V: Gesamtvolumen nach dem Mischen)	

Massenanteil (früher: Gewichtsprozent): $w_i = \frac{m_i}{m}$

Gesamtmasse $m = m_1 + m_2 + \ldots$

Volumenanteil (früher: Volumenprozent): $\varphi_i = \frac{V_i}{V_0}$

Gesamtvolumen $V_0 = V_1 + V_2 + \ldots$ (vor dem Mischen)

Stoffmengenanteil: $x_i = \frac{n_i}{n}$

Gesamtstoffmenge $n = n_1 + n_2 + \ldots$

Teilchenzahlanteil: $X_i = \frac{N_i}{N}$

Gesamtteilchenanzahl $N = N_1 + N_2 + \ldots$

Das Wort Gehalt wird als Oberbegriff bei der qualitativen Beschreibung
verwendet. Beispiel: der Wassergehalt einer Probe

Dezimale Teile/Vielfache

Potenz	Vorsilbe	Symbol	Potenz	Vorsilbe	Symbol
10^{-1}	Dezi	d	10	Deka	da
10^{-2}	Zenti	c	10^{2}	Hekto	h
10^{-3}	Milli	m	10^{3}	Kilo	k
10^{-6}	Mikro	µ	10^{6}	Mega	M
10^{-9}	Nano	n	10^{9}	Giga	G
10^{-12}	Piko	p	10^{12}	Tera	T
10^{-15}	Femto	f	10^{15}	Peta	P
10^{-18}	Atto	a			

Eigenschaften von Gasen

Name	Dichte bei 20 °C (1013 hPa) in $g \cdot l^{-1}$	Schmelztemperatur (1013 hPa) in °C	Siedetemperatur (1013 hPa) in °C	Löslichkeit bei 25 °C in 1 l Wasser in l
Wasserstoff (H_2)	0,084	–259	–253	0,019
Stickstoff (N_2)	1,17	–210	–196	0,015
Sauerstoff (O_2)	1,33	–219	–183	0,028
Fluor (F_2)	1,58	–220	–188	–
Chlor (Cl_2)	2,95	–101	–35	2,2
Helium (He)	0,17	–272	–269	0,09
Neon (Ne)	0,84	–249	–246	0,016
Argon (Ar)	1,66	–189	–186	0,032
Krypton (Kr)	3,48	–157	–152	0,071
Luft	1,20	–	–	0,0063* 0,012**
Ammoniak (NH_3)	0,71	–78	–33	680
Chlorwasserstoff (HCl)	1,52	–114	–85	466
Schwefelwasserstoff (H_2S)	1,42	–83	–62	2,41
Schwefeldioxid (SO_2)	2,67	–73	–10	35
Kohlenstoffmonooxid (CO)	1,17	–205	–190	0,023
Kohlenstoffdioxid (CO_2)	1,83	–78 (sublimiert)		0,80
Methan (CH_4)	0,67	–182	–162	0,032
Ethan (C_2H_6)	1,25	–183	–89	0,043
Propan (C_3H_8)	1,84	–188	–42	0,06
Butan (C_4H_{10})	2,47	–138	–1	0,14
Ethen (C_2H_4)	1,17	–169	–104	0,13
Ethin (C_2H_2)	1,06	–84 (sublimiert)		0,95

* von Sauerstoff aus der Luft
** von Stickstoff aus der Luft

Saure und alkalische Lösungen

Lösung	gelöster Stoff	*	verdünnt Massenanteil	Dichte in $g \cdot ml^{-1}$	konzentriert Massenanteil	Dichte in $g \cdot ml^{-1}$
Salzsäure	HCl (g)	2	7 %	1,033	36 %	1,179
Schwefelsäure	H_2SO_4 (l)	1	9 %	1,059	98 %	1,836
Salpetersäure	HNO_3 (l)	2	12 %	1,066	68 %	1,391
Phosphorsäure	H_3PO_4 (s)	1	10 %	1,05	85 %	1,71
Essigsäure	CH_3COOH (l)	2	12 %	1,015	99 %	1,052
Natronlauge	NaOH (s)	2	8 %	1,087	30 %	1,328
Kalilauge	KOH (s)	2	11 %	1,100	27 %	1,256
Kalkwasser	$Ca(OH)_2$ (s)		0,16 %**	1,001**	** Angaben für gesättigte Lösungen	
Barytwasser	$Ba(OH)_2$ (s)		3,4 %**	1,04**		
Ammoniaklösung	NH_3 (g)	2	3 %	0,981	25 %	0,907

* Stoffmengenkonzentration in $mol \cdot l^{-1}$; Dichtewerte für 20 °C

Standardelektrodenpotentiale U_H^0 einiger Redoxpaare

Man bezeichnet diese Reihe auch als **Spannungsreihe** oder **Redoxreihe.** Mit zunehmendem Standardelektrodenpotential nimmt die reduzierende Wirkung ab, die oxidierende Wirkung dagegen zu.

Tabellierungsbedingungen: 25 °C (298 K) und 1000 hPa
s: fester Stoff; g: gasförmig, l: flüssig, aq: in wässriger Lösung

oxidierte Form	⇆	reduzierte Form	U_H^0 (V)
Li^+ (aq) + e^-	⇆	Li (s)	–3,04
K^+ (aq) + e^-	⇆	K (s)	–2,92
Ca^{2+} (aq) + e^-	⇆	Ca (s)	–2,87
Na^+ (aq) + e^-	⇆	Na (s)	–2,71
Mg^{2+} (aq) + 2 e^-	⇆	Mg (s)	–2,36
Al^{3+} (aq) + 3 e^-	⇆	Al (s)	–1,66
Mn^{2+} (aq) + 2 e^-	⇆	Mn (s)	–1,18
2 H_2O (l) + 2 e^-	⇆	H_2 (g) + 2 OH^- (aq)	–0,83
Zn^{2+} (aq) + 2 e^-	⇆	Zn (s)	–0,76
Cr^{3+} (aq) + 3 e^-	⇆	Cr (s)	–0,74
S (s) + 2 e^-	⇆	S^{2-} (aq)	–0,48
Fe^{2+} (aq) + 2 e^-	⇆	Fe (s)	–0,44
Cr^{3+} (aq) + e^-	⇆	Cr^{2+} (aq)	–0,41
Cd^{2+} (aq) + 2 e^-	⇆	Cd (s)	–0,40
Co^{2+} (aq) + 2 e^-	⇆	Co (s)	–0,28
Ni^{2+} (aq) + 2 e^-	⇆	Ni (s)	–0,25
Sn^{2+} (aq) + 2 e^-	⇆	Sn (s)	–0,14
Pb^{2+} (aq) + 2 e^-	⇆	Pb (s)	–0,13
2 H^+ (aq) + 2 e^-	⇆	H_2 (g)	0,00
SO_4^{2-} (aq) + 4 H^+ (aq) + 2 e^-	⇆	SO_2 (aq) + 2 H_2O (l)	0,16
Cu^{2+} (aq) + e^-	⇆	Cu^+ (aq)	0,16
S (s) + 2 H^+ (aq) + 2 e^-	⇆	H_2S (g)	0,17
Cu^{2+} (aq) + 2 e^-	⇆	Cu (s)	0,34
O_2 (g) + 2 H_2O (l) + 4 e^-	⇆	4 OH^- (aq)	0,40
Cu^+ (aq) + e^-	⇆	Cu (s)	0,52
I_2 (aq) + 2 e^-	⇆	2 I^- (aq)	0,62
Fe^{3+} (aq) + e^-	⇆	Fe^{2+} (aq)	0,77
Ag^+ (aq) + e^-	⇆	Ag (s)	0,80
Hg^{2+} (aq) + 2 e^-	⇆	Hg (l)	0,85
NO_3^- (aq) + 4 H^+ (aq) + 3 e^-	⇆	NO (g) + 2 H_2O (l)	0,96
Br_2 (aq) + 2 e^-	⇆	2 Br^- (aq)	1,09
Pt^{2+} (aq) + 2 e^-	⇆	Pt (s)	1,20
O_2 (g) + 4 H^+ (aq) + 4 e^-	⇆	2 H_2O (l)	1,23
MnO_2 (s) + 4 H^+ (aq) + 2 e^-	⇆	Mn^{2+} (aq) + 2 H_2O (l)	1,23
$Cr_2O_7^{2-}$ (aq) + 14 H^+ (aq) + 6 e^-	⇆	2 Cr^{3+} (aq) + 7 H_2O (l)	1,33
Cl_2 (g) + 2 e^-	⇆	2 Cl^- (aq)	1,36
PbO_2 (s) + 4 H^+ (aq) + 2 e^-	⇆	Pb^{2+} (aq) + 2 H_2O (l)	1,46
Au^{3+} (aq) + 3 e^-	⇆	Au (s)	1,50
MnO_4^- (aq) + 8 H^+ (aq) + 5 e^-	⇆	Mn^{2+} (aq) + 4 H_2O (l)	1,51
H_2O_2 (aq) + 2 H^+ (aq) + 2 e^-	⇆	2 H_2O (l)	1,77
$S_2O_8^{2-}$ (aq) + 2 e^-	⇆	2 SO_4^{2-} (aq)	2,01
F_2 (g) + 2 e^-	⇆	2 F^- (aq)	2,85

Stichwortverzeichnis

Bildquellen:

|Alamy Stock Photo, Abingdon/Oxfordshire: Underhill, Colin 112.2. |Alamy Stock Photo (RMB), Abingdon/Oxfordshire: gameover 84.1; hyrons, robert 81.4; Rawpixel Ltd 72.2. |Beltz Bad Langensalza GmbH, Bad Langensalza: 3.2, 3.3, 3.4, 3.5, 3.6, 3.7, 21.3, 41.7, 46.4, 46.5, 46.6, 47.7, 47.8, 47.9, 47.10, 47.11, 47.12, 53.1, 53.2, 53.3, 53.4, 53.5, 53.6, 53.7, 53.8, 53.9, 53.10, 53.11, 53.12, 53.13, 53.14, 57.4, 57.5, 62.3, 63.1, 67.10, 69.1, 69.2. |Biermann-Schickling, Birgitt, Hannover: 3.1, 3.9, 8.2, 9.1, 10.1, 10.2, 10.3, 10.4, 10.5, 11.1, 12.1, 12.2, 12.3, 12.4, 12.5, 13.1, 14.1, 14.2, 15.1, 15.8, 15.9, 16.7, 20.2, 21.6, 21.7, 22.7, 22.8, 22.9, 24.1, 24.2, 26.1, 27.3, 27.5, 27.6, 27.7, 27.8, 29.2, 29.4, 30.5, 30.6, 32.1, 34.2, 34.3, 36.1, 36.2, 36.3, 36.4, 36.5, 37.4, 37.5, 38.1, 39.1, 39.2, 39.3, 41.1, 41.2, 41.3, 41.4, 41.5, 41.6, 42.2, 46.2, 46.3, 48.12, 48.13, 56.2, 57.1, 57.2, 58.1, 58.3, 58.4, 59.7, 60.1, 62.1, 62.2, 66.1, 66.5, 69.4, 73.2, 89.1, 92.6, 93.1, 103.1, 110.1, 117.1, 118.2. | CMS - Cross Media Solutions GmbH, Würzburg: 3.8, 5.2, 5.3, 6.1, 8.4, 15.2, 15.3, 15.4, 15.5, 15.6, 15.7, 21.1, 21.2, 21.4, 21.5, 22.1, 22.2, 22.3, 22.4, 22.5, 22.6, 23.2, 23.3, 23.4, 23.5, 23.6, 23.7, 23.8, 23.9, 23.10, 23.11, 23.12, 25.1, 25.2, 25.3, 25.4, 25.5, 25.6, 25.7, 25.8, 25.9, 25.10, 25.11, 25.12, 25.13, 25.14, 25.15, 27.1, 27.2, 27.4, 28.1, 28.2, 28.3, 28.4, 28.5, 28.6, 28.7, 28.8, 29.1, 29.3, 29.5, 29.6, 29.7, 29.8, 30.1, 30.2, 30.3, 30.4, 36.6, 36.7, 37.1, 37.2, 37.3, 37.6, 37.7, 37.8, 37.9, 40.1, 40.2, 40.3, 40.4, 40.5, 40.6, 40.7, 40.8, 40.9, 40.10, 47.5, 47.6, 48.1, 48.2, 48.3, 49.1, 49.2, 49.3, 49.4, 49.5, 49.6, 49.11, 50.1, 51.1, 51.2, 51.3, 51.4, 51.5, 51.6, 51.7, 52.1, 52.2, 57.6, 59.1, 59.2, 59.3, 59.4, 59.5, 59.6, 66.2, 66.3, 66.4, 66.6, 66.7, 66.8, 66.9, 67.1, 67.2, 67.3, 67.4, 67.5, 67.6, 67.7, 67.8, 67.9, 68.1, 68.2, 68.3, 68.4, 68.5, 69.3, 73.1, 84.3, 84.4, 84.5, 84.6. |fotolia.com, New York: fotoak80 4.1, 20.1; Taffi 8.1. |iStockphoto.com, Calgary: SDI Productions Titel. |Karnath, Brigitte, Wiesbaden: 7.2, 42.1, 43.1, 58.2, 71.2, 71.3, 71.4, 102.1, 112.1, 116.1. |Keis, Heike, Rödental: 34.1. |Mall, Karin, Berlin: 33.3, 33.8, 70.1, 70.2, 82.2, 85.1, 85.2, 85.3, 90.2, 108.1, 108.2, 114.1, 115.2. |Ratermann, Martin, Vechta: 53.15. |Schlierf, Birgit und Olaf, Lachendorf: 7.1, 8.3, 18.1, 18.2, 18.3, 18.4, 18.5, 18.6, 18.7, 18.8, 18.9, 18.10, 18.11, 23.1, 31.5, 31.6, 31.7, 31.8, 31.9, 31.10, 31.11, 31.12, 31.13, 31.14, 32.2, 32.3, 33.1, 33.2, 33.4, 33.5, 33.6, 33.7, 44.2, 44.3, 44.4, 44.5, 44.6, 44.7, 44.8, 44.9, 45.1, 45.2, 45.3, 48.4, 48.5, 48.6, 48.7, 48.8, 48.9, 48.10, 48.11, 49.7, 49.8, 49.9, 49.10, 54.1, 54.2, 54.3, 54.4, 54.5, 54.6, 54.7, 54.8, 54.9, 54.10, 55.1, 55.2, 55.3, 55.4, 55.5, 56.1, 64.1, 64.2, 64.3, 64.4, 64.5, 64.6, 64.7, 64.8, 64.9, 64.10, 64.11, 64.12, 71.1, 74.1, 75.1, 76.1, 76.2, 76.3, 76.4, 76.5, 76.6, 77.1, 77.2, 77.3, 78.1, 78.2, 79.1, 79.2, 79.3, 80.1, 81.1, 81.2, 81.3, 82.1, 83.1, 84.2, 86.1, 86.2, 87.1, 87.2, 87.3, 87.4, 87.5, 87.6, 87.7, 88.1, 94.1, 94.2, 94.3, 94.4, 94.5, 94.6, 94.7, 95.1, 95.2, 95.3, 95.4, 95.5, 96.1, 98.1, 98.2, 98.3, 98.4, 99.1, 101.1, 101.2, 101.3, 104.1, 105.1, 105.2, 106.1, 107.1, 107.2, 109.1, 113.1, 113.2, 113.3, 113.4, 113.5, 113.6, 113.7, 114.2, 114.3, 115.1, 118.1, 119.1, 119.2, 119.3, 123.1, 123.2, 123.3, 123.4, 123.5, 123.6, 123.7, 123.8, 123.9, 123.10, 123.11, 123.12, 123.13, 123.14, 123.15, 123.16, 123.17, 123.18, 123.19, 123.20, 123.21, 123.22, 123.23, 123.24, 123.25, 123.26, 123.27, 123.28, 123.29, 124.1, 124.2, 124.3, 124.4, 124.5, 124.6, 124.7, 124.8, 124.9, 124.10, 124.11, 124.12, 124.13, 124.14, 124.15, 124.16, 124.17, 124.18, 124.19, 124.20, 124.21, 124.22, 124.23, 124.24, 124.25, 124.26, 124.27, 124.28, 124.29, 124.30, 124.31, 124.32, 124.33, 124.34, 124.35, 124.36, 125.1, 125.2, 125.3, 125.4, 125.5, 125.6, 125.7, 125.8, 125.9, 125.10, 125.11, 125.12, 125.13, 125.14, 125.15, 125.16, 125.17, 125.18, 125.19, 125.20, 125.21, 125.22, 125.23, 125.24, 125.25, 125.26, 125.27, 125.28, 125.29, 125.30, 125.31, 125.32, 125.33, 125.34, 125.35, 125.36, 125.37, 125.38, 125.39, 125.40, 125.41, 125.42, 126.1, 126.2, 126.3, 126.4, 126.5, 126.6, 126.7, 126.8, 126.9, 126.10, 126.11, 126.12, 126.13, 126.14, 126.15, 126.16, 126.17, 126.18, 126.19, 126.20, 126.21, 126.22, 126.23, 139.1, 139.2. |Science Photo Library, München: Chillmaid, Martyn F. 47.1. |Shutterstock.com, New York: Fecundap stock 44.1. |stock.adobe.com, Dublin: Christian 110.2; fotoslaz 5.1, 72.1; GVictoria 90.1; Michael 61.1. |Tegen, Hans, Hambühren: 13.2, 13.3, 13.4, 13.5, 13.6, 13.7, 16.1, 16.2, 16.3, 16.4, 16.5, 16.6, 31.1, 31.2, 31.3, 31.4, 43.2, 46.1, 47.2, 47.3, 47.4, 74.2, 92.1, 92.2, 92.3, 92.4, 92.5. |Zemann, Dr. Winfried, Hannover: 57.3.

Periodensystem der Elemente

Legende (Beispiel: 79 Au):

Nukleonenzahl der häufigsten Isotope	197
Häufigkeit in %	100
Ordnungszahl	79
Kristallstruktur (krz: kubisch raumzentriert; r: rhomboedrisch)	kub. dicht.
Atomradius in pm	144
Elektronegativität (PAULING)	2,5
Ionenradius in pm (Ladung) (nach Shannon, Prewitt (1969))	151(1 +)
1. Ionisierungsenergie in MJ · mol^{-1}	0,896
kovalenter Radius in pm	134
2. Ionisierungsenergie in MJ · mol^{-1}	1,98
Elektronenkonfiguration	[Xe] $4f^{14} 5d^{10} 6s^1$

Hauptgruppen I–VIII; Nebengruppen (Übergangsmetalle) III–VIII, I, II. Perioden 1–7 mit Schalen K, L, M, N, O, P, Q.

Periode (Schale)	Gruppe	Z	Symbol	Nukleonenzahl	Häufigkeit in %	Kristallstruktur	Atomradius	Ionenradius	kov. Radius	EN	1. IE	2. IE	Elektronenkonfiguration
1 (K)	Hauptgruppe I	1	H	1 / 2	99,98 / 0,02	hex. dicht.	–	208(1 –)	37	2,2	1,318	–	$1s^1$
1 (K)	Hauptgruppe VIII	2	He	3 / 4	0,0001 / 100	krz	150	–	–	–	2,379	5,257	$1s^2$
2 (L)	Hauptgruppe I	3	Li	6 / 7	7,4 / 92,6	krz	152	74(1 +)	134	1,0	0,526	7,305	[He] $2s^1$
2 (L)	Hauptgruppe II	4	Be	9	100	hex. dicht.	112	59(2 +)	90	1,5	0,906	1,763	[He] $2s^2$
2 (L)	Hauptgruppe III	5	B	10 / 11	19,9 / 80,1	r	98	25(3 +)	79	2,0	0,807	2,433	[He] $2s^2p^1$
2 (L)	Hauptgruppe IV	6	C	12 / 13 / 14	98,9 / 1,1 / Spuren	Diamant	91	29(4 +)	71	2,5	1,093	2,359	[He] $2s^2p^2$
2 (L)	Hauptgruppe V	7	N	14 / 15	99,6 / 0,4	hex. dicht.	–	30(3 +)	73	3,0	1,407	2,862	[He] $2s^2p^3$
2 (L)	Hauptgruppe VI	8	O	16 / 17 / 18	99,8 / 0,04 / 0,2	kub.	–	126(2 –)	74	3,4	1,320	3,395	[He] $2s^2p^4$
2 (L)	Hauptgruppe VII	9	F	19	100	kub.	–	119(1 –)	71	4,0	1,687	3,381	[He] $2s^2p^5$
2 (L)	Hauptgruppe VIII	10	Ne	20 / 21 / 22	90,4 / 0,3 / 9,3	kub. dicht.	160	–	–	–	2,087	3,959	[He] $2s^2p^6$
3 (M)	Hauptgruppe I	11	Na	23	100	krz	186	116(1 +)	154	0,9	0,502	4,569	[Ne] $3s^1$
3 (M)	Hauptgruppe II	12	Mg	24 / 25 / 26	79,0 / 10,0 / 11,0	hex. dicht.	160	86(2 +)	136	1,3	0,744		[Ne] $3s^2$
3 (M)	Hauptgruppe III	13	Al	27	100	kub. dicht.	143	67,5(3 +)	118	1,6	0,584	1,823	[Ne] $3s^2p^1$
3 (M)	Hauptgruppe IV	14	Si	28 / 29 / 30	92,2 / 4,7 / 3,1	Diamant	132	54(4 +)	118	1,9	0,793	1,583	[Ne] $3s^2p^2$
3 (M)	Hauptgruppe V	15	P	31	100	kub.	128	58(3 +)	110	2,2	1,018	1,909	[Ne] $3s^2p^3$
3 (M)	Hauptgruppe VI	16	S	32 / 33 / 34	95,0 / 0,8 / 4,2	orthorhomb.	127	170(2 –)	102	2,6	1,006	2,257	[Ne] $3s^2p^4$
3 (M)	Hauptgruppe VII	17	Cl	35 / 37	75,8 / 24,2	orthorhomb.	–	167(1 –)	99	3,2	1,257	2,303	[Ne] $3s^2p^5$
3 (M)	Hauptgruppe VIII	18	Ar	36 / 38 / 40	0,3 / 0,1 / 99,6	kub. dicht.	190	–	–	–	1,527	2,672	[Ne] $3s^2p^6$
4 (N)	Hauptgruppe I	19	K	39 / 40 / 41	93,3 / 0,01 / 6,7	krz	227	152(1 +)	196	0,8	0,425	3,058	[Ar] $4s^1$
4 (N)	Hauptgruppe II	20	Ca	42 / 43 / 44	97,0 / 0,6 / 2,1	kub. dicht.	197	114(2 +)	174	1,0	0,596	1,152	[Ar] $4s^2$
4 (N)	Nebengruppe III	21	Sc	45	100	hex. dicht.	161	88,5(3 +)	144	1,4	0,637	1,241	[Ar] $3d^1 4s^2$
4 (N)	Nebengruppe IV	22	Ti	46 / 47 / 48	8,3 / 7,4 / 74,0	hex. dicht.	145	74,5(4 +)	132	1,5	0,664	1,316	[Ar] $3d^2 4s^2$
4 (N)	Nebengruppe V	23	V	50 / 51	0,2 / 99,8	krz	131	68(5 +)	122	1,6	0,656	1,420	[Ar] $3d^3 4s^2$
4 (N)	Nebengruppe VI	24	Cr	50 / 52 / 53	4,3 / 83,8 / 9,5	krz	125	75,5(3 +)	118	1,7	0,659	1,598	[Ar] $3d^5 4s^1$
4 (N)	Nebengruppe VII	25	Mn	55	100	krz	137	97(2 +)	117	1,6	0,724	1,515	[Ar] $3d^5 4s^2$
4 (N)	Nebengruppe VIII	26	Fe	54 / 56 / 57	5,8 / 91,7 / 2,2	krz	124	78,5(3 +)	117	1,8	0,766	1,567	[Ar] $3d^6 4s^2$
4 (N)	Nebengruppe VIII	27	Co	59	100	hex. dicht.	125	79(2 +)	116	1,9	0,765	1,652	[Ar] $3d^7 4s^2$
4 (N)	Nebengruppe VIII	28	Ni	58 / 60 / 62	68,0 / 26,2 / 3,6	kub. dicht.	125	83(2 +)	115	1,9	0,743	1,759	[Ar] $3d^8 4s^2$
4 (N)	Nebengruppe I	29	Cu	63 / 65	69,2 / 30,8	kub. dicht.	128	87(2 +)	117	1,9	0,752	1,964	[Ar] $3d^{10} 4s^1$
4 (N)	Nebengruppe II	30	Zn	64 / 66 / 68	48,6 / 27,9 / 18,7	hex. dicht.	133	88(2 +)	125	1,7	0,913	1,740	[Ar] $3d^{10} 4s^2$
4 (N)	Hauptgruppe III	31	Ga	69 / 71	60,1 / 39,8	orthorhomb.	122	76(3 +)	126	1,8	0,585	1,985	[Ar] $3d^{10} 4s^2p^1$
4 (N)	Hauptgruppe IV	32	Ge	70 / 72 / 74	20,5 / 27,5 / 36,3	Diamant	123	67(4 +)	121	2,0	0,768	1,544	[Ar] $3d^{10} 4s^2p^2$
4 (N)	Hauptgruppe V	33	As	75	100	r	125	72(3 +)	122	2,2	0,953	1,804	[Ar] $3d^{10} 4s^2p^3$
4 (N)	Hauptgruppe VI	34	Se	78 / 80 / 82	23,7 / 49,6 / 9,2	hexagonal	116	184(2 –)	116	2,6	0,947	2,51	[Ar] $3d^{10} 4s^2p^4$
4 (N)	Hauptgruppe VII	35	Br	79 / 81	50,6 / 49,3	orthorhomb.	–	182(1 –)	114	3,0	1,146	2,11	[Ar] $3d^{10} 4s^2p^5$
4 (N)	Hauptgruppe VIII	36	Kr	82 / 84 / 86	11,6 / 57,0 / 17,3	kub. dicht.	200	–	–	–	1,357	2,374	[Ar] $4s^2p^6$
5 (O)	Hauptgruppe I	37	Rb	85 / 87	72,2 / 27,8	krz	248	166(1 +)	216	0,8	0,409	2,638	[Kr] $5s^1$
5 (O)	Hauptgruppe II	38	Sr	86 / 87 / 88	9,9 / 7,0 / 82,5	kub. dicht.	215	132(2 +)	191	1,0	0,556	1,071	[Kr] $5s^2$
5 (O)	Nebengruppe III	39	Y	89	100	hex. dicht.	178	104(3 +)	162	1,2	0,622	1,187	[Kr] $4d^1 5s^2$
5 (O)	Nebengruppe IV	40	Zr	90 / 92 / 94	51,5 / 17,1 / 17,4	hex. dicht.	159	86(4 +)	145	1,3	0,666	1,273	[Kr] $4d^2 5s^2$
5 (O)	Nebengruppe V	41	Nb	93	100	krz	143	78(5 +)	134	1,6	0,670	1,388	[Kr] $4d^4 5s^1$
5 (O)	Nebengruppe VI	42	Mo	92 / 96 / 98	14,8 / 16,7 / 24,1	krz	136	73(6 +)	130	2,2	0,691	1,564	[Kr] $4d^5 5s^1$
5 (O)	Nebengruppe VII	43	Tc	–	–	hex. dicht.	135	–	127	1,9	0,708	1,478	[Kr] $4d^6 5s^1$
5 (O)	Nebengruppe VIII	44	Ru	101 / 102 / 104	17,1 / 31,5 / 18,6	hex. dicht.	133	76(4 +)	125	2,2	0,717	1,623	[Kr] $4d^7 5s^1$
5 (O)	Nebengruppe VIII	45	Rh	103	100	kub. dicht.	134	80,5(3 +)	125	2,3	0,726	1,751	[Kr] $4d^8 5s^1$
5 (O)	Nebengruppe VIII	46	Pd	105 / 16 / 108	22,3 / 27,3 / 26,4	kub. dicht.	138	100(2 +)	128	2,2	0,811	1,881	[Kr] $4d^{10}$
5 (O)	Nebengruppe I	47	Ag	107 / 109	51,8 / 48,1	kub. dicht.	144	129(1 +)	134	1,9	0,737	2,080	[Kr] $4d^{10} 5s^1$
5 (O)	Nebengruppe II	48	Cd	111 / 112 / 114	12,8 / 24,1 / 28,7	hex. dicht.	149	109(2 +)	148	1,7	0,874	1,638	[Kr] $4d^{10} 5s^2$
5 (O)	Hauptgruppe III	49	In	113 / 115	4,3 / 95,7	hex. dicht.	136	94(3 +)	144	1,8	0,565	1,827	[Kr] $4d^{10} 5s^2p^1$
5 (O)	Hauptgruppe IV	50	Sn	116 / 118 / 120	14,5 / 24,2 / 32,6	tetragonal	151	83(4 +)	141	1,8	0,715	1,418	[Kr] $4d^{10} 5s^2p^2$
5 (O)	Hauptgruppe V	51	Sb	121 / 123	57,2 / 42,8	r	145	90(3 +)	140	2,1	0,840	1,601	[Kr] $4d^{10} 5s^2p^3$
5 (O)	Hauptgruppe VI	52	Te	127 / 128 / 130	18,8 / 31,7 / 34,0	hex.	143	207(2 –)	136	2,1	0,876	1,80	[Kr] $4d^{10} 5s^2p^4$
5 (O)	Hauptgruppe VII	53	I	127	100	othorhomb.	–	206(1 –)	133	2,7	1,015	1,852	[Kr] $4d^{10} 5s^2p^5$
5 (O)	Hauptgruppe VIII	54	Xe	128 / 131 / 132	26,4 / 21,2 / 26,9	kub. dicht.	220	–	–	2,6	1,177	2,053	[Kr] $4d^{10} 5s^2 5p^6$
6 (P)	Hauptgruppe I	55	Cs	133	100	krz	265	181(1 +)	235	0,8	0,382	2,43	[Xe] $6s^1$
6 (P)	Hauptgruppe II	56	Ba	136 / 137 / 138	7,8 / 11,2 / 71,7	krz	217	149(2 +)	198	0,9	0,509	0,972	[Xe] $6s^2$
6 (P)	Nebengruppe III	57–71	La-Lu										*
6 (P)	Nebengruppe IV	72	Hf	177 / 178 / 180	18,6 / 27,3 / 35,0	hex. dicht.	156	72(4 +)	144	1,3	0,66	1,44	[Xe] $4f^{14} 5d^2 6s^2$
6 (P)	Nebengruppe V	73	Ta	180 / 181	0,01 / 99,99	krz	143	78(5 +)	134	1,5	0,767	–	[Xe] $4f^{14} 5d^3 6s^2$
6 (P)	Nebengruppe VI	74	W	182 / 184 / 186	26,5 / 30,6 / 28,4	krz	137	80(4 +)	130	2,4	0,776	–	[Xe] $4f^{14} 5d^4 6s^2$
6 (P)	Nebengruppe VII	75	Re	185 / 187	37,4 / 62,6	hex. dicht.	137	77(4 +)	128	1,9	0,766	–	[Xe] $4f^{14} 5d^5 6s^2$
6 (P)	Nebengruppe VIII	76	Os	189 / 190 / 192	16,1 / 26,3 / 40,8	hex. dicht.	134	77(4 +)	126	2,2	0,85	–	[Xe] $4f^{14} 5d^6 6s^2$
6 (P)	Nebengruppe VIII	77	Ir	191 / 193	37,3 / 62,7	kub. dicht.	136	76,5(4 +)	127	2,2	0,88	–	[Xe] $4f^{14} 5d^7 6s^2$
6 (P)	Nebengruppe VIII	78	Pt	194 / 195 / 196	32,9 / 33,8 / 25,2	kub. dicht.	139	94(2 +)	130	2,2	0,87	1,797	[Xe] $4f^{14} 5d^9 6s^1$
6 (P)	Nebengruppe I	79	Au	197	100	kub. dicht.	144	151(1 +)	134	2,5	0,896	1,98	[Xe] $4f^{14} 5d^{10} 6s^1$
6 (P)	Nebengruppe II	80	Hg	199 / 200 / 202	16,8 / 23,1 / 29,8	r	150	116(2 +)	149	2,0	1,013	1,816	[Xe] $4f^{14} 5d^{10} 6s^2$
6 (P)	Hauptgruppe III	81	Tl	203 / 205	29,5 / 70,5	hex. dicht.	170	164(1 +)	148	2,0	0,596	1,977	[Xe] $4f^{14} 5d^{10} 6s^2p^1$
6 (P)	Hauptgruppe IV	82	Pb	206 / 207 / 208	24,1 / 22,1 / 52,4	kub. dicht.	175	133(2 +)	147	1,9	0,722	1,457	[Xe] $4f^{14} 5d^{10} 6s^2p^2$
6 (P)	Hauptgruppe V	83	Bi	209	100	r	155	117(3 +)	146	2,0	0,710	1,616	[Xe] $4f^{14} 5d^{10} 6s^2p^3$
6 (P)	Hauptgruppe VI	84	Po	–	–	kub.	167	81(6 +)	146	2,0	0,818	–	[Xe] $4f^{14} 5d^{10} 6s^2p^4$
6 (P)	Hauptgruppe VII	85	At	–	–		–	–	145	2,2	–	–	[Xe] $4f^{14} 5d^{10} 6s^2p^5$
6 (P)	Hauptgruppe VIII	86	Rn	–	–	kub. dicht.	–	–	–	–	1,043	–	[Xe] $4f^{14} 5d^{10} 6s^2p^6$
7 (Q)	Hauptgruppe I	87	Fr	–	–	krz	–	194(1 +)	–	0,7	–	–	[Rn] $7s^1$
7 (Q)	Hauptgruppe II	88	Ra	–	–	kub. dicht.	–	162(2 +)	–	0,9	0,516	0,985	[Rn] $7s^2$
7 (Q)	Nebengruppe III	89–103	Ac-Lr										**
7 (Q)	Nebengruppe IV	104	Rf	–	–		–	–	–	–	–	–	–
7 (Q)	Nebengruppe V	105	Db	–	–		–	–	–	–	–	–	–
7 (Q)	Nebengruppe VI	106	Sg	–	–		–	–	–	–	–	–	–
7 (Q)	Nebengruppe VII	107	Bh	–	–		–	–	–	–	–	–	–
7 (Q)	Nebengruppe VIII	108	Hs	–	–		–	–	–	–	–	–	–
7 (Q)	Nebengruppe VIII	109	Mt	–	–		–	–	–	–	–	–	–
7 (Q)	Nebengruppe VIII	110	Ds	–	–		–	–	–	–	–	–	–
7 (Q)	Nebengruppe I	111	Rg	–	–		–	–	–	–	–	–	–
7 (Q)	Nebengruppe II	112	Cp	–	–		–	–	–	–	–	–	–
7 (Q)	Hauptgruppe III	113	Nh	–	–		–	–	–	–	–	–	–
7 (Q)	Hauptgruppe IV	114	Fl	–	–		–	–	–	–	–	–	–
7 (Q)	Hauptgruppe V	115	Mc	–	–		–	–	–	–	–	–	–
7 (Q)	Hauptgruppe VI	116	Lv	–	–		–	–	–	–	–	–	–
7 (Q)	Hauptgruppe VII	117	Ts	–	–		–	–	–	–	–	–	–
7 (Q)	Hauptgruppe VIII	118	Og	–	–		–	–	–	–	–	–	–

* Elemente der Lanthan-Reihe

Z	Symbol	Nukleonenzahl	Häufigkeit in %	Kristallstruktur	Atomradius	Ionenradius	kov. Radius	EN	1. IE	2. IE	Elektronenkonfiguration
57	La	138 / 139	0,1 / 99,9	hex. dicht.	187	117,2(3 +)	169	1,1	0,544	1,073	[Xe] $5d^1 6s^2$
58	Ce	136 / 170 / 142	0,2 / 88,5 / 11,2	kub. dicht.	183	115(3 +)	165	1,1	0,541	1,053	[Xe] $4f^2 5d^1 6s^2$
59	Pr	–	–	hex. dicht.	132	113(3 +)	165	1,1	0,533	1,024	[Xe] $4f^3 6s^2$
60	Nd	142 / 144 / 146	27,2 / 23,8 / 17,2	hex. dicht.	181	112(3 +)	164	1,2	0,539	1,042	[Xe] $4f^4 6s^2$
61	Pm	–	–		135	111(3 +)	163	–	0,542	4,056	[Xe] $4f^5 6s^2$
62	Sm	147 / 152 / 154	15,0 / 26,7 / 22,7	r	179	109,8(3 +)	162	1,2	0,551	1,074	[Xe] $4f^6 6s^2$
63	Eu	151 / 153	47,8 / 52,5	krz	199	131(2 +)	185	–	0,553	1,092	[Xe] $4f^7 6s^2$
64	Gd	156 / 158 / 160	20,5 / 24,8 / 21,9	hex. dicht.	179	107,8(3 +)	161	1,1	0,600	1,17	[Xe] $4f^{14} 5d^1 6s^2$
65	Tb	159	100	hex. dicht.	176	106,3(3 +)	159	1,2	0,570	1,118	[Xe] $4f^9 6s^2$
66	Dy	162 / 163 / 164	25,5 / 24,9 / 28,2	hex. dicht.	175	105,2(3 +)	159	1,2	0,579	1,132	[Xe] $4f^{10} 6s^2$
67	Ho	165	100	hex. dicht.	174	104,1(3 +)	158	1,2	0,587	1,145	[Xe] $4f^{11} 6s^2$
68	Er	166 / 167 / 168	33,6 / 22,9 / 26,8	hex. dicht.	173	103(3 +)	157	1,2	0,596	1,157	[Xe] $4f^{12} 6s^2$
69	Tm	169	100	hex. dicht.	177	102(3 +)	156	1,2	0,603	1,169	[Xe] $4f^{13} 6s^2$
70	Yb	172 / 173 / 174	21,8 / 16,1 / 31,8	kub. dicht.	194	100,8(3 +)	174	1,1	0,601	1,180	[Xe] $4f^{14} 6s^2$
71	Lu	175 / 176	97,4 / 2,6	hex. dicht.	172	100,1(3 +)	156	1,2	0,530	1,35	[Xe] $4f^{14} 5d^1 6s^2$

** Elemente der Actinium-Reihe

Z	Symbol	Nukleonenzahl	Häufigkeit in %	Kristallstruktur	Atomradius	Ionenradius	kov. Radius	EN	1. IE	2. IE	Elektronenkonfiguration
89	Ac	–	–		188	126(3 +)	–	1,1	0,51	1,17	[Rn] $6d^1 7s^2$
90	Th	232	100	kub. dicht.	180	108(4 +)	165	1,3	0,59	1,12	[Rn] $6d^2 7s^2$
91	Pa	231	100		161	118(3 +)	–	1,5	0,57	–	[Rn] $5f^2 6d^1 7s^2$
92	U	234 / 235 / 238	0,01 / 0,7 / 99,3	hex. dicht.	139	87(6 +)	142	1,7	0,604	–	[Rn] $5f^3 6d^1 7s^2$
93	Np	–	–		130	101(4 +)	–	1,3	0,61	–	[Rn] $5f^4 6d^1 7s^2$
94	Pu	–	–		151	100(4 +)	–	1,3	0,591	–	[Rn] $5f^6 7s^2$
95	Am	–	–		182	111,5(3 +)	–	1,3	0,584	–	[Rn] $5f^7 7s^2$
96	Cm	–	–		–	111(3 +)	–	–	–	–	[Rn] $5f^7 6d^1 7s^2$
97	Bk	–	–		–	–	–	–	–	–	[Rn] $5f^9 7s^2$
98	Cf	–	–		–	–	–	–	–	–	[Rn] $5f^{10} 7s^2$
99	Es	–	–		–	–	–	–	–	–	[Rn] $5f^{11} 7s^2$
100	Fm	–	–		–	–	–	–	–	–	[Rn] $5f^{12} 7s^2$
101	Md	–	–		–	–	–	–	–	–	[Rn] $5f^{13} 7s^2$
102	No	–	–		–	–	–	–	–	–	[Rn] $5f^{14} 7s^2$
103	Lr	–	–		–	–	–	–	–	–	[Rn] $5f^{14} 6d^1 7s^2$

Atommasse in u (Nukleonenzahl eines wichtigen Isotops in Klammern)

Ordnungszahl (Protonenzahl)

Siedetemperatur in °C (Schätzwerte in Klammern)

Schmelztemperatur in °C (Schätzwerte in Klammern)

196,97	III, I
79	Au
2600	
1064	19,3
Gold	

häufigste Oxidationszahl(en)

Elementsymbol

feste Elemente
flüssige Elemente
gasförmige Elemente

★ = natürliche radioaktive Elemente
☆ = künstliche Elemente

Dichte in g · cm^{-3} bei 25 °C (bei Gasen in g · l^{-1})

Metalle — Halbmetalle — Nichtmetalle — Chemie unbekannt

Periode Schale	Hauptgruppen I	Hauptgruppen II	Nebengruppen III	IV	V	VI	VII	VIII	VIII	VIII	I	II	Hauptgruppen III	IV	V	VI	VII	VIII
1 K	1,008 I, −I 1 H −253 −259 0,084 Wasserstoff																	4,003 – 2 He −269 −270 0,17 Helium
2 L	6,94 I 3 Li 1347 181 0,53 Lithium	9,01 II 4 Be 2480 1287 1,85 Beryllium											10,81 III 5 B (3860) (2080) 2,34 Bor	12,01 IV 6 C 4830 3730 2,26 Kohlenstoff	14,01 V, −III 7 N −196 −210 1,17 Stickstoff	15,99 −II, −I 8 O −183 −219 1,33 Sauerstoff	18,99 −I 9 F −188 −220 1,58 Fluor	20,18 – 10 Ne −246 −249 0,84 Neon
3 M	22,99 I 11 Na 883 98 0,97 Natrium	24,31 II 12 Mg 1093 650 1,74 Magnesium											26,98 III 13 Al 2450 660 2,70 Aluminium	28,09 IV 14 Si 3220 1420 2,33 Silicium	30,97 V, −III 15 P 280 44 1,82 Phosphor	32,06 −II, VI 16 S 445 115 2,07 Schwefel	35,45 −I, VII 17 Cl −34 −101 2,95 Chlor	39,95 – 18 Ar −186 −189 1,66 Argon
4 N	39,10 I 19 K 759 63 0,86 Kalium	40,08 II 20 Ca 1484 842 1,55 Calcium	44,96 III 21 Sc 2730 1540 3,0 Scandium	47,88 IV, II 22 Ti 3350 1670 4,5 Titan	50,94 V, II 23 V 3400 1920 5,8 Vanadium	52,00 III, VI 24 Cr 2680 1860 7,19 Chrom	54,94 II, VII 25 Mn 2060 1246 7,43 Mangan	55,85 III, II 26 Fe 2860 1536 7,86 Eisen	58,93 II, III 27 Co 2900 1495 8,90 Cobalt	58,69 II, III 28 Ni 2880 1455 8,90 Nickel	63,55 II, I 29 Cu 2570 1085 8,96 Kupfer	65,39 II 30 Zn 907 420 7,14 Zink	69,72 III 31 Ga 2200 30 5,91 Gallium	72,60 IV, II 32 Ge 2833 938 5,32 Germanium	74,92 III, V 33 As 614 817 5,72 Arsen	78,96 −II, IV 34 Se 685 220 4,80 Selen	79,90 −I 35 Br 59 −7 3,12 Brom	83,80 – 36 Kr −152 −157 3,48 Krypton
5 O	85,47 I 37 Rb 688 39 1,53 Rubidium	87,62 II 38 Sr 1412 777 2,6 Strontium	88,91 III 39 Y 2930 1500 4,5 Yttrium	91,22 IV 40 Zr 4400 1850 6,49 Zirconium	92,91 V, III 41 Nb 4850 2480 8,55 Niob	95,94 VI, V 42 Mo 4680 2620 10,2 Molybdän	98,91 VII 43 Tc★ (4600) 2140 11,5 Technetium	101,07 IV, III 44 Ru 3900 2300 12,2 Ruthenium	102,91 III, II 45 Rh 3730 1970 12,4 Rhodium	106,4 II, IV 46 Pd 3125 1550 12,0 Palladium	107,87 I 47 Ag 2200 962 10,5 Silber	112,41 II 48 Cd 767 321 8,65 Cadmium	114,82 III 49 In 2080 157 7,31 Indium	118,71 IV, II 50 Sn 2602 232 7,30 Zinn	121,75 III, V 51 Sb 1587 631 7,0 Antimon	127,60 −II, IV 52 Te 990 450 6,24 Tellur	126,90 −I 53 I 184 114 4,94 Iod	131,29 – 54 Xe −108 −112 5,49 Xenon
6 P	132,91 I 55 Cs 668 28 1,87 Caesium	137,34 II 56 Ba 1845 727 3,5 Barium	57-71 La-Lu *	178,49 IV 72 Hf 4700 2230 13,3 Hafnium	180,95 V 73 Ta 5500 2990 16,7 Tantal	183,85 VI, V 74 W 5650 3410 19,3 Wolfram	186,2 VII 75 Re 5630 3180 21,0 Rhenium	190,2 IV, VIII 76 Os 5500 3000 22,4 Osmium	192,22 II, IV 77 Ir 4500 2450 22,5 Iridium	195,08 IV, II 78 Pt 3825 1770 21,4 Platin	196,97 III, I 79 Au 2600 1064 19,3 Gold	200,59 II, I 80 Hg 357 −39 13,53 Quecksilber	204,38 I, III 81 Tl 1457 304 11,85 Thallium	207,2 II, IV 82 Pb 1746 327 11,3 Blei	208,98 III, V 83 Bi 1560 271 9,8 Bismut	(209) II, IV 84 Po★ 962 254 9,4 Polonium	(210) −I, III 85 At★ 335 302 Astat	(222) – 86 Rn★ −62 −71 9,23 Radon
7 Q	(223) I 87 Fr★ (680) (27) – Francium	226,03 II 88 Ra★ 1530 700 5 Radium	89-103 Ac★-Lr☆ **	(261) – 104 Rf☆ – – – Rutherfordium	(262) – 105 Db☆ – – – Dubnium	(266) – 106 Sg☆ – – – Seaborgium	(264) – 107 Bh☆ – – – Bohrium	(269) – 108 Hs☆ – – – Hassium	(268) – 109 Mt☆ – – – Meitnerium	(271) – 110 Ds☆ – – – Darmstadtium	(272) – 111 Rg☆ – – – Roentgenium	(277) – 112 Cp☆ – – – Copernicium	(287) – 113 Nh☆ – – – Nihonium	(289) – 114 Fl☆ – – – Flerovium	(288) – 115 Mc☆ – – – Moscovium	(293) – 116 Lv☆ – – – Livermorium	(292) – 117 Ts☆ – – – Tenness	(294) – 118 Og☆ – – – Oganesson

* Elemente der Lanthan-Reihe	138,91 III 57 La 3450 920 6,17 Lanthan	140,12 III, IV 58 Ce 3424 799 6,78 Cer	140,91 III, IV 59 Pr 3130 935 6,77 Praseodym	144,24 III 60 Nd 3030 1020 7,00 Neodym	(145) III 61 Pm★ (2730) (1030) – Promethium	150,4 III, II 62 Sm 1900 1070 7,54 Samarium	151,96 III, II 63 Eu 1440 826 5,26 Europium	157,25 III 64 Gd 3000 1310 7,89 Gadolinium	158,93 III, IV 65 Tb 2800 1360 8,27 Terbium	162,50 III 66 Dy 2600 1410 8,54 Dysprosium	164,93 III 67 Ho 2600 1460 8,80 Holmium	167,26 III 68 Er 2900 1500 9,05 Erbium	168,93 III, II 69 Tm 1730 1550 9,33 Thulium	173,04 III, II 70 Yb 1430 824 6,98 Ytterbium	174,97 III 71 Lu 3330 1650 9,84 Lutetium
** Elemente der Actinium-Reihe	(227) III 89 Ac★ 3200 1050 – Actinium	232,04 IV 90 Th★ 4200 1700 11,7 Thorium	231,04 III, IV 91 Pa★ – (1230) 15,4 Protactinium	238,03 VI, V 92 U★ 3820 1130 18,90 Uran	237,05 VI, V 93 Np★ – 640 20,4 Neptunium	(244) VI, VI 94 Pu★ 3230 640 19,8 Plutonium	(243) III, II 95 Am☆ 2600 850 11,7 Americium	(247) III 96 Cm☆ – – 7 Curium	(247) III, IV 97 Bk☆ – – – Berkelium	(251) III 98 Cf☆ – – – Californium	(254) – 99 Es☆ – – – Einsteinium	(253) – 100 Fm☆ – – – Fermium	(258) – 101 Md☆ – – – Mendelevium	(256) – 102 No☆ – – – Nobelium	(256) – 103 Lr☆ – – – Lawrencium

Chemische Grundbildung ...

„Seit der Mensch es gelernt hat, das Feuer zu nutzen, ist er zum Chemiker geworden!“ Dieser Satz deutet an, dass die Beherrschung von chemischen Reaktionen wie Verbrennungsvorgängen eine entscheidende Voraussetzung für die Entwicklung von Kultur und Technik ist.

In den letzten 250 Jahren hat sich die Chemie, neben der Physik und der Biologie, als eigenständige Naturwissenschaft herausgebildet. Mit dem heutigen Kenntnisstand der Chemie lassen sich Stoffumwandlungen gezielt beeinflussen und damit Produkte nach Maß herstellen. So können Herstellungsverfahren ebenso wie die Produkte ständig ökologisch und wirtschaftlich verbessert und weiter entwickelt werden.

In der Chemie geht es aber nicht nur um Fachwissen. Ebenso wichtig ist das Verständnis für den Weg zur Gewinnung von Erkenntnissen sowie die Fähigkeit, chemiebezogene Informationen austauschen und bewerten zu können. Dieser unverzichtbare Beitrag zur naturwissenschaftlichen Grundbildung wird durch den Chemieunterricht geleistet.

Fachwissen

Fachbegriffe sowie grundlegende Regeln und Gesetzmäßigkeiten der Chemie verstehen und sachgerecht anwenden.

Erkenntnisgewinnung

Die typischen Schritte zur Gewinnung von Erkenntnissen in der Chemie an Beispielen kennenlernen und selbst anwenden.

Verantwortungsbewusstes Handeln unter Berücksichtigung grundlegender Erkenntnisse der Chemie.

Bewerten

Chemiebezogene Sachverhalte in vielfältigen Zusammenhängen erkennen sowie ihren Stellenwert einschätzen und bewerten.

Kommunikation

Information zu Fragen der Chemie und ihrer Anwendung beschaffen, erschließen und miteinander austauschen.